城市规划资料集

第三分册　小城镇规划

总　主　编　　中国城市规划设计研究院
　　　　　　　建设部城乡规划司

第三分册主编　华中科技大学建筑城规学院
　　　　　　　四川省城乡规划设计研究院

中国建筑工业出版社

图书在版编目(CIP)数据

城市规划资料集．第三分册，小城镇规划／华中科技大学建筑城规学院等主编．—北京：中国建筑工业出版社，2004
ISBN 978-7-112-06768-8

Ⅰ.城... Ⅱ.华... Ⅲ.①城市规划－资料－汇编－世界②城镇－城市规划－资料－汇编－世界 Ⅳ.TU984

中国版本图书馆CIP数据核字（2004）第074450号

责任编辑：王伯扬　陆新之
特约编辑：张　菁
版式设计：崔兰萍
责任校对：刘　梅　刘玉英

城市规划资料集
第三分册　小城镇规划

总　主　编	中国城市规划设计研究院 建设部城乡规划司
第三分册主编	华中科技大学建筑城规学院 四川省城乡规划设计研究院

中国建筑工业出版社出版、发行(北京西郊百万庄)
各地新华书店、建筑书店经销
北京嘉泰利德公司制版
印刷：北京中科印刷有限公司

开本：880×1230毫米　1/16
印张：15¼　字数：660千字
版次：2006年1月第一版
印次：2012年11月第五次印刷
印数：8501－10000册
定价：100.00元
ISBN 978-7-112-06768-8
　　　　(12722)

版权所有　翻印必究
如有印装质量问题，可寄本社退换
(邮政编码 100037)

《城市规划资料集》总编辑委员会名单

顾问委员会（以姓氏笔画为序）

仇保兴　叶如棠　齐　康　陈为邦　吴良镛　李德华　邹德慈　郑一军
郑孝燮　周干峙　赵宝江　曹洪涛　储传亨

总编辑委员会

主　任

王静霞　陈晓丽　唐　凯

委　员（以姓氏笔画为序）

马　林　王伯扬　邓述平　左　川　石凤德　石　楠　叶贵勋　白明华
李兵弟　李嘉辉　陈秉钊　邹时萌　余柏椿　杨保军　柯焕章　顾小平
贾建中　黄富厢

总编辑委员会办公室

张　菁　谈绪祥　刘金声　陆新之　何冠杰

《城市规划资料集》各分册及主编单位名单

第一分册： 总论（主编单位：同济大学建筑城规学院）

第二分册： 城镇体系规划与城市总体规划（主编单位：广东省城乡规划设计研究院、中国城市规划设计研究院）

第三分册： 小城镇规划（主编单位：华中科技大学建筑与城市规划学院、四川省城乡规划设计研究院）

第四分册： 控制性详细规划（主编单位：江苏省城市规划设计研究院）

第五分册： 城市设计（主编单位：上海市城市规划设计研究院）

第六分册： 城市公共活动中心（主编单位：北京市城市规划设计研究院）

第七分册： 城市居住区规划（主编单位：同济大学建筑城规学院）

第八分册： 城市历史保护与城市更新（主编单位：清华大学建筑与城市规划研究所）

第九分册： 风景、园林、绿地、旅游（主编单位：中国城市规划设计研究院）

第十分册： 城市交通与城市道路（主编单位：建设部城市交通工程技术中心）

第十一分册：工程规划（主编单位：沈阳市城市规划设计研究院、中国城市规划设计研究院）

城市规划资料集

第三分册《小城镇规划》编辑委员会名单

主编单位：华中科技大学建筑与城市规划学院
　　　　　　四川省城乡规划设计研究院

参编单位：浙江省城乡规划设计研究院
　　　　　　湖北省城市规划设计研究院
　　　　　　广西城乡规划设计研究院
　　　　　　苏州科技学院建筑系
　　　　　　安徽省城乡规划设计研究院
　　　　　　山西省城乡规划设计研究院

编辑委员会：
主　　任：余柏椿
副 主 任：樊　晟　黄亚平

编　　委：（按姓氏笔画为序）
　　　　万艳华　王国恩　白明华　邬中姚　李景奇　李锦生
　　　　李耀武　张　埼　杨新海　陈　懿　宗羽飞　赵承汉
　　　　洪亮平　胡厚国

参编人员：（参编单位按章节先后为序）
华中科技大学建筑与城市规划学院：
　　　　白明华　余柏椿　黄亚平　李耀武　王国恩　洪亮平
　　　　万艳华　耿　虹　何　依　陈锦富　曾　文　镇列平
　　　　李景奇　陈征帆　张海兰　朱　霞　潘　宜　郭　玉
　　　　丁建民

浙江省城乡规划设计研究院：
　　　　宗羽飞　龚松青　厉华笑

四川省城乡规划设计研究院：
　　　　樊　晟　覃继牧　陈　懿　韩　华　曹珠朵　何　巍

湖北省城市规划设计研究院：
　　　　邬中姚　戚　毅
广西城乡规划设计研究院：
　　　　赵承汉　吴赳赳　罗祖义
苏州科技学院建筑系：
　　　　杨新海　王　勇　陆志刚　蒋灵德　曹恒德
安徽省城乡规划设计研究院：
　　　　胡厚国　徐涛松　严云祥　杨建辉
山西省城乡规划设计研究院：
　　　　李锦生　齐　君

编写分工：

1.小城镇界定、类型和发展	华中科技大学建筑与城市规划学院
2.小城镇规划特点、依据和原则	华中科技大学建筑与城市规划学院
3.小城镇规划的内容、程序与审批	华中科技大学建筑与城市规划学院
4.小城镇规划的基础资料	华中科技大学建筑与城市规划学院
5.镇(乡)域村镇体系规划	浙江省城乡规划设计研究院
6.小城镇的性质与规模	四川省城乡规划设计研究院
7.小城镇总体布局	湖北省城市规划设计研究院
8.小城镇专项规划	广西城乡规划设计研究院
	华中科技大学建筑与城市规划学院
	苏州科技学院建筑系
9.小城镇详细规划(建设规划)	安徽省城乡规划设计研究院
	苏州科技学院建筑系
	华中科技大学建筑与城市规划学院
10.小城镇建设与管理	山西省城乡规划设计研究院
	华中科技大学建筑与城市规划学院

写在出版之前

　　人类的文明，社会的进步，促进了城市和镇的发展；城市和镇的发展，又推动了人类的文明、社会的进步，日复一日，年复一年。百年以来，尤其是近二十年，人们意识到人类文明的同时，自然和环境的破坏，资源浪费和枯竭将威胁着人们的生存。人类开始反省，珍惜土地，节约资源，植树造林，防治污染，恢复生态，实施可持续发展。促使人们以科学的规划来构思未来，使得城市和镇的规划重视建筑形态，更注重功能和环境。

　　社会主义的中国，正在全面建设小康社会，加快推进社会主义现代化，城镇化必然快速发展，包含着现代农业和现代服务业的工业化，面临着13亿人口的一半以上在城市和镇生活。如何发挥城市规划对未来发展的有效调控是一个十分重要的课题，这里涉及到经济体制、科技进步、文化和社会背景，面对的是以中国特色走自己富强的路。总结近一二十年来城市规划学科的理论和实践的成果，提供给正在为未来做规划的人们借鉴，从成功的经验和不成功的教训中探索出一些新的思路和方法，描绘出人和自然和谐、文明和环境友好的蓝图，引导人们建设现代的城市和镇，这是编辑出版《城市规划资料集》同志们的意愿。让收录这些已实践的规划资料，对照发展的历史现实，启示城市规划工作者勇于探索，敢于创新，完善我国城市和镇的规划理论和体系，创作更多的范例，誉今人和后人赞美。

2002年国庆

（汪光焘：建设部部长）

前　言

一

我国已经步入加速城镇化的阶段，城镇化已经成为推动国民经济社会健康发展的主要动力之一，甚至被称作影响新世纪世界发展的一个重大因素。制定科学合理的城市规划，引导城镇化进程的健康发展，是摆在所有从事城市规划工作人们面前的历史使命，也得到了各级政府和社会各界前所未有的重视和关注。

城市规划是一项政府职能，又是一门科学，它有着强烈的技术特征。改革开放以来，我国的城市规划学科有了长足的进步，无论是理论建设还是方法手段都发生了很大的变化，城市规划的科学性日益加强。另一方面，大量的城市规划实践在为学科理论建设奠定基础的同时，也为城市规划的各项工作提供了宝贵的经验。

现在越来越多的人认识到，城市规划工作是由规划研究、规划编制和规划管理三大部分有机地结合在一起。规划研究是规划工作的基础，规划编制是体现规划目标的主要手段，而规划管理则是规划编制成果和目标得以实现的主要环节。在这三项工作中，都需要参考大量的国内外资料，包括标准、技术方法、实例、参数等，为了满足广大城市规划工作者的这一需求，中国城市规划设计研究院和建设部城乡规划司联合全国规划行业有关单位编著了这套《城市规划资料集》。

二

20世纪80年代，曾经由原国家城建总局主编、中国建筑工业出版社出版过一套《城市规划资料集》。这套丛书在我国恢复城市规划工作，促进城市规划学科的科学化进程中起到过重要的作用。

20多年来，我国的城市规划工作发生了很大的变化，这当中既有规划工作外部环境的巨大变迁，也有城市规划体制的不断改革；既有规划工作重点的转移，也有城市规划工作方法和科学技术的进步，城市规划工作者的队伍也日益壮大，所以，需要适时地对已有的经验、教训进行总结，吸收大量新的资料，重新编写一套《城市规划资料集》，以满足和促进学科建设和我国城市规划工作新的发展需要。

另一方面，由于我们正处于一个迅速变革的年代，方方面面的城市问题不断涌现，各种探索仍须不断深化，有些问题一时无法得出一个准确的结论，有些技术性数据也会随着社会、经济、观念等的发展变化而变化。这对本资料集的编写带来一定的难度，特别是城市规划学科本身兼具政策科学与技术科学的特点，一部分数据或者由于学术研究的滞后，或者由于学科性质所决定，主要还是经验性的，强调因地制宜，注意与实际情况相结合，这些都注定这样一套资料集并不可能像《数学手册》那样缜密。同时，由于时间紧迫，本资料集仍难免有疏漏或不够严密之处，希望读者谅解，并恳请读者提出宝贵建议和意见，以便今后补充和修订。

尽管如此，这样一部集中展现国内外规划设计理论、优秀规划设计实例的著作，无疑是我国城市规划行业的一项具有战略意义的基础性工作，它具有一定的学术性、权威性，它的参考价值是无庸置疑的。

三

为了编好这部浩瀚的巨著，建设部领导曾多次关心编写工作的进程，主编单位调动了一切可以动员的资源，组成了阵容浩大的编委会，对全书的总体结构、编写体例等进行了多次深入的研究。国内11家规划设计研究院、高等院校担任各分册的主编单位，上百位专家学者承担了具体的资料收集和编写任务。前后历时三年，如今，这套资料集终于呈现在广大读者面前。

整套资料集以丛书形式出版，共分为11个分册，分别是：总论；城镇体系规划与城市总体规划；小城镇规划；控制性详细规划；城市设计；城市公共活动中心；城市居住区规划；城市历史保护与城市更新；风景、园林、绿地、旅游；城市交通与城市道路；工程规划。全书约600万字。

本书既可以作为规划设计人员的基本工具书，也是规划研究和规划管理人员重要的参考资料，还可以作为所有关心城市、支持城市规划工作的广大读者的科普性读物。

在本书问世之际，谨向所有关心、支持本书编写与出版工作的单位和个人表示诚挚的谢意！特别要衷心感谢各位作者和负责审稿的专家，没有他们的辛勤劳动，是不可能有这样一部兼具理论与应用价值的巨著问世的。

主编单位：中国城市规划设计研究院
建设部城乡规划司
2002年9月

目 录

1 小城镇界定、类型和发展 ································ 1

    1.1 小城镇界定 ································ 1
        1.1.1 聚落的形成与发展 ························ 1
        1.1.2 城市、城镇、小城镇 ······················ 1
        1.1.3 镇的由来与演变 ·························· 2
        1.1.4 我国城镇设置标准的演变 ·················· 3
    1.2 小城镇的类型 ································ 3
        1.2.1 小城镇的等级层次分类 ···················· 3
        1.2.2 小城镇的规模分类 ························ 4
        1.2.3 小城镇的职能分类 ························ 4
        1.2.4 小城镇的经济发展水平分类 ················ 4
        1.2.5 小城镇的空间位置分类 ···················· 5
    1.3 小城镇的作用、发展理论和现状 ················ 5
        1.3.1 小城镇的作用和意义 ······················ 5
        1.3.2 小城镇发展理论 ·························· 6
        1.3.3 我国小城镇现状 ·························· 7
    1.4 国外小城镇建设 ······························ 9
        1.4.1 国外小城镇概况 ·························· 9
        1.4.2 国外小城镇实例 ·························· 10
        1.4.3 国外小城镇建设的启示 ···················· 12

2 小城镇规划特点、依据和原则 ························ 14

    2.1 小城镇规划特点 ······························ 14
        2.1.1 小城镇规划对象特点 ······················ 14
        2.1.2 小城镇规划技术特点 ······················ 14
        2.1.3 小城镇规划实施特点 ······················ 14
    2.2 小城镇规划依据 ······························ 14
        2.2.1 政策依据 ································ 14
        2.2.2 法律法规依据 ···························· 14
        2.2.3 规划技术依据 ···························· 14
    2.3 小城镇规划原则 ······························ 15
        2.3.1 宏观指导性原则 ·························· 15
        2.3.2 规划技术原则 ···························· 15
    2.4 小城镇建设指导思想 ·························· 15

3 小城镇规划的内容、程序与审批 ······················ 16

    3.1 小城镇规划的一般任务 ························ 16

3.2	小城镇规划编制程序	16
	3.2.1 小城镇总体规划编制程序	16
	3.2.2 详细规划(建设规划)的编制程序	16
3.3	小城镇规划阶段与期限	16
	3.3.1 小城镇规划阶段划分	16
	3.3.2 小城镇规划的期限	19
3.4	小城镇镇域规划的任务、内容、深度和成果	19
	3.4.1 小城镇镇域规划的任务	19
	3.4.2 小城镇镇域规划的内容	19
	3.4.3 小城镇镇域规划的深度	20
	3.4.4 小城镇镇域规划的成果	20
	3.4.5 小城镇镇域规划文本格式	20
3.5	镇区总体规划任务、内容、深度和成果	21
	3.5.1 镇区总体规划的任务	21
	3.5.2 镇区总体规划的内容	21
	3.5.3 镇区总体规划的深度	21
	3.5.4 镇区总体规划的成果	21
	3.5.5 镇区总体布局规划文本格式	22
3.6	镇区控制性详细规划的任务、内容、深度和成果	23
	3.6.1 镇区控制性详细规划的任务	23
	3.6.2 镇区控制性详细规划的内容	23
	3.6.3 镇区控制性详细规划的深度	23
	3.6.4 镇区控制性详细规划的成果	23
	3.6.5 镇区控制性详细规划文本格式	24
3.7	小城镇修建性详细规划(建设规划)任务、内容、深度和成果	24
	3.7.1 修建性详细规划(建设规划)的任务	24
	3.7.2 修建性详细规划(建设规划)的内容	24
	3.7.3 修建性详细规划(建设规划)的深度	24
	3.7.4 修建性详细规划(建设规划)的成果	24
3.8	小城镇规划的编制管理与审批主体	25
	3.8.1 小城镇规划的编制	25
	3.8.2 小城镇规划编制资格管理	25
	3.8.3 小城镇规划的审批主体	25
4	**小城镇规划的基础资料**	26
4.1	基本要求	26
4.2	小城镇总体规划阶段基础资料	26
4.3	其他相关资料	32
4.4	详细规划基础资料	32

5 镇(乡)域村镇体系规划 ……………………………………………………………… 33

5.1 镇(乡)域村镇体系 …………………………………………………………… 33
5.1.1 镇(乡)域村镇体系 ……………………………………………………… 33
5.1.2 镇(乡)域村镇体系规划的任务与内容 ………………………………… 34

5.2 镇(乡)域村镇发展条件的评价 ……………………………………………… 35
5.2.1 评价的目的 ……………………………………………………………… 35
5.2.2 基本方法 ………………………………………………………………… 35

5.3 镇(乡)城镇化发展水平预测 ………………………………………………… 37
5.3.1 镇(乡)域人口增长和城镇化发展水平预测 …………………………… 37
5.3.2 人口配置 ………………………………………………………………… 38
5.3.3 村镇用地规模管制 ……………………………………………………… 38

5.4 镇(乡)域职能结构 …………………………………………………………… 39
5.4.1 涵义与内容 ……………………………………………………………… 39
5.4.2 社会职能 ………………………………………………………………… 39
5.4.3 经济职能类型 …………………………………………………………… 40
5.4.4 职能分工与组织 ………………………………………………………… 40

5.5 镇(乡)域村镇体系规模等级结构 …………………………………………… 41
5.5.1 涵义与内容 ……………………………………………………………… 41
5.5.2 规模等级 ………………………………………………………………… 42
5.5.3 村庄重组 ………………………………………………………………… 42
5.5.4 村镇体系等级规模结构实例 …………………………………………… 43

5.6 镇(乡)域村镇空间分布结构 ………………………………………………… 45
5.6.1 涵义 ……………………………………………………………………… 45
5.6.2 村镇体系空间分布与交通的关系 ……………………………………… 45
5.6.3 村镇分布与发展规律 …………………………………………………… 46
5.6.4 村镇体系空间结构优化措施 …………………………………………… 47
5.6.5 村镇体系空间结构规划实例(供参考) ………………………………… 48

5.7 镇(乡)域村镇体系规划与土地利用总体规划 ……………………………… 49
5.7.1 土地利用总体规划的涵义 ……………………………………………… 49
5.7.2 镇(乡)域土地利用总体规划的目的任务与依据 ……………………… 49
5.7.3 镇(乡)域土地利用方针 ………………………………………………… 49
5.7.4 分区与管制 ……………………………………………………………… 50
5.7.5 "镇(乡)域村镇体系规划与镇(乡)域土地利用总体规划"的衔接与协调 … 50

5.8 镇(乡)域基础设施及社会设施 ……………………………………………… 51
5.8.1 涵义 ……………………………………………………………………… 51
5.8.2 基础设施规划 …………………………………………………………… 51
5.8.3 社会设施规划 …………………………………………………………… 51

6 小城镇的性质与规模 …………………………………………………………… 52

6.1 小城镇的性质 ………………………………………………………………… 52
6.1.1 确定性质的意义 ………………………………………………………… 52

    6.1.2 确定性质的依据 ………………………………………………… 52
    6.1.3 确定性质的方法 ………………………………………………… 52
    6.1.4 小城镇职能分类 ………………………………………………… 53
    6.1.5 小城镇性质的表述方法 ………………………………………… 53
  6.2 小城镇规模 ……………………………………………………………… 53
    6.2.1 人口规模(预测方法、适用性、规模) ………………………… 53
    6.2.2 用地规模 ………………………………………………………… 55

7 小城镇总体布局 ……………………………………………………………… 56

  7.1 小城镇总体布局的影响因素及原则 ………………………………… 56
    7.1.1 小城镇总体布局的基本要求 …………………………………… 56
    7.1.2 小城镇总体布局的影响因素 …………………………………… 56
    7.1.3 小城镇布局原则 ………………………………………………… 56
  7.2 小城镇布局空间形态模式及规划结构 ………………………………… 56
    7.2.1 小城镇布局空间形态模式 ……………………………………… 56
    7.2.2 小城镇规划结构 ………………………………………………… 63
  7.3 主要用地布局 …………………………………………………………… 63
    7.3.1 居住建筑用地布局 ……………………………………………… 63
    7.3.2 公共建筑用地布局 ……………………………………………… 65
    7.3.3 生产建筑用地布局 ……………………………………………… 68
    7.3.4 道路、对外交通用地布局 ……………………………………… 69
    7.3.5 公共绿地布局 …………………………………………………… 71
    7.3.6 综合布局实例 …………………………………………………… 71

8 小城镇专项规划 ……………………………………………………………… 75

  8.1 小城镇近期建设规划 …………………………………………………… 75
    8.1.1 小城镇近期建设规划的基本任务 ……………………………… 75
    8.1.2 小城镇近期建设规划的编制原则 ……………………………… 75
    8.1.3 小城镇近期建设规划的期限 …………………………………… 75
    8.1.4 小城镇近期建设规划的主要内容 ……………………………… 75
    8.1.5 小城镇近期建设规划应具备的强制性内容 …………………… 75
    8.1.6 小城镇近期建设规划应具备的指导性内容 …………………… 76
    8.1.7 小城镇近期建设规划实例 ……………………………………… 76
  8.2 历史文化村镇保护规划 ………………………………………………… 83
    8.2.1 历史文化村镇的基本概念 ……………………………………… 83
    8.2.2 历史文化村镇的特征 …………………………………………… 86
    8.2.3 历史文化村镇的类型 …………………………………………… 86
    8.2.4 历史文化村镇的保护原则 ……………………………………… 86
    8.2.5 历史文化村镇的传统特色要素与构成 ………………………… 86
    8.2.6 历史文化村镇保护的内容 ……………………………………… 87
    8.2.7 历史文化村镇保护规划 ………………………………………… 87

		8.2.8 历史文化村镇保护规划实例	87
8.3	**小城镇道路交通系统规划**		106
	8.3.1	小城镇交通特征	106
	8.3.2	小城镇对外交通类型及布置	107
	8.3.3	小城镇镇区交通规划	112
	8.3.4	小城镇道路系统规划	113
	8.3.5	小城镇道路交通系统规划实例	116
8.4	**小城镇市政工程规划**		119
	8.4.1	小城镇给水工程规划	119
	8.4.2	小城镇排水工程规划	124
	8.4.3	小城镇供电工程规划	127
	8.4.4	小城镇通信工程规划	131
	8.4.5	小城镇燃气工程规划	137
	8.4.6	小城镇供热工程规划	141
8.5	**小城镇环保环卫规划**		145
	8.5.1	小城镇环境保护规划	145
	8.5.2	小城镇环境卫生规划	146
8.6	**小城镇防灾规划**		148
	8.6.1	小城镇防洪规划	148
	8.6.2	小城镇抗震防灾规划	149
	8.6.3	小城镇消防规划	150
	8.6.4	小城镇地质灾害防治规划	150
	8.6.5	小城镇防风规划	150

9 小城镇详细规划(建设规划)　151

9.1	**小城镇居住小区规划**		151
	9.1.1	小城镇居住小区规划组织结构、分级规模与配建设施	151
	9.1.2	住宅建筑的规划布局	151
	9.1.3	公共服务设施规划	153
	9.1.4	小城镇居住小区道路及停车场库规划	153
	9.1.5	绿地休闲设施	154
	9.1.6	小城镇居住小区用地标准	155
	9.1.7	竖向和管线综合	155
	9.1.8	规划实例	155
9.2	**小城镇中心规划**		162
	9.2.1	小城镇中心的含义	162
	9.2.2	小城镇中心的作用	162
	9.2.3	小城镇中心的布局	162
	9.2.4	小城镇中心的基本类型与特征	162
	9.2.5	小城镇中心规划的依据、原则和基本内容	163
	9.2.6	小城镇中心的内容构成及相应的规划布置要求	163
	9.2.7	规划实例	165

9.3 小城镇集贸市场规划 ... 168
9.3.1 小城镇集贸市场的定义、类别和规模等级 ... 168
9.3.2 小城镇集贸市场的规划设计 ... 168
9.3.3 规划实例 ... 171
9.4 小城镇绿地与广场规划 ... 174
9.4.1 小城镇绿地与广场的分类 ... 174
9.4.2 小城镇绿地与广场设计的基本原则 ... 174
9.4.3 小城镇绿地与广场设计的基本内容 ... 174
9.4.4 小城镇常见绿地的布置要求 ... 175
9.4.5 树种规划 ... 177
9.4.6 规划实例 ... 186
9.5 小城镇工业区规划 ... 187
9.5.1 小城镇工业区类型 ... 187
9.5.2 小城镇工业区规划理念 ... 188
9.5.3 小城镇工业区规划方法 ... 189
9.5.4 小城镇工业区规划成果 ... 192
9.5.5 规划流程 ... 193
9.6 小城镇历史地段规划 ... 193
9.6.1 历史地段规划概述 ... 193
9.6.2 历史地段规划方法 ... 193
9.6.3 历史地段规划实例 ... 194
9.7 小城镇旧镇区改造规划 ... 207
9.7.1 旧镇区改造 ... 207
9.7.2 旧镇区改造规划 ... 208
9.7.3 旧镇区改造规划实例——江苏木渎历史文化名镇保护规划 ... 209
9.8 小城镇街景规划 ... 212
9.8.1 小城镇街景规划的方法 ... 212
9.8.2 小城镇街景规划的类型 ... 212
9.8.3 小城镇街景规划的模式 ... 212
9.8.4 小城镇街景规划实例 ... 213
9.8.5 指标 ... 213

10 小城镇建设与管理 ... 217
10.1 小城镇建设现状 ... 217
10.2 小城镇规划建设管理的综合机制 ... 217
10.2.1 动力机制 ... 217
10.2.2 政策引导机制 ... 217
10.2.3 管理机构 ... 217
10.3 小城镇规划建设相关管理法规与条例 ... 217

附录一：《村庄和集镇规划建设管理条例》 ... 218
附录二：《村镇用地分类》 ... 222
参考文献 ... 223

1 小城镇界定、类型和发展

1.1 小城镇界定

1.1.1 聚落的形成与发展

1.1.1.1 聚落

聚落(Settlement)是以住宅为主、人类聚居在一起的生活与活动的场所,即今我们通常所言的居民点。

1.1.1.2 农村聚落

聚落不是从来就有的,而是人类社会发展到一定历史阶段的产物。在原始社会早、中期,人类过着依附于自然的采集和狩猎生活,没有固定的居所。大约在距今七八千年前的新石器时代,由于生产工具的进步,人类逐步学会了耕作,发展了种植业,人类社会劳动出现了第一次大分工,农业与狩猎、畜牧业慢慢分离,而耕作有比较固定的范围,于是人类开始了定居,形成了最初的聚居之地——农村聚落。

1.1.1.3 城市聚落

人类社会发展到金石并用时代,随着金属冶炼的出现、金属工具的制造技术和纺织技术的提高,手工业得到发展,劳动生产力水平有了很大的提高,劳动产品有了剩余,人们将剩余产品用来交换,出现了最初的商品交易,商业也发展起来。于是人类社会劳动出现了第二次大分工,即手工业、商业与农业分离,同时使最初的原始的农村聚落分化,一部分形成了以手工业和商业为主的非农村聚落——城市聚落。

1.1.1.4 两种聚落的差异

城市聚落和乡村聚落在"质"与"量"上具有明显的差异。从"质"上讲,城市聚落的功能特征是以非农业的第二和第三产业为主的,而且生活方式与农村聚落相比,节奏要快得多,内容也丰富得多。由于是以第二和第三产业为主,因而城市聚落更为关注的是流通与交换,而不仅仅只是加工。有的学者认为,城市的本质在于交换与流通。从"量"上讲,城市聚落的人口数量多,密度大,生产的集约化程度要比农村聚落高得多。

1.1.1.5 城市(聚落)诞生的意义

城市的诞生具有非常重要的划时代意义。马克思说:"城市的建造是一大进步"(《马思全集》第三卷P24~25)。

首先,城市把人类带入了文明时代,使人类从野蛮、愚昧中挣脱出来。城市是人类进入到文明时代的三大标志(文字出现、金属工具使用、城市建造)之一。

其次,城市促进了人类生产方式与生活方式的真正形成。随着城市的问世,人类开始把原始自然改造为人工自然,提高了自然物与自然力的使用价值,从而获得较多的财富。随着生产工具的不断改进,生产力的提高,剩余产品的分配关系的改变,逐渐形成了生产方式。同时城市的诞生促进了人类追求更高的物质文明和精神文明,成为形成真正生活方式的主体。

最后,城市的形成促进了人类思维力的飞跃。最初人类的思维力是很低的,到了学会建造城市后,人类思维力发生了质的飞跃,人类才开始脱离自然界的统治,才开始了由屈服于自然到顺应自然的转变。

1.1.2 城市、城镇、小城镇

目前,世界上的城市多如繁星,但因各国的自然环境、人口多寡、社会经济发展水平相差甚远,因此城市设置标准有极大的差别。如丹麦、乌干达等国,人口规模达300人便可设市。现在有的城市人口已超过2000万(如墨西哥市)。一般来讲,把人口规模较大城市聚落称为城市,把人口数量较少、与农村还保持着直接联系的城市聚落称为城镇。虽然人口的多少没有一个严格的界定,总的说来是:人口数量多,国土面积较大的国家,设置城市的人口标准要相对较高。

1.1.2.1 英文中 City 与 Town 的含义差别

英文中"城市"(City)一词,在美国指大于城镇(Town)的重要城市,在英国指有大教堂的特许市。而"镇"(Town)一词有狭义和广义之分。狭义上Town是大于村(Village)而非城市(City)的地方;广义上是与乡村(Country)相对而言,它不仅包括城市(City)和自治市(Borough),甚至连市区(Urban District)亦可称为Town。

1.1.2.2 我国城市与城镇的差异

(1)城市

在我国,城市为人口数量达到一定规模,人口结构(尤其是劳动力结构)和产业结构达到一定要求,基础设施达到一定水平,或有军事、经济、民族、文化等特殊要求,并且经过国务院批准设置的具有一定行政级别的行政单元。这些城市我们通常称为建制市。到2000年底止,我国已有建制市663个,其中直辖市4个,副省级市15

个，地级市244个，县级市400个。

(2) 城镇

在我国，除了上述建制市以外的城市聚落都称之为镇。其中具有一定人口规模，人口结构(主要是劳动力结构)和产业结构达到一定要求，基础设施达到一定水平，并且被省(直辖市、自治区)人民政府批准设置的镇为建制镇，其余的则为集镇。建制镇是县以下的一级行政单元，而集镇则不是一级行政单元。

(3) 小城镇

小城镇总体而言是上述建制镇和集镇的总称。系指介于狭义城市(建制市)与村庄之间的居民点，其基本的主体是建制镇(含县城关镇)(图1.1.2)。

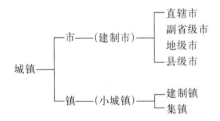

图1.1.2 我国城市、城镇、小城镇关系示意框图

1.1.2.3 不同学界对小城镇含义的理解的差异

小城镇前面冠以"小"字，是相对于城市而言，人口规模、地域范围、经济总量、影响能力等较小而已。但是不同的学界，由于所处的角度和视点不同，对小城镇的含义还有理解或研究重点上的差异。

社会学界对小城镇更注意其社会意义，即处在城市与乡村之间的过渡部位的社会形态、演变形式以及相关政策等，以推动整个社会的发展。

地理学界偏重于小城镇地域形态的变化以及相应的城镇体系的空间结构演变，城镇人口等级结构的演变和城镇职能结构的演变。

经济学界对小城镇更为关注的是其经济结构的演变，经济发展模式的形成，经济发展方向，特别是主导产业部门的确定，以及与此相关的经济政策和发展战略的制定。

城市规划学界重点关注小城镇的内部空间结构及功能布局，基础设施的建设，不同类型地区(不同自然环境、不同发展水平、不同特色)小城镇的规划布局要求和方法。由于县城的规划程序和内容按城市规划的规划程序和内容进行，因此本资料集的小城镇主要针对不包括县城关镇的建制镇和集镇。

1.1.3 镇的由来与演变

"镇"作为地名的通名经历了长期的演变过程。

1.1.3.1 北魏

"镇"这一名称，出现于公元4世纪北魏，是当时国家设置于沿边各地的军事组织，既不是地名的通名，也不是一级行级单元。军事组织的指挥者镇将权力极大。

1.1.3.2 唐代

到唐代，镇演变为一种小的军事据点。《新唐书·兵志》记载："兵之戍边者，大曰军，小曰守捉，曰镇。"镇的品秩仅等于县令。唐朝中期，为边防需要，于边境设十个节度使辖区，即方镇。后来为平息安史之乱在全国普遍设方镇，并且与"道"(相当于今之省)相结合，形成既握兵权，又管民事的节度使。结果节度使变为世袭，财赋不交国库，户口不上版籍，成为占据一方的藩镇，史称"藩镇割据。"这不仅促使唐朝垮台，而且造成了中国历史上的第二次分裂的五代十国的局面。

1.1.3.3 五代

至五代，镇的设置遍于内地，镇的官员为镇使，除掌军权外，还握有地方实权。

1.1.3.4 宋代

到宋朝，为加强中央集权，大部分镇被罢废，地方实权归于知县，少部分没有被罢废的镇仅置监镇。与此同时，随着经济的发展，特别是商品交换的需要，在原有的草市、集市的基础上，涌现出了一批乡村小市镇，有些小市镇就是原来的军事据点，监镇也转变为管理市镇事务的官员，于是镇演变成县以下市镇地方的行政建制。如《宋史·地理志》记载："熙宁五年(注：公元1072年)，升崇阳县通城镇为县；绍兴五年废为镇；十七年，复。"上述表明，镇已由原来的军事据点演变为县以下的一级行政建制。

1.1.3.5 清代

清代(1909年)颁布《城镇乡地方自治章程》，实行城乡分治，规定府、厅、州、县治城厢为"城"，城厢以外的为镇、村庄、屯集。其中人口满五万者设"镇"，不足者设"乡"。

1.1.3.6 民国时期

1928年南京国民政府颁布《特别市组织法》、《普通市组织法》、和《县组织法》，规定特别市为中央直辖市(如上海)，普通市为省辖；县以下城镇地区设"里"的建制。次年重订了《县组织法》，将"里"改为镇，但在后来，有少数县以下的镇改为市的实例，如吉林省延吉县的延吉市(注，解放后升为县级市)。

1.1.3.7 中华人民共和国

1955年6月，国务院发布《关于设置市、镇建制的决定》："镇是居于县、自治县领导的行政单位。"至此，镇的行政地位便定型。

1.1.4 我国城镇设置标准的演变

1.1.4.1 建国以前的设镇标准

建国以前的县以下城镇地方行政建制的设置标准大都包括两条：①一定的人口数量，幅度从500人至50000人不等，但以3000～10000人居多数；②某种特定条件，其中大都包括政治上的(县治城乡)，兼及经济上及军事上的条件。

1.1.4.2 建国以后的设镇标准

(1)第一次是1955年国务院公布的《关于设置市、镇建制的决定》，规定"县级或县级以上的地方国家机关所在地，可以设置镇的建制。不是县级或者县级以上地方国家机关所在地，必须是聚居人口在两千以上，有相当数量的工商业居民，并确有必要时方可设置镇的建制，少数民族地区如有相当数量的工商业居民，聚居人口虽不足两千，确有必要时，亦得设置镇的建制。"

(2)第二次是经过三年经济困难时期后于1963年在《中共中央、国务院关于调整市镇建制、缩小城市郊区的指示》中，对原设镇人口标准提高到2500人以上，而且总人口中的非农业人口的比例也具体化了，而且取消了政治上有特殊条件(如县治)可设镇这一点。这样全国镇的数量大大减少。1963年底小城镇只有4429个，1980年又减少为2874个，1982年第三次人口普查时只剩下2664个。山西省在1980年仅有45个建制镇，其中33个是县城关镇，12个工矿镇，而有66个县没有建制镇。

(3)第三次是1984年，随着经济体制改革的深入，原来的规定不适合形势的发展，1984年10月，国务院发出通知，同意民政部关于调整建镇标准的报告。"①凡县级国家机关所在地，均应设置镇的建制。②总人口在两万以上的乡、乡政府驻地非农业人口占全乡人口10%以上的，也可以设置镇的建制。③少数民族地区、人口稀少边远地区、山区和小型工矿区、小港口、风景旅游区、边境口岸等，非农业人口虽不足两千，如确有必要，也可设置镇的建制。"到1984年底止，全国2366个县有6211个县辖建制镇，每个建制镇平均总人口为2.165万，其中非农业人口为8417人。此外还有8万多个乡镇(或曰"非建制镇")。

此后，建制镇数量逐年增加，到2000年底止，全国共有建制镇19780个，若不包括县城关镇为17892个，集镇27552个，全国小城镇合计达(建制镇和集镇)达47332个。

1.2 小城镇的类型

截至2000年底，我国总人口为123672.24万人，我国包括乡集镇在内的小城镇总数为47332个。其基本情况参看"1.3.3 我国小城镇现状"。

根据不同的需要，为实现不同的目的，依据不同地区的特点可以多层面、多视角地对小城镇进行类型划分。

1.2.1 小城镇的等级层次分类

小城镇位于宏观城镇体系的尾段，是宏观城镇体系的有机组成部分，兼有"城"与"乡"的特点，是城乡联系的桥梁和纽带。

1.2.1.1 小城镇的现状等级层次一般分为县城关镇、县城关镇以外的建制镇、集镇三级。

县城关镇：我国县制是一个历史悠久、长期稳定的基层行政单位，县城关镇对所辖乡镇进行管理，是县域内的政治、经济、文化中心。城镇内的行政机构设置和文化设施比较齐全。

到2000年，我国有县城关镇1888个，平均非农人口为43839人。

建制镇：县城以外建制镇是县域内的次级小城镇，是农村一定区域内政治、经济、文化和生活服务中心。

我国2000年底有建制镇17892个，平均非农人口为2936人。

集镇：按国家规定，"集镇"包括"乡、民族乡人民政府所在地"和"经县人民政府确认的由集市发展而成的作为农村一定区域经济、文化和生活服务中心的非建制镇"两种类型。

我国2000年底有集镇27552个，平均人口为2106人，其中非农人口526人。

1.2.1.2 小城镇的规划等级层次一般分为县城关镇、中心镇、一般镇三级。

县城关镇：多为县域范围内的中心城市(广义)。

中心镇：系指居于县(市)域内一片地区相对中心位置且对周边农村具有一定社会经济带动作用的建制镇，为带动一片地区发展的增长极核，分布相对均衡。

一般镇：是指县城关镇、中心镇以外的建制镇和乡政府所在地的集镇，这类乡镇的经济和社会影响范围限于本乡(镇)行政区域内，多是农村的行政中心和集贸中心，镇区规模普遍较小(2000～5000人)，基础设施水平也相对较低，第三产业规模和层次较低。

1.2.1.3 为体现政府的政策导向，适应并满足规划管理工作的需要，在规划中除明确"中心镇"以外，

还应确定规划期内拟重点扶持发展的"重点镇",其在地区分布上往往是不均衡的。

重点镇:系指条件较好,具有发展潜力,政策上重点扶持发展的小城镇。

1.2.2 小城镇的规模分类

我国2000年底小城镇总人口为72896.41万人,其中非农业人口14938.78万人,平均每镇总人口为1.54万人,非农业人口为3156人,详见表1.3.3-2。

其中:县城关镇1888个,平均每镇总人口64977人,非农业人口43839人;非县城建制镇17892个,平均每镇总人口30643人,非农业人口2936人,镇区用地面积101.7hm^2;集镇27552个,平均每镇总人口2106人,非农业人口526人,镇区用地面积32.9hm^2,可见小城镇的人口规模和用地规模差异很大,以下分析主要针对非县城建制镇和集镇。

改革开放后人口的流动大为活跃,农民兼业或进城务工经商的越来越多,如果像过去一样,仅仅以非农业户籍人口的多少作为确定"城镇"的标准已完全不能真实地反映城镇的现实状况了,因此,变按性质、按户籍统计为按实际居住地域统计,以在所居住地域事实上"从事非农产业活动"的人口集聚程度来衡量小城镇的规模将会更贴近"城镇"的实际,以更适应城镇经济结构,劳动力结构的变化。因此各地目前多以镇区驻地总人口来衡量小城镇的人口规模,镇区总人口中从事非农产业活动为主的人口应占50%以上。

我国小城镇现状规模普遍偏小,镇区人口少数超过1万人,多数在6000人以下。根据对东部、中部、沿海、内陆几个不同类型行政地域的个案分析,在非县城的小城镇中,如按个数比重统计,镇区人口规模在0.3～0.6万人等级的小城镇居多,其次为0.6～1.0万人等级,再次为0.3万人以下等级。合计起来规模在0.6万人等级以下的城镇约占小城镇总数的60%～65%,1万人以下的小城镇约占小城镇总数的85%～90%;1万人以上的城镇较少,3万人以上更少。因各地条件的差异,不同规模类型的小城镇在不同地区有不同的发展速度。

小城镇规模过小,严重影响小城镇的集聚能力和辐射功能,也严重影响小城镇基础设施效益的发挥,小城镇健康发展和城镇化水平的提高。

根据各地条件的不同,小城镇按镇区人口规模有以下几种类型:

县城关镇:2～8万人;
中心镇:1～4万人;
一般镇:0.2～2万人。

从规划的角度,我们可以根据各地的发展条件,将小城镇分为三个规模等级层次:

一级镇:县城关镇;经济发达地区镇区人口2万以上的中心镇;经济发展一般地区镇区人口2.5万人以上的中心镇。

二级镇:经济发达地区一级镇外的中心镇和镇区人口2.5万人以上的一般镇;经济发展一般地区一级镇外的中心镇;镇区人口2万以上的一般镇;经济欠发达地区镇区人口1万人以上县城关镇以外的其他镇。

三级镇:二级镇以外的一般镇和在规划期将发展为建制镇的集镇。

1.2.3 小城镇的职能分类

因所处区位不同,资源禀赋条件不同,加之受其他种种因素影响,每个小城镇都有不同的主要职能。按主要职能划分小城镇可大致分为如下类型。

商贸型:以商业贸易为主,商业服务业较发达的小城镇。这类城镇的市场吸引辐射范围较大,设有贸易市场或专业市场、转运站、仓库等,有些甚至发展成为区域内综合性和专业性的生产资料和生产成品市场。

工业主导型:工业发展已达到一定水平并在乡镇经济中占主导地位,或依附于大中型工业厂矿,并作为其生产生活基地为其服务的小城镇。

交通枢纽型(进一步可分为港口型,公路枢纽型等):凡具有航空、铁路、公路、水运等一种或几种交通运输方式,以其便利的交通条件和特殊的区位优势而成为客货流集散中心的小城镇。

旅游服务型:凡依附于某类具有开发价值的自然景观或人文景观,并以为其开发或旅游服务为主的小城镇。

"三农"服务型:以为本地"三农"(农民、农村、农业)服务为主的小城镇。

其他专业型:以某种特殊专业职能存在且难以按上述类型归类的可称之为其他专业型城镇,如边贸口岸城镇、军事要塞城镇等。

综合型:凡具备上述全部或某几种职能的,可称之为综合型城镇,其规模比单一型的城镇大,县城镇和中心镇一般多为综合型城镇。

总而言之,小城镇多数具有多职能和兼容性,同时,随着镇、县域经济的发展,其职能也会相应变化,总的趋势是单一职能型小城镇将向综合型的小城镇转化。

1.2.4 小城镇的经济发展水平分类

按地区经济水平,可分为经济发达地区、经济中等发达地区、经济欠发达地区三种类型小城镇。

在此主要以农民人均纯收入衡量地区的经济发展水平,经济发展水平是动态变化的,许多地方的经验表明农民人均纯收入在3000元以上,就具有了较强的经济实力,是农民有进城意愿的基本起点,按现状农民人均纯收入水平可分为:

经济发达地区:3500元以上,主要指东部沿海地区、沿江、沿河、沿路地区,大中城市周边地区。

经济中等发达地区:2000~3500元之间,主要指东部沿海地带内的经济低谷地区;沿江、沿河、沿路经济隆起带的边缘地区;城市远郊区;中西部地区的平原地带。

经济欠发达地区:2000元以下的地区,主要指西部地区以及中部地区的部分经济落后区域,以山地、丘陵、高原为主,多属林区、牧区、半林半牧区。

1.2.5 小城镇的空间位置分类

从形态上划分,可将我国城镇从整体上分为两大类:一类以"城镇连绵带"形态存在,一类以完整、独立的形态存在。

1.2.5.1 以"城镇连绵带"形态存在的城镇

此类城镇的特点是:城与乡、镇域与镇区已经没有明确界线,城镇村庄首尾相接,密集连片,城镇一般以公路为轴,沿路发展,形成一条带状的工业区和居民区,"城镇连绵带"主要存在于我国沿海经济发达省份的局部地区。

1.2.5.2 以完整、独立形态存在的城镇

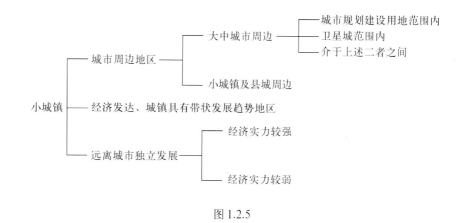

图1.2.5

以完整、独立形态存在的城镇,占据城镇的主流,按照空间位置,其又可分为如下三种类型:

1.3 小城镇的作用、发展理论和现状

1.3.1 小城镇的作用和意义

1.3.1.1 小城镇是国家经济的重要载体

小城镇在我国经济生活中具有非常重要的作用。据建设部《建设事业"十五"计划纲要》的专项规划《"十五"全国城镇发展布局规划》的分析,截至2000年底,全国建制镇聚集了1.2亿非农业人口和大部分乡镇企业,它创造的国内生产总值占全国的25%,外贸出口的33%,工业总值的近50%,是我国经济的重要载体。

1.3.1.2 小城镇是走有中国特色城镇化道路的两条腿之一

国家十五计划纲要指出,"推进城镇化,……走符合我国国情,大中小城市和小城镇协调发展的多样化城镇化道路"。这表明,小城镇是走中国城镇化道路的两条腿之一。

2000年我国非农业人口32249万,其中建制镇(含县城)非农业人口13530万,集镇非农业人口1449万,两者合计为14979万,占全国非农业人口的46.4%,几乎占全国非农业人口的半壁江山。

1.3.1.3 小城镇在功能上是我国的农村中心,社会稳定发展的平衡器

小城镇是城乡之间的桥梁,但其在功能上是我国的农村中心,即农村的政治中心、经济中心、文化中心和科技信息中心。从行政上讲,小城镇是我国行政等级的基层,国家的政策、法规等通过小城镇落实到农村,同时,小城镇物质文明和精神文明对农村有直接示范传递作用,这些对农村的稳定发展,包括全社会的稳定发展起到非常重要的平衡器作用。

1.3.1.4 小城镇是吸纳农村富余劳动力的"蓄水池"

我国加入WTO后,一方面原有的城市和城镇功能重组,规模扩大;另一方面农村有序退缩,稳步提高,这两方面都与小城镇有密切关系。特别是后者,农村有大量富余劳动力从农业退出,他们的出路何在?在何处就业?资料表明,我国200万人口以上的特大城市就业人口占总人口的比重为60.3%,100~200万人口的城市为62.6%,50~100万人口的城

市为66%，20～50万人口的城市为55.5%，而在建制镇中这个比例仅为25.9%，再考虑到城市中还面临着待业职工的再就业问题，城市就业难度加大。而中小城镇的就业空间相对较大，成为吸纳农村富余劳动力的重要蓄水池。进入新世纪，中国的问题仍然是农民问题，但主要不是土地问题，而是就业问题。小城镇为农业富余劳动力的转移就业问题解决好了，中国经济与社会发展问题也会迎刃而解。

1.3.1.5 小城镇具有扩大内需，拉动消费市场的巨大空间

推进城镇化，加快小城镇建设对拉动消费，扩大内需有巨大的作用。

首先，对原材料工业有重要的促进作用。2000年全国村镇住宅竣工面积约6.5亿m^2，公共建筑和生产性建筑竣工面积1.7亿m^2，两者合计达8.2亿m^2，建设投资达2634.8亿元。这对钢铁、有色冶金、建材、木材加工、合成材料等工业起了有力的推动作用。

其次，小城镇基础设施的建设对原材料、机械、化工、电器等部门与行业有巨大的促进作用。按每平方公里的基础设施费用2亿元计，现在全国城镇用地27264km^2，每年扩大用地按其5%计为1363km^2，则需基础设施基建费用达2726亿元。2000年全国村镇建设中公用设施建设投资达360亿元，其中仅道路建设投资为241亿元。

最后，小城镇居民消费空间巨大。城镇居民对耐用消费品的占有率不仅远远不及城市，而且耐用消费品的种类和档次也远远逊于城市。如国家统计局每年对城镇和农村的耐用消费品拥有量(按百户计)的调查，对城镇调查的有35种，而对农村调查的仅有12种。因此，小城镇居民消费还有巨大空间。

党的十五届三中全会通过《中共中央关于农业和农村工作若干重大问题的决定》明确指出："发展小城镇是带动农村经济和社会发展的一个大战略，有利于乡镇企业相对集中，更大规模地转移农业富余劳动力，避免向大中城市盲目流动，有利于提高农民素质、改善生活质量，也有利于扩大内需、推动国民经济更快增长。"总之发展小城镇是富民强国、缩小城乡差别和工农差别的重大举措。

1.3.2 小城镇发展理论

小城镇发展与农村城市化息息相关，国际上涉及农村城市化的理论主要有区位理论、结构理论、极化理论和反磁力理论等。

我国是一个人口众多、农业人口比例高的发展中国家，小城镇的发展，特别是改革开放以来的农村巨大变革，极大地推动了小城镇理论的发展，目前主要有以下几种理论。

1.3.2.1 小城镇理论

该理论是对费孝通先生的小城镇系列论文和江苏省小城镇研究课题组撰写的学术论文的归纳总结，探讨了小城镇的等级体系、行政管理体制、不同地域类型及成因、小城镇发展与区域经济发展之间的关系、小城镇规划建设等问题。该理论指出："小城镇是由农村中比农村社区高一层的社会实体组成，这种社会实体是以一批并不从事农业生产劳动的人口为主体组成的社区，无论从地域、人口、经济、环境等因素看，它们都既具有与农村社区相异的特点，又都与周围的农村保持着不能缺少的联系。"同时费孝能先生还首次提出"苏南模式"及"温州模式"等概念，走出了从微观入手对小城镇建设的比较研究后，又上升到对区域发展的宏观审视的研究方法的新路子。

1.3.2.2 聚集——扩散理论

该理论主要是对城乡关系动态变化，特别是小城镇形成机制进行描述与分析。对于农村小城镇具体表现在发源于城市一端的扩散和落实于农村一端的聚集。由聚集—扩散产生的地域结构变化推进了城市化进程，也促进了小城镇的发展，其中关键是以交通、通信、金融、市场等城乡支撑体系的完善。

1.3.2.3 三元结构理论

该理论在原有的二元经济结构理论基础上，随着小城镇在社会区域中的地位的不断提升应运而生的，其基本点为将社会区域分为农村、小城镇、城市，或城市、郊区、乡村三个部分，对我国现状经济结构作了更细致的划分，该理论认为，二元区域划分模糊了小城镇和城市的区别，也模糊了小城镇与农村的区别，不利于打破城乡隔离，将许多城镇型社区排斥在城市之外，从而人为降低了我国城市化水平，使城市化水平与劳动力就业结构和产业结构发生了严重偏差和滞后。

1.3.2.4 城乡互动理论

该理论将城市和农村都视作动态发展的两个组成部分。在推力和拉力作用下，农村在空间地域上后退和城市在空间地域上的推进是同样明显的。当代意义的农村应包括乡村、乡村城市(小城镇)、城市边缘区三大部分，而当代意义的城市也应该包括城市、城市边缘区和乡村城市(小城镇)三部分。在城乡互动过程中，城乡得到共同提高，其中的乡村城市（小城镇）的作用和地位是承上启下，得到发展的。在互动过程中，最永恒的动力是城乡收入差距的存在，当城乡互动达到均衡状态的终极阶段，城乡人口比例趋于稳定，区域的城乡差距消失，空间经济结构中城乡二元走向一体，此时农村城市化进程走向高级阶段。

1.3.3 我国小城镇现状

1.3.3.1 小城镇分布状况

截至2000年底，我国共有建制镇19780个，集镇27552个，小城镇合计达47332个，其地区分布如表1.3.3-1。

若按省计，建制镇超过1000个的有四川、广东、山东、江苏四省，它们或为人口大省或为经济大省，不足200个的为西藏、青海、宁夏、天津、新疆、北京、甘肃、上海、海南等省（市、自治区），它们或为面积小的省（市）、或为人口小的省（市、自治区）。

总的看，小城镇分布与现阶段经济发展水平和人口分布状况是大致相适应的。

1.3.3.2 小城镇人口规模状况

全国小城镇总人口72896.41万人，其中非农业人口14938.78万人，占总人口的20.54%，平均每镇总人口为1.54万，非农业人口为3156人（表1.3.3-2）。

其中，县城关镇非农业人口平均每镇43839人，其他非建制镇（不包括县城关镇）2936人、集镇526人。由此可见，从非农业人口角度而言，小城镇的人口规模差异很大，县城关镇若考虑常驻人口，做总体规划时，在规划期末，人口规模一般都规划在15万人以上，有的甚至超过20万人，故**本资料集主要对象是针对非县城建制镇和集镇。**

1.3.3.3 小城镇用地规模状况

全国17892个建制镇（不含县城关镇）镇区现状用地18197.97km²，平均每镇镇区用地1.02km²。

全国27552个集镇用地9066km²，平均每镇占地0.329km²。

1.3.3.4 住宅状况

2000年全国建制镇（不含县城关镇）住宅竣工面积64877万m²，累计住宅建筑面积达269919万m²，其中楼房面积占53.5%，人均使用面积17.47m²，人均居住面积13.49m²，按省市、自治区计，超过全国平均水平的有沿海地区（除辽宁省外）和重庆。

集镇住宅竣工面积5997万m²，累计住宅建筑面积126433万m²，其中楼房面积占32.6%、人均使用面积16.94m²，人均居住面积13.16m²（表1.3.3-3）。

1.3.3.5 公用设施状况

自来水状况：全国小城镇自来水状况见表1.3.3-4。从自来水普及率看，华东（除安徽、江西外）、中南（除河南、湖南外）、华北（除内蒙外）、西南（除云南、西藏外）较高，而东北、

2000年全国小城镇分布状况 表1.3.3-1

	全国	按六大区分						按三个地带分		
		华北	东北	华东	中南	西南	西北	东部	中部	西部
建制镇（个）	19780	2015	1575	6089	5008	3664	1429	7910	5693	6177
不包括县城在内的建制镇	17892	1777	1455	5621	4689	3173	1177	7204	5344	5343
集镇（个）	27552	3765	1762	5647	6213	6480	3685	4255	111774	12123
小城镇合计（个）	47332	5780	3337	11736	11221	10144	5114	12165	16867	18300

资料来源：(1) 建设部. 2000年村镇建设统计表. 2001
(2) 建设部城乡规划局，城乡规划管理中心. 2000年全国设市城市及其人口统计表. 2001

2000年我国小城镇人口规模状况表 表1.3.3-2

	个数（个）	总人口（万人）	其中：非农业人口（万人）	非农业人口占总人口比例(%)	总人口平均规模（万人/镇）	非农业人口平均规模（人/镇）
建制镇	19780	67093.77	13529.62	20.17	3.3920	6840
县城关镇	1888	12267.58	8276.86	67.48	6.4977	43839
其他建制镇	17892	54826.19	5252.76	9.58	3.0643	2936
集镇	27552	5802.64	1449.16	24.97	0.2106	526
小城镇合计	47332	72896.41	14978.78	20.49	1.5401	3156

资料来源：(1) 建设部. 2000年村镇建设统计表. 2001
(2) 建设部城乡规划局，城乡规划管理中心. 2000年全国设市城市及其人口统计表. 2001

2000年全国小城镇住宅状况（不含县城关镇） 表1.3.3-3

	住宅建筑面积（万m²）	楼房建筑面积（万m²）	人均使用面积(m²)	人均居住面积(m²)
建制镇	269918.98	144401.38	17.47	13.49
集镇	126433.13	41216.35	16.94	13.16

注：人均面积按居住人口计。
资料来源：建设部. 2000年村镇建设统计表. 2001

2000年全国小城镇自来水状况（不含县城关镇） 表1.3.3-4

	有供水设施的镇（个）	实有水厂（个）	年供水总量（万t）	用水人口（万人）	用水普及率（%）	人均日生活用水量（l/人·日）
建制镇	14963	14703	876933	9901.2	80.71	102.65
集 镇	14732	10205	168373	3486.6	60.09	69.21

资料来源：建设部．2000年村镇建设统计表．2001

2000年全国小城镇道路、供电、桥梁、堤防、供电状况(不含县城关镇) 表1.3.3-5

	实有道路长度(km)		实有道路面积(亿m²)		桥梁（座）	防洪堤（km）	通电镇（个）	路灯（万盏）
	合计	其中高级、次高级道路	合计	其中高级、次高级道路				
建制镇	210015	97104	20.966	11.07	60947	43566	17874	141.76
集 镇	137257	37825	11.78	3.69	33627	22895	26623	32.12
合 计	337272	134929	32.746	14.76	94574	66461	44497	173.88

资料来源：建设部．2000年村镇建设统计表．2001

2000年全国小城镇园林绿地和环卫状况（不含县城关镇） 表1.3.3-6

	园林绿地面积(hm²)	公共绿地面积(hm²)	人均公共绿地(m²/人)	环卫机械(辆)	公厕（座）	公园（个）	平均每公园面积(hm²/个)
建制镇	97899	37053	3.02	28663	103377	3133	6.68
集 镇	43982	13531	2.33	6772	58551	539	5.0
合 计	141881	50584	2.80	35435	161928	3672	6.28

资料来源：建设部．2000年村镇建设统计表．2001

2000年全国小城镇建设投资状况（不含县城关镇） 表1.3.3-7

	建设投资（亿元）	按地区分						按用途分			
		华北	东北	华东	中南	西南	西北	住宅	公共建筑	生产性建筑	公用设施
建制镇	1122.90	86.96	86.01	541.51	262.22	112.05	32.41	530.25	214.63	192.90	185.12
集 镇	300.01	35.45	24.96	104.30	65.20	45.73	24.36	174.89	57.21	32.49	35.42
合 计	1422.91	122.14	110.97	645.81	329.42	157.78	56.77	705.14	271.84	225.39	220.54

资料来源：建设部．2000年村镇建设统计表．2001

2000年全国小城镇规划与建设试点状况（不含县城关镇） 表1.3.3-8

	累计编制镇域总体规划		累计调整完善建设规划		年末实有规划建设试点				
	数量（个）	完成比率（%）	数量（个）	完成比率（%）	合计	部级	省级	地级	县级
建制镇	16504	92.24	16276	90.97	7884	564	2224	2233	2863
集 镇	22921	83.19	19146	69.49	2169	3	124	425	1617
合 计	39425	86.77	35422	77.95	10053	567	2348	2658	4480

资料来源：建设部．2000年村镇建设统计表．2001

西北各省区均低于全国平均水平(表1.3.3-4)。

道路、供电、堤防设施等状况：2000年全国小城镇实有道路总长度达34.7272万km，其中高级、次高级道路13.49万km，占38.8%；实有道路面积32.746亿m²，其中高级、次高级路面14.76亿m²，占45.07%。桥梁94574座，防洪堤66461km，99.9%的建制镇和96.63%的集镇通电，共有路灯173.88万盏(表1.3.3-5)。

园林绿地和环卫状况：2000年全国小城镇共有园林绿地面积14881hm²，其中公共绿地面积50584hm²，人均公共绿地2.8m²(建制镇为3.02hm²，集镇为2.33m²)，共有公园3672个，平均每个公园面积为6.28hm²。拥有环卫机械35435辆，其中建制镇28663辆，平均每镇1.6辆(表1.3.3-6)。

1.3.3.6 建设投资状况

2000年全国小城镇建设投资达1422.9亿元，按地区分，华北地区占8.58%，东北地区占7.80%，华东地区占45.39%，中南地区占23.15%，西南地区占11.01%，西北地区占4.00%。按用途分，住宅建设占49.6%，公共建筑占19.1%，生产性建筑占15.8%，公用设施占15.5%(表1.3.3-7)。

1.3.3.7 规划与建设试点状况

2000年全国小城镇累计编制镇总体规划有39425个，占86.77%，其中建制镇为16504个，完成比率为92.24%，完成比率达100%的有天津、山西、江苏、浙江、安徽、福建、湖北、重庆；完成比率在95%以上的有北京、黑龙江、辽宁、江西、山东、湖南、四川、新疆兵团等。集镇中，完成比率为83.19%，达100%的有天津、山西、上海、江苏，达90%以上的有黑龙江、浙江、安徽、江西、山东、湖南、重庆、贵州、宁夏等。规划建设试点共10053个，其中建制镇7884个，集镇2169个(表1.3.3-8)。

1.4 国外小城镇建设

1.4.1 国外小城镇概况

1.4.1.1 涵义

狭义上小城镇是指介于城市与村庄之间的居民点，但对国外小城镇而言，由于交通和通信基础设施的高度发展，城镇时空距离缩短，以及各类基础设施的高度完备，许多发达国家的小城镇建设与城市没有明显区别，其人口规模一般在0.5～10万人之间。某些10～20万人的小城镇主要以新城为主。

1.4.1.2 划分标准

不同国家划分小城镇的标准各不相同。有的以行政等级划分，有的则以人口数量、城市规模划分，还有的城市以其自身价值大小进行划分。

1.4.1.3 国外小城镇类型

从总的方面来讲，可以分为以新开发建设为主的新城和以开发保护为主的历史文化城镇。具体而言，按规模分有大、中、小三种城镇类型；按职能分类有综合型、工业主导型、商贸流通型、交通枢纽型、旅游服务型及其他职能类型；按空间形态分有以"城镇连绵带"形态存在的小城镇和以独立形态存在的小城镇两大类型；另外，还有其他一些类型：如卫星城、卧城、花园城等等。

1.4.1.4 美国新城

根据新城的性质、规模和所处地点，可将新城大致划分为5种类型。

(1)城市中的新城(New Towns in Town)：处在高度城市化的地区之内，一般是高密度、高容积率发展。

(2)卫星城(Satellites)：美国新城最普遍的形式，主要指400hm²的城市小区乃至6000hm²的新设市镇。从形式、密度和生活方式来看，卫星城基本上是郊区城镇网络的完善与延续，其典型的人口密度是每hm² 12至38人。

(3)新城市(New Cities)：新城市与卫星城的主要区别在于在功能上前者对母城的依赖性较小，相对来说具备较完善的各项服务设施，在许多国家已被当作都市与工业疏散政策的工具而推广。

(4)休闲新城(Recreation New Towns)：规模从400hm²至6000hm²不等，一般处于偏远的、具备美好自然风光的地段，对购物、娱乐设施和生态环境格外重视。

1.4.1.5 英国新城

《英国大不列颠百科全书》是这样定义"新城"的："一种规划形式，其目的在于通过在大城市以外重新安置人口，设置住宅、医院和产业，设置文化、休憩和商业中心，形成新的、相对独立的社会。"

英国新城建设源于19世纪末霍华德倡导的"田园城市"理论。霍华德在英国亲自发起建设了莱奇沃思(Letchworth)和韦林(Welwyn)两座田园城市。早期新城运动基本上是针对19世纪工业化发展所引发的一系列社会、经济、政治等方面的"大城市病"而采取的应对措施。英国实践派理想主义者，不仅仅出于政治或技术目的，更关注通过社会改革并利用现代技术来赋予人们更美好的生活条件。受霍华德思想的影响，英国政府曾把新城建设纳入国策，其目的在于控制大城市的规模和提高人民的居住水平。

1.4.1.6 法国巴黎新城

法国新城始终是区域城市空间的组成部分，而不是孤立于现状城市建成区之外的游离因素，其目的在于促进城市建设在半城市化地区聚集发展，以加强城市化的空间整体性，促进区域的整体发展。这一特点在新城的功能定位、区域布局、空间组织等方面都得到了体现。

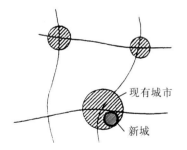

图1.4.1-1 城市中心新城

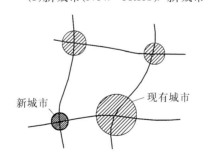

图1.4.1-3 新城市

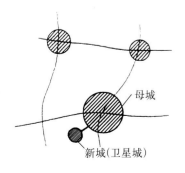

图1.4.1-2 卫星城

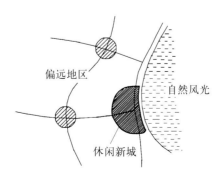

图1.4.1-4 休闲新城

1 小城镇界定、类型和发展

新城的功能定位：首先，巴黎新城建立在地区人口增长的基础上，以吸纳新增人口为主要职能、避免人口向巴黎市区的过度聚集。其次，新城作为多功能的地区城市中心，同时服务于新增城市居民和郊区现有的广大居民，参与对现状城市建成空间的结构重组。

新城的区域布局：巴黎新城的区位选择相对而言比较靠近巴黎，平均距离大致在30km左右，而且与巴黎保持便捷的交通联系，尽管相互之间有山体、林地、沼泽等的间隔，新城与现状城市建成区在空间上基本是连贯的。

新城的空间组织：巴黎新城是在已经半城市化的地域内，利用新建城市中心的辐射作用，将一定范围内的住宅区、工业区、娱乐区等聚集在一起，提高半城市化地区的建设密度，带动其逐步向真正的城市化地区转化。有学者因此指出，就本质来看巴黎新城更应该被称为"新城市中心"，而不是严格意义上的"新城"。在内部空间组织方面，巴黎新城一般由中心区、住宅区、工业区和开敞空间等功能空间组成，它们以RER（区域快速铁路）站场为核心，呈圈层状布局。

新城的建设管理：巴黎新城不是一级行政建制，不存在独立的新城政府，而是由特别成立的新城国土开发公共规划机构（简称EPA），以多重身份参与新城的规划、建设与管理。

1.4.2 国外小城镇实例

1.4.2.1 韦林新城（英国）

韦林花园城是由霍华德倡导并发起建设的，是霍华德花园城市理论的直接产物。霍华德设想以宽阔的农田环抱花园城，把城市的人口限制在3万人左右。这些城市坐落于大城市的周围，其平面呈圆形，6条主要街道把它分为6块扇形地区。

1899年，霍华德为了实现他的构想发起成立了花园城市协会，1903年，在霍华德指导下，世界上第一座花园城市——莱奇沃思在距离伦敦35英里（约56km）的地方开始兴建，使它偏离了预期的设计，1919年，霍华德开始建设第二座花园城——韦林花园城。这个花园城可以算作是伦敦的第一个卫星城。

韦林花园城的第一份总体规划，规划人口为4万人，规划中花园城也建立了良好的社会服务体系。有便利的商业服务设施，有许多活跃的社团，虽然，随着城市的不断发展，密度逐渐增大，但由霍华德和路易·德·索瓦松制定的布局原则却一直被有效地遵循着。那些规划中的开放空间、绿色区域和住宅区花园也被认真地保留着。

韦林花园城为了使他们的"标准"得到有效的遵循，还专门制定了许多具体措施。花园城中的居民想改变他们的房屋必须向市议会申请批准。政府还制定了另外一些有助于维护韦林花园城建筑设计、景观和开放空间建设高水准的相关政策。有悖于这些政策的任何提议都会被否决。

在现存的花园城中，韦林是保持花园城概念最好的例子。从某种意义上说，霍华德所构想的花园城市是一种理想城市，他试图把理想城市放在现实的天平上，韦林就是他这种努力的结果。

1.4.2.2 马恩拉瓦莱城（法国）

马恩拉瓦莱城是巴黎地区5个新城之一，位于北部城市发展轴线的东端，呈线形分布，并被重新组合成4个城市分区，它在区位、交通、环境、人文等方面的条件得天独厚，具有相当大的发展潜力，是公认巴黎新城中发展最快并且最为成功的一个。

新城规划被认为是城市规划领域的一次大胆创新，其特点可以简单概

图1.4.2-1 韦林新城平面图

括为：城市优先发展轴线、珍珠串状的不连续城市建成空间、合理分工的等级化交通体系和具有凝聚力的城市组团。

新城建设是分期实施的，4个城市分区分别建于不同历史时期，目前的发展进程也有明显差异。

第一分区建于1970年代初，是新城城市中心所在地，成为第3个三产就业中心，在调整巴黎东部空间结构重组、促进巴黎东郊地区协调发展等方面的作用十分突出，同时，早期开发活动中的问题也逐渐暴露出来。

第二分区在1970年代中期开始动工建设，在新城的发展中承担着承前启后的角色，表现出新城在过渡时期的发展特点，面临着内涵提高和外延发展的双重挑战。

图 1.4.2-2　韦林新城景观

图 1.4.2-3　韦林新城景观

图 1.4.2-4　韦林新城景观

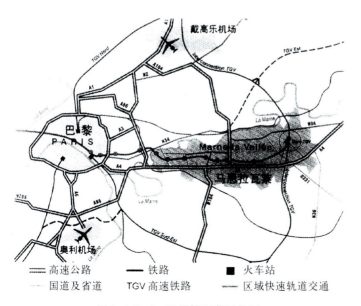

图 1.4.2-6　马恩拉瓦莱区位图

图 1.4.2-5　韦林新城景观

第三分区的建设在1985年拉开帷幕，目前仍处于起步阶段，主要职能是接纳以知识经济生产为特征的新型企业，新区的规划设计严格遵循1960年代末制定的空间布局原则，同时又表现出与早期城市组团不同的设计风格。

第四分区将是以第三产业为主的就业中心，在新城的城市化进程达到相当程度后，可以取代第一分区而成为新城的城市中心。

1.4.2.3 卡罗北城(德国)

由查尔斯·穆尔(Charles Moor)规划的卡罗北镇(用地99.6hm²)是以追寻19世纪末乡村田园风貌为规划意向的。在这个对一个历史小镇大规模改建的规划里，小镇主要街道穿过整个住宅区，街道两侧形成网格形的街坊。其街坊不同于城市住宅的封闭，而是采取田园式的半开敞布置方式，住宅本身采取亲切和多样的风格。为了更多地体现乡村特点，规划采用坡顶形式风格，由50多位建筑师分别设计，造型、体量、住宅平面各不相同。小镇的中心呈线性布置，力图辐射更多的住宅，为福利住宅和商品住宅服务。从建筑外部空间的组合来说，它是一种多元混合：周边、沿街、组群、行列、散布、综合楼6种方式在此同时出现。特别是其中的开敞式街坊组团被称为"卡罗庭院式"(Karow-Hof)，是规划者力求保持本地城镇田园特征的结果。

卡罗北镇的规划布局体现了19世纪末德国乃至欧洲乡村的特点：

——以街道、过境道路来组织、布局与发展建筑组群；

——自由生成与发展的形态；

——使用坡屋顶的建筑形式。

在此基础上，规划使用了与乡村布局不同的手法并有所发展：

——使用城市中的网格街坊；

——通过建筑布局的多样性和丰富的变化呈现自由的形态；

——使用内庭院空间；

——在组合内庭院空间上强调空间在视觉上的开放性。

1.4.3 国外小城镇建设的启示

分析国外小城镇建设特点，可作借鉴的主要有以下几方面：

(1)综合交通走廊往往成为小城镇密集发展的经济轴线。

韩国的京釜经济轴，日本的京阪经济轴，通过推动大城市之间的高速综合交通系统，促使区域人口和经济的高度聚集，城镇沿轴线密集分布，商业迅速发展。

(2)数量众多的城镇依托区域内的重要综合交通走廊和其他基础设施，形成呈带状分布的城市连绵区，已成为区域经济中心和枢纽地区，工业化发展的先导区域。如城镇化发展水平很高的美国东海岸、欧洲北部、英格

图1.4.2-7 马恩拉瓦莱城风貌

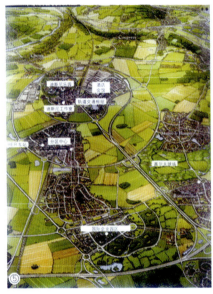

图1.4.2-8 马恩拉瓦莱城总体布局图

图1.4.2-9 马恩拉瓦莱城中心区景观

兰中部、日本东海岸的太平洋沿海，韩国的京釜沿线，以及美国、加拿大的五大湖地区。

(3)"田园城市"、"都市化村庄"在推动城镇化进程，缓解大中城市在人口、土地和环境问题等方面的压力上发挥着重要作用。

意大利、法国、西班牙、荷兰、日本等国的小城镇多数为环境优雅的田园城市，第二次世界大战以后，欧美发达国家开始由"高度城镇化"转向"有效分散"和"逆城镇化"发展阶段，建立不少"卧城"、"卫星城"或新城等不同类型、不同功能的城镇。20世纪50年代初至60年代末，欧洲上述国家和亚洲日本，小城镇建设经久不衰，在缓解大中城市人口、土地和环境等方面的压力上发挥了重要作用。美国1980年代建设"都市化的村庄"，发展景观优美、环境优雅、设施齐全的小城镇，都市化的小城镇的吸引力使美国已有50%的人口居住在小城镇。

(4)通过法规与规范化，推动小城镇建设

1968年，美国通过实行《新城镇开发法》，首批新建成63个规模2万人左右的小城镇，城镇化水平明显提高。

(5)基础设施高度现代化，实现和促进了小城镇的高度现代化和城市化。

图1.4.2-10 卡罗北城平面图

图1.4.2-11 卡罗北城建筑风貌

2 小城镇规划特点、依据和原则

2.1 小城镇规划特点

2.1.1 小城镇规划对象特点

(1)小城镇数量多,分布广,差异大,具有很强的地域性;

(2)小城镇是实施城市化战略的重要组成部分,对农村剩余劳动力有重要的吸纳作用;

(3)小城镇产业结构相对单一,经济具有较强的可变性和灵活性;

(4)小城镇社会关系、生活方式、价值观念处于转型期,具有不确定性和可塑性;

(5)小城镇基础设施相对滞后,需要较大的投入;

(6)小城镇环境质量有待提高及生态建设有待改善,综合防灾减灾能力亟待加强;

(7)在地域发展中,小城镇依赖性较强,需要在区域内寻求互补与协作;

(8)小城镇一般多沿综合交通走廊和经济轴线发展,对外联系密切,交通联系具有可达性。

2.1.2 小城镇规划技术特点

(1)小城镇规划技术层次较少,成果内容较简单,技术层次较少;

(2)小城镇规划内容和重点应因地制宜,解决问题具有目的性;

(3)小城镇规划技术指标体系地域性较强,具有特殊性;

(4)小城镇规划资料收集及调查对象相对集中,但因基数小,数据资料具有较大变动性;

(5)小城镇原有规划技术水平和管理技术水平相对较低,更需正确引导以达到规划的科学性和合理性;

(6)小城镇规划更注重近期建设规划,强调规划可操作性。

2.1.3 小城镇规划实施特点

(1)小城镇目前政策、法规和配套标准不够完善,支撑体系较弱,更需要具体实施指导性;

(2)小城镇规划管理人员缺乏,需要更多技术支持和政策倾斜性;

(3)不同地区、不同等级与层次、不同规模、不同发展阶段的小城镇差异性较大,规划实施强调因地制宜;

(4)小城镇建设应强调根据自身特点,采用适宜技术和形成特色;

(5)小城镇量大面广,规划实施强调示范性和带动性;

(6)小城镇建设要强调节约土地、保护生态环境;

(7)小城镇发展变化较快,规划实施动态性强。

2.2 小城镇规划依据

2.2.1 政策依据

(1)国家小城镇战略及社会经济发展对小城镇规划建设的宏观指导和相关要求;

(2)国家和地方对小城镇建设发展制定的相关文件;

(3)各省(自治区)、地(市、自治州)、县(市、旗)对本地区小城镇的发展战略要求;

(4)地方政府国民经济和社会发展计划;

(5)地方政府《政府工作报告》;

(6)上级政府及相关职能部门对小城镇建设发展的指导思想和具体意见。

2.2.2 法律法规依据

(1)《中华人民共和国城市规划法》;

(2)《中华人民共和国土地管理法》;

(3)《中华人民共和国环境保护法》;

(4)《城市规划编制办法》;

(5)《城市规划编制办法实施细则》;

(6)《城镇体系规划编制审批办法》;

(7)《村镇规划编制标准》;

(8)《村镇规划标准》;

(9)《村庄和集镇规划建设条例》;

(10)《村镇规划卫生标准》;

(11)各省(自治区)、地(市、自治州)、县(市、旗)村镇规划技术规定;

(12)各省(自治区)、地(市、自治州)、县(市、旗)村镇规划建设管理规定;

(13)各省(自治区)、地(市、自治州)、县(市、旗)村镇规划编制办法。

2.2.3 规划技术依据

(1)上一级城镇体系规划;

(2)相关区域性专项规划;

(3)相关城市总体规划;

(4)镇域土地利用总体规划;

(5)小城镇规划指标体系;

(6)其他各类规划设计规范及标准。

2.3 小城镇规划原则

2.3.1 宏观指导性原则

(1) 人本主义原则：充分利用现代文明成果，强调人文关怀，因地制宜建立适合人类生存与发展和谐的人居环境，构筑具有一定乡土特色和地域特色的小城镇社会经济与文化发展模式。

(2) 可持续发展原则：坚持综合、长期、渐进的可持续发展战略，实现人口、经济、社会、资源与环境的协调发展。

(3) 区域协同、城乡协调发展原则：在区域社会经济发展整体战略指导下，谋求产业发展、人口分布、居民点建设、基础设施布点、生态环境改善的城乡有机整合，促进城乡经济、社会、文化相互渗透、相互融合，达成城市与乡村共生共荣、区域整体协调发展。

(4) 因地制宜原则：小城镇地区差异大，发展条件不同，要充分发挥特色优势，强化地域特色，采用适宜技术，走特色发展之路。

(5) 市场与政府调控相结合原则：按市场经济规律进行资源合理配置，充分提高土地利用效率。对城镇公益设施实现政府的有效调控，保证小城镇社会、经济、环境的综合协调发展。

2.3.2 规划技术原则

(1) 科学合理性原则：坚持科学合理性，兼顾小城镇规划的价值合理和技术合理。

(2) 完整性原则：全面考虑各项规划影响因素，完善各项规划内容。

(3) 独特性原则：挖掘特色要素，强化地域特色。

(4) 灵活性原则：注重适应性，加大规划弹性，留有发展余地。

(5) 创新性原则：探索新方法，应用新技术，促进体制创新。

(6) 集约性原则：节约资源，提高效益，促进集约化发展。

(7) 连续性原则：尊重历史，尊重现状，近远期结合，滚动发展。

(8) 可操作性原则：着眼长远，立足现实；政策到位，措施得力；强化规划的可操作性。

2.4 小城镇建设指导思想

(1) 规划建设小城镇，带动农村经济和社会发展，加速城市化进程。

(2) 规划建设小城镇应尊重规律、循序渐进；因地制宜、科学规划；深化改革、创新机制；统筹兼顾、协调发展。

(3) 规划建设小城镇应突出重点，以点带面，强调其集聚性和发挥服务功能。

(4) 规划建设小城镇应严格执行有关法律、法规，并通过政策指导和规范化，推动小城镇建设。

(5) 规划建设小城镇应坚持适度标准，提高基础设施服务水平。

(6) 保护耕地，集约利用土地，保护生态环境，优化人居环境。

(7) 规划建设小城镇，要注意保护文物古迹及自然景观，形成风貌特色。

3 小城镇规划的内容、程序与审批

3.1 小城镇规划的一般任务

小城镇规划任务是对一定时期内城镇的经济和社会发展、土地利用、空间布局以及各项建设的综合部署与具体安排。

小城镇总体规划的主要任务是综合研究和确定城镇性质、规模和空间发展形态，统筹安排城镇各项建设用地，合理地配置城镇各项基础设施，处理好远期发展和近期建设的关系，指导城镇合理发展。

小城镇控制性详细规划的任务是详细制定建设用地的各项控制指标和其他规划管理要求。

小城镇修建性详细规划的任务是直接对建设作出具体的安排和规划设计。

小城镇规划的具体任务包括：

(1)收集和调查基础资料，研究满足小城镇经济社会发展目标的条件和措施；

(2)研究确定小城镇发展战略，预测发展规模，拟定城镇分期建设的技术经济指标；

(3)确定城镇功能和空间布局，合理选择各项用地，并考虑城镇用地长远发展方向；

(4)提出镇(乡)村镇体系规划，确定镇(乡)域基础设施规划原则和方案；

(5)拟定新区开发和旧城更新原则、步骤和方法；

(6)确定城镇各项市政设施和工程措施的原则和技术方案；

(7)拟定城镇建设用地布局的原则和要求；

(8)安排城镇各项重要的近期建设项目，为各单项工程设计提供依据；

(9)根据建设的需要和可能，提出实施规划的措施和步骤；

(10)控制性详细规划应详细制定建设用地的各项控制指标和其他规划管理要求；

(11)修建性详细规划应直接对建设作出具体的安排和规划设计。

小城镇规划是建设和管理城镇的基本依据，是保证城镇合理地进行建设和土地合理开发利用及正常经营活动的前提和基础，是实现小城镇社会、经济发展目标的综合性手段。

由于每个小城镇的自然条件、现状条件、发展战略、规模和建设速度各不相同，规划的工作内容应随具体情况而变化。性质不同的城镇、规划内容都有各自特点与侧重点。如在工业为主的城镇规划中，要着重于原材料、劳动力的来源、能源、交通运输、水文地质、工程地质的情况、工业布局对城镇环境的影响，以及生产与生活之间矛盾的分析研究。历史文化名镇要充分考虑古城、文物古迹、历史街区的保护和地方特色的体现。风景旅游城镇中，风景区和风景点的布局、城镇景观规划、风景资源的保护和开发、生态环境的保护、旅游设施的布置及旅游路线的组织等都是规划工作要特别予以注意的。

3.2 小城镇规划编制程序

3.2.1 小城镇总体规划编制程序(见图3.2.1)

3.2.2 详细规划(建设规划)的编制程序(见图3.2.2)

3.3 小城镇规划阶段与期限

3.3.1 小城镇规划阶段划分

3.3.1.1 建制镇规划阶段划分

建制镇规划分为总体规划和详细规划二个阶段。对于规模较大、发展方向、空间布局、重大基础设施等不太确定的建制镇，在总体规划之前可增加总体规划纲要阶段，论证城镇经济、社会发展条件，原则确定规划期内发展目标；原则确定镇(乡)域村镇体系的结构与布局 原则确定城镇性质、规模和总体布局，选择城镇发展用地，提出规划区范围的初步意见。建制镇总体规划应当包括镇域村镇体系规划。详细规划分为控制性详细规划和修建性详细规划。规模较大的建制镇可在总体规划指导下编制控制性详细规划以指导修建性详细规划，也可根据实际需要在总体规划指导下，直接编制修建性详细规划。

3.3.1.2 村庄、集镇规划阶段划分

村庄、集镇规划一般分为总体规划和建设规划两个阶段。村庄集镇总体规划是乡级行政区域内村庄和集镇布点规划及相应的各项建设的整体部署。村庄集镇建设规划具体安排村庄、集镇的各项建设。

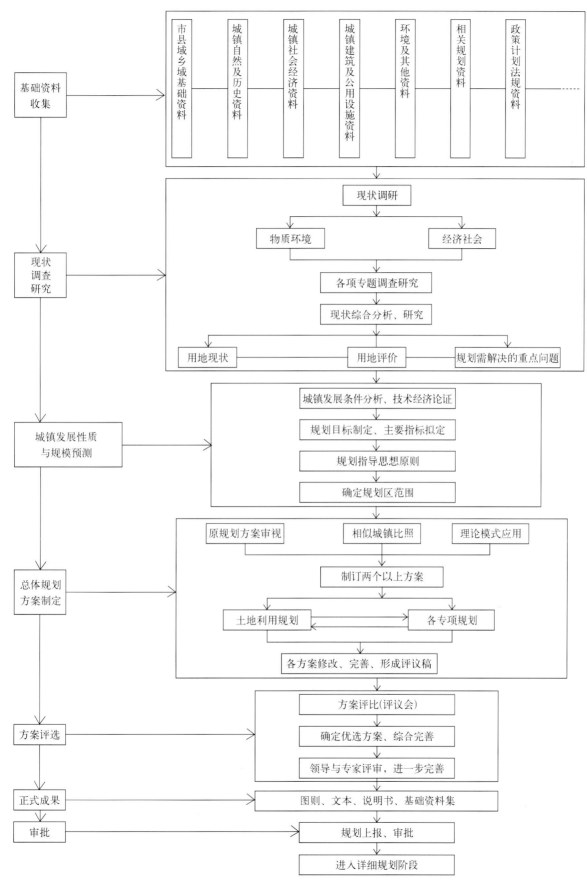

图 3.2.1 小城镇总体规划编制程序

3 小城镇规划的内容、程序与审批

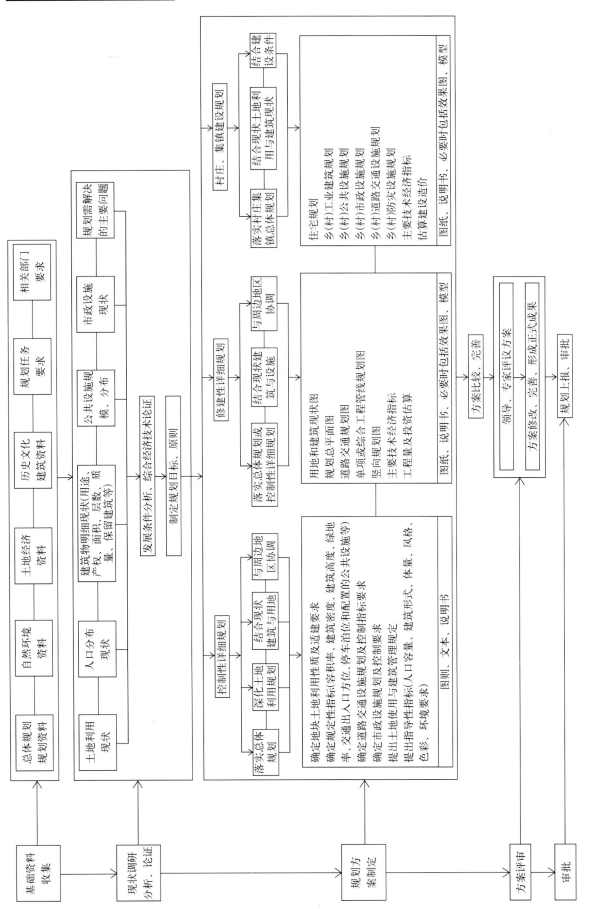

图 3.2.2.2 小城镇详细规划(建设规划)的编制程序

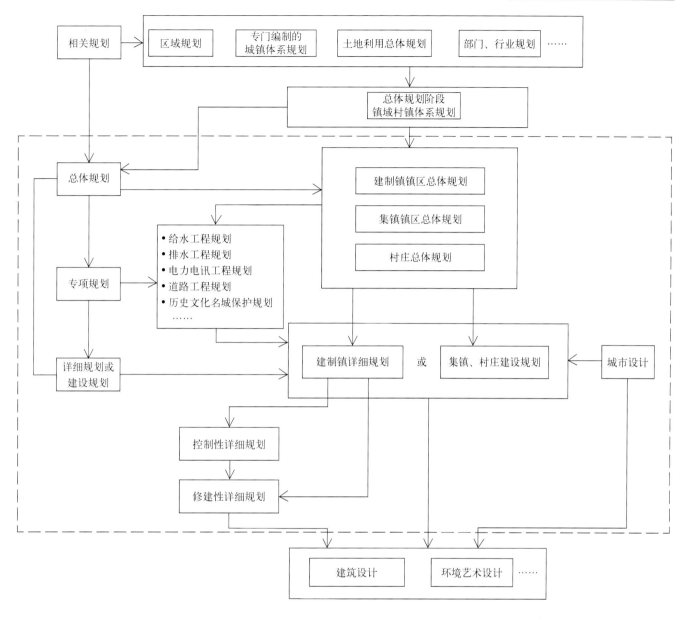

图 3.3.1 小城镇规划层次

3.3.2 小城镇规划的期限

建制镇、村庄集镇总体规划期限为 10～20 年，近期建设规划可以为 3～5 年。小城镇总体规划同时可对远景发展作出轮廓性的规划安排。

建制镇的规划期限应与所在地域城镇体系规划期限一致，并且应编制分期建设规划，合理安排建设程序，使开发建设程序与国家和地方的经济技术发展水平相适应。

3.4 小城镇镇域规划的任务、内容、深度和成果

3.4.1 小城镇镇域规划的任务

落实市(县)社会经济发展战略及城镇体系规划提出的要求，指导镇区、村庄规划的编制。

3.4.2 小城镇镇域规划的内容

(1)镇域基本条件(自然条件、历史沿革、经济基础等)分析与评价。

(2)确定镇区的性质和发展方向，划定镇区的规划区范围。

(3)确定乡镇企业的发展与布局，进行产业结构分析和布局(一、二、三产业构成和地域分布)。

(4)与土地利用规划相协调，处理好城镇建设与基本农田保护的关系。安排基础设施和社会服务设施。

(5)确定中心村和村庄布局(含迁村并点规划设想)。划定需要保留和控

制的绿色空间。

(6)确定生态环境保护的目标和措施、确定自然人文景观和历史文物的保护要求与措施。

3.4.3 小城镇镇域规划的深度

(1)产业布局按一、二、三产业分别考虑,其中第一产业按种植业、林业、渔业、牧业划分;第二、三产业不再细分。

(2)基础设施内容包括:公路及村间路、10kV以上电力线、变电站、对外交通、通讯光缆、输水渠、给水泵站、排水设施等。

(3)社会服务设施包括:卫生所、幼儿园、敬老院、小学、中学、供销社、农贸市场及批发市场、汽车停靠站等。

(4)确定中心村用地发展方向和范围。

(5)各类土地的面积、分布及土地利用结构。

3.4.4 小城镇镇域规划的成果

3.4.4.1 镇域规划成果包括规划文件和规划图纸两部分。规划文件包括规划文本和附件,附件包括规划说明书和基础资料汇编。

3.4.4.2 镇域规划文本。规划文本采用条文形式写成,文本格式和文字要规范、准确、肯定。

3.4.4.3 镇域规划图纸。规划图纸是规划成果的重要组成部分,与规划文本具有同等的效力。规划图纸所表现的内容与要求要与规划文本相一致。镇域城镇体系规划图比例尺一般为1/5000~1/20000,具体应包括如下图纸:

(1)镇域地理位置图(比例尺:视所在县、市的面积而定,一般为1/50000~1/100000)

(2)镇域现状图

(3)镇域产业结构与规划布局图

(4)镇域土地利用及基本农田保护图

(5)镇域居民点规划布局图

(6)镇域基础设施规划布局图(如内容多,可按各专项分别出图)

(7)镇域环境保护及综合防灾图

(8)镇域历史文物古迹保护及绿地景观规划图

3.4.4.4 镇域规划说明书(含基础资料汇编)

规划说明书是对规划文本的具体解释,内容包括现状概况、问题分析、规划意图、对策措施。具体编写内容如下:

(1)工作简要过程

(2)镇域基本情况

(3)对以前与镇域发展相关规划的意见和评价

(4)编制背景、依据、指导思想、主要技术方法

(5)区域社会经济发展背景分析

(6)镇域社会经济发展目标、发展战略和空间布局

(7)镇域土地及空间资源合理利用协调规划

(8)镇域基础设施建设与布局规划

(9)镇域社会服务设施建设与布局规划

(10)镇域历史文物保护规划及旅游发展规划

(11)镇域环境保护与防灾规划

(12)近期建设规划

(13)实施规划的措施及政策建议

3.4.5 小城镇镇域规划文本格式

3.4.5.1 总则

(1)前言

(2)规划指导思想、原则和重点

(3)规划期限

(4)规划范围

3.4.5.2 社会经济发展目标

(1)社会发展目标

(2)人口发展目标

(3)经济发展目标

(4)城镇及村庄建设目标

3.4.5.3 镇域产业结构与布局

(1)产业结构

(2)产业布局

3.4.5.4 镇域居民点布局

(1)村庄位置与规模

(2)确定中心村

(3)迁村并点规划

3.4.5.5 镇域重要基础设施布局

(1)公路

(2)铁路

(3)港口

(4)机场

(5)管道

(6)通信

(7)电力

(8)给水

(9)排水

3.4.5.6 镇域社会服务设施布局

(1)各类社会服务设施的规模

(2)各类社会服务设施的布局

3.4.5.7 镇域土地利用规划布局

(1)基本农田保护区范围

(2)中心村用地范围

(3)镇区建设用地范围

(4)其他不准建设、需要保护的用地范围(如文物古迹、水源地、生态敏感区、自然保护区等)

3.4.5.8 环境保护与防灾规划

(1)环境保护

①确定环境保护目标和实施对策

②划分环境功能分区,确定各区

控制标准

(2)防灾规划

①防洪(含防海潮、防泥石流)

②抗震

③消防

④人防

⑤防风灾

⑥防地方病

3.4.5.9 规划的实施

(1)规划实施的政策建议

(2)与其他相关规划的协调及衔接

3.4.5.10 附则

(1)文本的法律效力

(2)规划的解释权

(3)其他

3.5 镇区总体规划任务、内容、深度和成果

3.5.1 镇区总体规划的任务

落实市(县)域城镇体系规划和镇域规划提出的要求,合理利用镇区土地和空间资源,指导镇区建设和详细规划的编制。

3.5.2 镇区总体规划的内容

(1)确定镇区性质和人口及用地发展规模。

(2)确定镇区建设和发展用地的空间布局、用地组织以及镇区中心。

(3)确定过境公路(含车位)、铁路(含站场)、港口码头、机场、运输管道的位置及布局,处理好对外交通设施与镇区的关系。

(4)确定镇区道路系统的走向、断面、主要交叉口形式,确定镇区广场、停车场的位置、容量。

(5)综合协调并确定城市供水、排水、供电、通信、燃气、供热、环卫等设施的发展目标和总体布局。

(6)确定园林绿地系统的发展目标及总体布局。

(7)确定城镇环境保护目标,提出防治污染措施。

(8)编制城镇防灾规划,提出人防、抗震、消防、防洪、防风、防泥石流、防海潮、防地方病的规划目标和总体布局。

(9)确定需要保护的风景名胜、文物古迹、传统街区,划定保护和控制范围,提出保护措施。

(10)确定旧区改建、用地调整的原则、方法和步骤,提出改善旧城区生产、生活环境的要求和措施。

(11)进行综合技术经济论证,提出规划实施步骤、措施和方法的建议。

(12)编制近期建设规划,确定近期建设目标、内容和实施部署。

3.5.3 镇区总体规划的深度

镇区总体规划基本按城市总体规划的深度进行。其中用地布局和道路规划的内容比城市总体规划要深,用地分类划分以中类为主、小类为辅;道路规划要给出主要道路交叉口的坐标和标高。

3.5.4 镇区总体规划的成果

3.5.4.1 镇区总体布局规划成果包括规划文件和规划图纸两部分;规划文件包括规划文本和附件;附件包括规划说明书和基础资料汇编。

3.5.4.2 镇区总体布局规划文本。规划文本采用条文形式写成,文本格式和文字要规范、准确、肯定。

3.5.4.3 规划图纸。规划图纸是规划成果的重要组成部分,与规划文本具有同等的效力。规划图纸所表现的内容与要求要与规划文本相一致。镇区总体布局规划图纸比例尺一般为1/2000~1/5000,具体应包括如下图纸:

(1)镇区现状图

(2)镇区用地评价图

(3)镇区总体规划图

(4)居住用地规划图(可合并在总体规划图中)

(5)公共设施用地规划图(可合并在总体规划图中)

(6)道路交通规划图

(7)绿地系统及景观规划图

(8)环境保护及环境卫生规划图(可与上图合并)

(9)工程规划(包括给水、排水、电力、电信、供热、燃气规划等内容,如内容复杂可分别出图)

(10)防灾规划图(可与上图合并)

(11)近期建设规划图

3.5.4.4 规划说明书(含基础资料汇编)

规划说明书是对规划文本的具体解释,内容包括现状概况、问题分析、规划意图、对策措施。具体编写内容如下:

(1)工作简要过程

(2)镇区基本情况

(3)对上版规划的意见和评价

(4)编制背景、依据、指导思想、主要技术方法

(5)区域社会经济发展背景分析

(6)镇区社会经济发展目标

(7)镇区建设用地范围、用地条件评价和规划建设目标

(8)镇区性质与职能

(9)镇区人口规模分析(包括建成区内常住人口和暂住一年以上的人口)

(10)对外交通条件分析

(11)道路系统规划

(12)居住用地规划

(13)公共设施用地规划
(14)工业、仓储用地规划
(15)绿地系统及景观规划
(16)基础设施规划(包括给水、排水、供电、电信、燃气、供热等工程规划)
(17)环境保护与环境卫生规划
(18)防灾规划
(19)近期建设规划
(20)实施规划的措施及政策建议

3.5.5 镇区总体布局规划文本格式

3.5.5.1 总则
(1)前言
(2)规划指导思想、原则和重点
(3)规划期限
(4)规划范围

3.5.5.2 城镇性质
(1)城镇职能
(2)城镇性质

3.5.5.3 城镇规模
(1)镇区人口规模
(2)镇区用地规模

3.3.5.4 镇区建设布局
(1)镇区用地选择和布局结构
(2)布局要点
(3)人均专项用地指标

3.5.5.5 对外交通
(1)港口
(2)铁路
(3)机场
(4)公路
(5)管道运输

3.5.5.6 道路交通
(1)交通分析与预测
(2)道路系统框架
(3)道路功能划分
(4)城镇道路与对外交通的衔接
(5)广场及停车场

3.5.5.7 居住用地
(1)居住用地分布及人口容量
(2)居住用地分类及建设控制要求
(3)小学、幼儿园的配置

3.5.5.8 公共设施用地
(1)镇区中心
(2)行政办公
(3)商业及市场
(4)文化、体育、医疗卫生
(5)教育科研
(6)文物古迹及宗教

3.5.5.9 工业与仓储用地
(1)工业用地
(2)仓储用地

3.5.5.10 绿地系统及城镇景观
(1)绿地系统(绿地面积、位置、范围、分类)
(2)公共绿地
(3)城镇景观风貌与特色

3.5.5.11 岸线
(1)岸线分配与利用
(2)岸线整治原则

3.5.5.12 中心区建设及镇区更新
(1)中心区的确定及建设原则、步骤
(2)镇区更新的措施、对策及步骤
(3)重要历史文物古迹及景点保护

3.5.5.13 给水工程
(1)用水标准和总用水量预测
(2)水源规划及供水方式的确定
(3)水厂及供水规模
(4)管网

3.5.5.14 排水工程
(1)排水体制
(2)污水排放标准、污水量
(3)排水管网
(4)污水处理方式
(5)雨水流量计算及管网布置

3.5.5.15 供电工程
(1)用电标准、负荷、电量
(2)电源
(3)电网
(4)变电站

3.5.5.16 电信工程
(1)电话普及率、总容量
(2)邮电局所
(3)通信设施的保护
(4)广播电视

3.5.5.17 燃气工程
(1)气源与供气方式
(2)供气标准与用气量
(3)储备站与气化站
(4)管网

3.5.5.18 供热工程
(1)热源与供热形式
(2)采暖热指标与供热负荷
(3)管网

3.5.5.19 环境保护
(1)环境质量规划目标
(2)环境功能分区和质量标准
(3)环境治理措施

3.5.5.20 环境卫生
(1)设施指标及布局原则
(2)垃圾量、处理方式及垃圾箱布置
(3)公共厕所的布置

3.5.5.21 城镇防灾
(1)防洪
①设防范围
②防洪标准
③防洪工程措施
(2)抗震
①设防标准
②疏散场地及通道
③次生灾害防止和生命线系统保障
(3)消防
①消防标准
②消防措施
③消防通道及供水保障
(4)人防
①人防原则和保障
②人防工程措施

(5)其他灾害防治

①防风灾

②防海潮

③防泥石流

④防地方病。

3.5.5.22 近期建设

(1)近期建设重点和发展方向

(2)住宅建设

(3)公共设施、基础设施建设

(4)投资估算

3.5.5.23 规划的实施

(1)规划实施的政策建议

(2)与其他相关规划的协调及衔接

3.5.5.24 附则

(1)文本的法律效力

(2)规划的解释权

(3)其他

3.6 镇区控制性详细规划的任务、内容、深度和成果

3.6.1 镇区控制性详细规划的任务

以镇区总体规划为依据，控制建设用地性质、使用强度和空间环境。控制性详细规划是镇区规划管理的依据，并指导修建性详细规划的编制。

3.6.2 镇区控制性详细规划的内容

(1)详细规定规划用地范围内各类用地的界限和适用范围、规定各地块建筑高度、建筑密度、容积率、绿地率等控制指标;

(2)规定各类用地内适建、不适建、有条件可建的建筑类型;

(3)规定交通出入口方位、停车泊位、建筑后退红线距离、建筑间距等。

(4)确定规划范围内的路网系统及其与外围道路的联系。确定各条道路的红线位置、控制点坐标和标高。

(5)确定绿地系统。

(6)确定各单项工程管线的走向、管径、控制点坐标和标高以及工程设施的用地界限。

(7)根据需要确定编制修建性详细规划的面积、范围。

(8)制定相应的规划实施细则。

3.6.3 镇区控制性详细规划的深度

按城市控制性详细规划进行编制。

3.6.4 镇区控制性详细规划的成果

3.6.4.1 镇区控制性详细规划成果包括规划文件和规划图纸两部分。规划文件包括规划文本和附件，附件包括规划说明书和基础资料汇编。

3.6.4.2 规划文本。规划文本采用条文形式写成，文本格式和文字要规范、准确、肯定。

3.6.4.3 规划图纸。规划图纸是规划成果的重要组成部分，与规划文本具有同等的效力。规划图纸所表现的内容要与规划文本相一致。图纸比例尺为1/1000~1/2000。具体应包括如下图纸:

(1)位置图

①标明控制性详细规划的范围及相邻地区的位置关系。

②比例尺视总体规划图纸比例尺和控制性详细规划的面积而定。

(2)用地现状图

①分类标明各类用地范围(建制镇按《城市用地分类与规划建设用地标准》(GBJ137—90)分至小类;集镇按《村镇规划标准》(GB50188—93)分至小类)，标绘建筑物现状、人口分布现状、市政公用设施现状。

②比例尺1/1000~1/2000。

(3)土地利用规划图

①标明各类规划用地的性质、规模和用地范围及路网布局。

②比例尺1/1000~1/2000。

(4)地块划分编号图

①标明地块划分界限及编号(与文本中控制指标相一致)。

②比例尺1/5000。

(5)各地块控制性详细规划图

①标明各地块的面积、用地界限、用地编号、用地性质、规划保留建筑、公共设施位置;标注主要控制指标;标明道路(包括主、次干路和支路)走向、线型、断面、主要控制点坐标、标高;停车场和其他交通设施用地界限。

②比例尺1/1000~1/2000。

(6)各项工程管线规划图

①标绘各类工程管线平面位置、管径。

②比例尺1/1000~1/2000。

3.6.4.4 规划说明书(含基础资料汇编)

规划说明书是对规划文本的具体解释，内容包括现状概况、问题分析、规划意图、对策措施。具体编写内容如下:

(1)工作概况

(2)总体规划对该控制性详细规划范围的规定和要求

(3)对以往相关规划意见和评价

(4)对控制性详细规划范围内各项建设条件的现状分析

(5)建设用地控制规划

(6)道路系统规划

(7)绿地系统规划

(8)各专项工程管线规划

(9)规划实施细则

3.6.5 镇区控制性详细规划文本格式

3.6.5.1 总则
(1)编制背景
(2)基本依据
(3)适用范围
(4)规划原则
(5)主管部门和管理权限

3.6.5.2 土地使用和建筑规划管理通则
(1)用地使用分类及控制
①关于用地分类的一般原则及必要的说明
②用地使用分类一览表
③用地与建筑相容性规定
④用地性质可更动范围的规定
⑤用地控制要求，用地控制分为规定性和指导性两类(A类和B类)。前者是必须遵照执行的，后者是参照执行的。

A类(规定性指标)
用地性质、建筑密度、建筑控制高度、容积率、绿地率、交通出入口方位、停车泊位及其他需要配置的公共设施

B类(指导性指标)
人口容量、建筑形式、体量、风格要求、建筑色彩要求、其他环境要求

(2)地块建设容量控制
①建筑密度规定
②建筑间距规定
③容积率规定
④容积率奖励和补偿规定

(3)建筑高度控制
①一般原则
②住宅建筑高度控制
③沿街建筑高度控制
④沿道路交叉口建筑高度控制
⑤其他

(4)建筑后退的控制
①沿路建筑退道路红线和道路边界规定
②相邻地块建筑退地块边界的规定

(5)街坊或地块交通设施的配置和管理
①区内各级道路的宽度
②地块配建停车场车位的规定
③出入口位置的规定

(6)配套设施的控制
①配套设施项目
②配套设施数量、用地面积、建筑面积
③关于变更的一般原则

3.6.5.3 绿地控制
(1)绿地控制的基本内容
(2)对市、区级公共绿地的控制
(3)对地块绿地面积的控制
(4)绿地指标

3.6.5.4 景观控制
(1)单体建筑的控制(形体、色彩等要求)
(2)高层建筑的控制
(3)标志物控制
(4)相邻地段的建筑规定
(5)特殊地段的控制(城市广场、广场环境、街景、中心区、历史地段等)

3.6.5.5 附则
(1)规划成果的组成
(2)解释权
(3)其他

3.7 小城镇修建性详细规划(建设规划)任务、内容、深度和成果

3.7.1 修建性详细规划(建设规划)的任务

对镇区近期需要进行建设的重要地区作出具体的安排和规划设计。

3.7.2 修建性详细规划(建设规划)的内容

(1)建设条件分析及综合经济论证，找出现状存在的问题及规划应注意解决的主要问题和措施。
(2)做出建筑、道路和绿地等的空间布局和景观规划设计，布置总平面图。
(3)道路交通规划设计。
(4)绿地系统规划设计。
(5)工程管线规划设计。
(6)竖向规划设计。
(7)估算工程量、拆迁量和总造价，分析投资效益。

3.7.3 修建性详细规划(建设规划)的深度

按城市修建性详细规划进行编制。

3.7.4 修建性详细规划(建设规划)的成果

3.7.4.1 修建性详细规划成果包括规划设计说明书和规划设计图纸。

3.7.4.2 规划设计说明书。说明书内容如下：
(1)现状条件分析
(2)规划原则和总体构想
(3)用地布局
(4)空间组织及景观特色要求
(5)道路和绿地系统规划
(6)各项专业工程规划及管线综合
(7)竖向规划
(8)主要技术经济指标：
①总用地面积
②总建筑面积
③住宅建筑总面积，平均层数

④容积率、建筑密度
⑤住宅建筑容积率、建筑密度
⑥绿地率

(9)工程量及投资估算

3.7.4.3 规划图纸。图纸比例尺1/500~1/2000。具体应包括如下图纸：

(1)规划地段位置图

①标明规划地段在城市中的位置以及和周围地区的关系。

②比例尺：根据总体规划或分区规划、控制性详细规划的图纸比例尺而定。

(2)规划地段现状图

①标明自然地形地貌、道路、绿化、工程管线及各类用地建筑范围、性质、层数、质量等。

②比例尺：1/500~1/2000。

(3)规划总平面图

①标明规划建筑、绿地、道路、广场、停车场、河湖水面的位置和范围。

②图纸比例尺同规划地段现状图。

(4)道路交通规划图

①标明道路的红线位置、横断面、道路交叉点坐标标高、停车场用地界限。

②图纸比例尺同规划总平面图

(5)竖向规划图

①标明道路交叉点、变坡点控制高程，室外地坪规划标高。

②图纸比例尺同规划总平面图。

(6)工程管网规划图(根据需要可按单项工程出图或出综合管网图)

①标明各类市政公用设施管线的走向、管径、主要控制标高，以及有关设施和构筑物位置。

②图纸比例尺同规划总平面图。

(7)表达规划设计意图的模型或鸟瞰图

3.8 小城镇规划的编制管理与审批主体

3.8.1 小城镇规划的编制

(1)建制镇的总体规划和详细规划，由镇人民政府负责组织编制。

(2)村庄、集镇总体规划和建设规划由镇乡人民政府负责组织编制。

3.8.2 小城镇规划编制资格管理

承担编制小城镇规划任务的规划设计单位，应当符合国家关于规划设计资格的规定。

3.8.3 小城镇规划的审批主体

规划设计单位资质与承接任务范围　　　　　表3.8.2

规划设计资格等级	规划设计任务范围
甲级	不受限制
乙级	(1)受本省本市委托的承担本省或本市规划设计任务不受限制； (2)20万人以下的城市总体规划和各种专项规划的编制(含修改和调整)； (3)各种详细规划； (4)研究拟定大型工程项目选址意见书
丙级	(1)当地及建制镇总体规划编制、修订和调整； (2)中、小城市各种详细规划； (3)当地各种专项规划； (4)中、小型工程项目选址的可行性研究
丁级	(1)小城市及建制镇村庄、集镇的各种详细规划； (2)当地各种小型专项规划设计； (3)小型工程项目选址可行性研究

小城镇规划审批主体一览表　　　　　表3.8.3

规划类别		审批主体	备注
	总体规划纲要	县人民政府审批	
总体规划	建制镇总体规划	报县(自治县、旗)人民政府审批	上报前须经镇人民代表大会审查同意
	集镇总体规划 村庄总体规划	由乡级人民政府报县(自治县、旗)人民政府审批	上报前须经乡级人民代表大会审查同意
	总体规划调整	当地各级人民政府审批	报同级人民代表大会和原批准机关备案
	总体规划修改	原批准机关审批	上报前须经同级人民代表大会审查同意
详细规划	建制镇详细规划	镇人民政府审批	
	集镇建设规划	由乡人民政府报县(自治县、旗)人民政府批准	上报前须经乡人民代表大会审查同意
	村庄建设规划	由乡人民政府报县(自治县、旗)人民政府批准	上报前须经村民会议讨论同意

4 小城镇规划的基础资料

4.1 基本要求

小城镇是城市与乡村的结合点，是城乡活动的集散地，因此，小城镇建设是一个不断变化的动态过程。为了科学合理地制定规划，在小城镇规划编制中对现状资料要进行调查研究分析。

资料的收集和整理应根据小城镇规模和小城镇建设的具体情况(政府工作报告、经济发展计划、地方志、统计年鉴等)的不同而有所侧重，不同阶段的规划对资料收集工作深度也有不同的要求。

4.2 小城镇总体规划阶段基础资料

4.2.1 地质资料。工程地质，即小城镇所在地域的地质构造(断层、褶皱等)，地面土层物理状况，规划区内不同地段的地基承载力以及滑坡、崩塌等基础资料；地震地质，即小城镇所在地区断裂带的分布及地震活动情况，规划区内地震裂度区划等基础资料；水文地质，即规划区地下水的存在形式、储量、水质开采及补给条件等基础资料。我国的许多小城镇，特别是北方地区和山区，地下水往往是城镇的重要水源，勘明地下水资源，特别是地下水的动储量，对于小城镇选址、预测发展规模、确定小城镇的产业结构等都具有重要意义。

4.2.2 测量资料。主要包括城镇平面控制网和高程控制网、城市地下工程及地下管网等专业测量图以及编制规划必备的各种比例尺的地形图等。

4.2.3 气象资料。主要包括温度、湿度、降水量、蒸发量、风向、风速、日照、冰冻及灾害性天气等基础资料。

4.2.4 水文资料。主要包括江河湖海水位、流量、流速、水量、洪水淹没界线等。大河两岸的小城镇应收集流域情况、流域规划、河道整治规划、现有防洪设施。山区小城镇应收集山洪、泥石流等基础资料。

4.2.5 历史资料。主要包括城镇的历史沿革、城址变迁、建设区的扩展以及城镇规划历史等基础资料。

4.2.6 经济与社会发展资料。主要包括城市国民经济和社会发展现状及长远规划、土地利用与基本农田保护规划等有关资料(调查表格)。

4.2.7 人口资料。主要包括现状及历年城镇常住人口、暂住人口、人口的年龄构成、劳动力构成、自然增长人口、机械增长人口、从事农业生产劳动人口分布比例，中心村和基层村人口等(调查表格)。

历年社会经济发展情况调查表　　　　　　　　　表4.2-1

年 份	国内生产总值(万元)	农业		工业		三产		城镇居民年可支配收入(元)	农民人均年纯收入(元)
		产值(万元)	从业人数	产值(万元)	从业人数	产值(万元)	从业人数		

资料来源：

主要农业资源调查表　　　　　　　　　表4.2-2

编 号	名 称	总 产 量	商 品 量	外 调 量	备 注

资料来源：

镇(乡)域内村庄基础资料统计表　　　　　　　　　表4.2-3

序号	行政村名	自然村名称	常住人口	通勤人口	流动人口	总户数(户)	村域面积(亩)	建成区面积(亩)	耕地面积(亩)	林地面积(亩)	工业总产值(万元)	农业总产值(万元)	生产及其他产值(万元)	村年可用资金(万元)

资料来源：

镇域人口及生产产值情况调查表

表 4.2-4

村 名	国内生产总值(万元)	工业产值(万元)	农业产值(万元)	企业职工人数(人)	总人口(人)					户数			自然增长人口(人)			机械增长人口(人)		
					合计	男	女	非农	农	合计	非农户	农业户	出生	死亡	净值	迁入	迁出	净值

资料来源：

镇域农村劳动力结构调查表

表 4.2-5

单位：人

村 名	农 业					工业	建筑业	交通运输业	商饮服务业	其他	合计
	小计	农业	林业	牧业	渔业						

资料来源：

镇区人口历年增长情况调查表

表 4.2-6

年 份	人 口	出 生		死 亡		自然增长		机 械 增 长				备 注
		人数	出生率‰	人数	死亡率‰	人数	自然率‰	迁入人数	迁出人数	机械增长人数	机械增长率‰	

资料来源：

镇区人口年龄构成调查分析表

表 4.2-7

年 龄 分 组	人 数	占全镇人口(%)
0~3岁		
4~6岁		
7~12岁		
13~18岁		
19~55岁(女)		
19~60岁(男)		
56岁以上(女)		
61岁以上(男)		
合 计		

资料来源：
绘制人口百岁图

城镇人口阶段年份文化程度状况调查表

表 4.2-8

年度	大学及以上人口(人)	中专和高中人口(人)	初中人口(人)	小学人口(人)	合计(人)	0~5周岁人口(人)	12~14岁不识字或很少识字人口(人)	15周岁以上不识字或识字很少人口(人)

资料来源：

4.2.8 镇域自然资源。主要包括矿产资源、水资源、燃料动力资源、生物资源及农副产品资源的分布、数量、开采利用价值等。

4.2.9 小城镇土地利用资料。主要包括现状及历年城镇土地利用分类统计、用地增长状况、建设区内各类用地分布状况等。

4.2.10 工矿企事业单位的现状及规划资料。主要包括用地面积、建筑面积、产品产量、产值、职工人数、用水量、用电量、运输量及污染情况等(调查表格)。

4.2.11 交通运输资料。主要包括对外交通运输和镇内交通的现状和发展预测(用地、职工人数、客货运量、流向、对周围地区环境的影响以及城镇道路、交通设施等)(调查表格)。

4.2.12 各类仓储资料。主要包括用地、货物状况及使用要求的现状和发展预测(调查表格)。

4.2.13 行政、经济、社会、科技、文教、卫生、商业、金融、涉外等机构及人民团体的现状和规划资料。主要包括发展规划、用地面积和职工人数等(调查表格)。

4.2.14 建筑物现状资料。主要包括现有主要公共建筑的分布状况、用地面积、建筑面积、建筑质量等，现有住宅的情况以及住房建筑面积、居住面积、建筑层数、建筑密度、建筑质量等。

4.2.15 工程设施资料(指市政工程、公用事业的现状资料)。主要包括场站及其设施的位置与规模，管网系统及其容量，防洪工程，消防设施等(调查表格)。

4.2.16 园林、绿地、风景区、文物古迹、古民居保护等资料。

4.2.17 人防设施及其他地下建筑物、构筑物等资料。

4.2.18 环境资料。主要包括环境监测成果，各厂矿、单位排放污染物的数量及危害情况，城市垃圾的数量及分布，其他影响城市环境质量有害因素的分布状况及危害情况，地方病及其他有害居民健康的环境资料。

主要工业企业情况调查表 表4.2-9

企业名称	企业性质	职工人数(人)	工业产值(万元)	利润(万元)	主要产品	年用电量(kW·h)	年用水量(t)	占地面积(hm²)	建筑面积(m²)	企业排污量			备注
										污水	废气	废渣	

资料来源：

城镇公路运输情况调查表 表4.2-10

项目 年份	客 运 情 况				货 运 情 况		备 注
	人次/平均日	人次/最高日	年客运量(人次)	每日开车班次辆/日	年总运量(万t)	开车数辆/日	

镇域、镇区主要道路现状情况调查表 表4.2-11

道路名称	长度(m)	宽度(m)	路面材料	面积(m²)	起讫点	方向	道路路型	备 注

镇内主要河流情况调查表 表4.2-12

河道名称	起讫点	长度(m)	宽度(m)	面积(m²)	岸线形式	泊位(个)

仓库调查表

表4.2-13

名称：　　　　　　　地点：　　　　　　　主管单位：　　　　　　　性质

项　目		现　状	规　划　设　想
职工人数(人)			
总用地面积(m²)			
仓库建筑面积(m²)			
货堆场面积(m²)			
最大库容量(T)			
年通过量	中　转　量(t)		
	本地户销量(t)		
	合　　　计		
主要贮存货种　品种			
进　库	货物主要来向		
	货物数量		
	运输方式		
出　库	货物主要去向		
	货物数量		
	运输方式		
存在主要问题			

资料来源：

仓库调查汇总表

表4.2-14

编号	仓库名称	所属单位	职工人数	仓库性质	总用地面积(m²)	仓库用地建筑面积(m²)	货堆场面积(m²)	年通过量(t/年)			最大库容量(m²)	主要贮存货资	货流及运输				
								中转量(t/年)	本地户销量(t)	合计			来向	运量(t)	运输方式	去向	运量(t)	运输方式

镇行政、经济、管理机构及公用设施情况调查表

表4.2-15

编　号	单　位　名　称	地　　址	人数(人)	总用地面积(m²)	总建筑面积(m²)	备　注
合　　　计						

资料来源：

镇商业、饮食服务行业情况调查表

表4.2-16

编号	单位名称	性质	职工人数	建筑面积(m²)	营业面积(m²)	仓库面积(m²)	营业额(元/年)	用地面积(m²)	规模(座位、床位)	备注
合　　　计									总座位：总床位：	

资料来源：

商业、饮食、服务行业网点分布调查表

表 4.2-17

名　称 ＼ 网点数 ＼ 街道名							合　计
商业网点数							
占商业总数百分比							
饮食网点数							
占饮食网点数百分比							
服务网点							
占服务网点总数百分比							
合　计							

资料来源：

农贸市场情况调查表

表 4.2-18

编号	集市市场地点	集市频率（次／月）	占地面积（m²）	集市人数（人／次）	贸易主要货物名称	贸易入货的主要来处	主要贸易对象（城乡比）	对城镇影响程度(指交通、市容、商业、居民、生活等)

资料来源：

镇教育(学校)情况调查表

表 4.2-19

编号	学校名称	地址	规模			总用地面积(m²)	教学建筑面积(m²)		活动场地		总建筑面积(m²)	城乡学生入学比例	备注
			教师(人)	职工(人)	学生(人)	面积(m²)	面积 m²	m²/学生	面积(m²)	m²/学生			
合　计													

注：同时应调查本镇幼托、小学、中学、高中的学生入学率。

镇医疗卫生状况调查表

表 4.2-20

编号	医院名称	人　数			门　诊				床　位				医院总用地面积(m²)	建筑面积(m²)	备注
		医生	护士	职工	门诊面积(m²)	门诊人次(人次／年)	最高日门诊人次	城乡门诊比例	床位(床)	住院(人／年)	平均每千人住院人数	城乡住院比例			
合　计																

资料来源：

文化、体育设施情况调查表

表 4.2-21

编号	设施名称	性质	职工人数	规模(座位)(跑道长)	观众(人次／年)	上座率(%)	用地面积(m²)	建筑面积(m²)	地址	备注
合　计										

资料来源：

镇自来水厂逐年供水情况调查表

表 4.2-22

单位：万 t

年份	总售水量	厂内用水	合 计	供水逐年增长率(%)	其 中		生产用水比重(%)	供水范围人口数(人)	供水范围
					工业用水	生活用水			

资料来源：

镇区自来水管道调查表

表 4.2-23

道 路 名 称	管 径(mm)	长 度(m)	管 材	备 注

资料来源：

镇区防洪排涝情况调查表

表 4.2-24

淹没起讫日期	受淹面积(hm²)	损失程度	形成原因	洪水位(m)	治理意见

注：写出历年最高水位、历年最低水位、年平均水位，并调查城镇5年一遇洪水位标高、20年一遇洪水位标高、50年一遇洪水位标高。

镇域水库调查一览表

表 4.2-25

库 名	所在地点	集水面积(km²)	库容(万m³)	坝高(m)	灌溉面积(万亩)	竣工时间	备 注

资料来源：

镇域35kV、10kV电力线路及支线情况调查表

表 4.2-26

编 号	1	2	3	4	5	6
支线名称						
导线型号						
线路长度(km)						
电杆基数						
输送能力(kW)						
最高负荷(kW)						

资料来源：

镇绿化水平调查表

表 4.2-27

绿化分类	名 称	位 置	占地面积(m²)	绿地覆盖率(%)	主要树种
公共绿地					
专用绿地					
生产绿地					
主要行道树					
游憩绿地(城郊)					
其他绿地					
总 计					

资料来源：

历年风景区旅游景点情况调查表
表4.2-28

年 份	位 置	主要旅游景点名称	年游人容量	年门票收入	景 区 类 型

资料来源：

镇区各单位污染情况一览表
表4.2-29

编号	单位名称	废水污染情况				废气污染情况			废渣污染情况				噪声严重情况	备注
		污水量(t/d)	主要污染成份	处理与否及处理方式	排放地点	排放量(m³/d)	主要污染成分	处理与否及处理方式	废渣量(m³/d)	主要污染成分	利用与否及利用量	堆放地点		

注：噪声严重程度：如做过测定可照实填写；如没有，可按对人的影响程度分成弱、一般、强、很强四级。

4.3 其他相关资料

包括：年度政府工作报告、近五年统计年鉴、五年经济发展计划、地方志等。

4.4 详细规划基础资料

详细规划包括建制镇详细规划和集镇、村庄建设规划。基础资料包括：规划建设用地1:500~1:1000地形图，地质勘探报告，建设用地及周边用地状况，市政工程管线分布状况及容量，城镇建筑主要风貌特征分析。

5 镇(乡)域村镇体系规划

5.1 镇(乡)域村镇体系

5.1.1 镇(乡)域村镇体系

5.1.1.1 村镇体系

(1)涵义

村镇体系是指县(县级市)级以下一定区域内在经济、社会和空间发展上具有有机联系的聚居点——镇(乡)驻地、集镇、村庄等所构成群体网络。

(2)规划类型

村镇体系规划类型按行政区域范围划分为跨镇行政区域(县域片区)、镇域、乡域三种类型。其与城镇体系规划类型的关系见表5.1.1-1。

(3)村镇层次

村镇体系的村镇层次是以聚居点在县(县级市)级以下一定区域内的经济和社会职能为主要依据来划分的。划分村镇层次是确定村镇性质、规模、发展方向及各项建设标准的需要。村镇体系的村镇层次由下而上分为基层村、中心村、一般镇(包括建制镇、集镇)和中心镇四个层次。

5.1.1.2 镇(乡)域村镇体系

(1)涵义

镇(乡)域村镇体系是指镇(乡)行政区域内在经济、社会和空间发展上具有有机联系的聚居点群体网络。镇(乡)域内聚居点在政治、经济、文化、生活等方面相互联系密切、相互依赖、协调发展。

(2)村镇体系

(3)村镇层次

(4)层次结构

镇(乡)域村镇层次是村镇自身历史演变、经济基础和区域发展需求共同作用的结果。由一般镇(或中心镇)——集镇——中心村——基层村组成的蛛网状结构(见图5.1.1-1),是镇(乡)域村镇体系村镇层次结构的基本形式,层次之间职能明确、联系密切、相互依赖、协调发展。

(5)层次组合的种类

由于我国农村幅员辽阔,各地区村镇的经济、社会发展程度和人口集聚规模的差异较大,因此村镇层次的组合会有多种情况(见表5.1.1-4)。一般有三个种类,各种类在中心村、基层村的组合上又各有三种情况(见图5.1.1-2)。

村镇体系与城镇体系规划类型 表5.1.1-1

序号	村镇体系规划类型	城镇体系规划类型
1	跨镇行政区域(包括县域片区)村镇体系规划	全国城镇体系规划
2	镇域村镇体系规划	省域(或自治区、直辖市)城镇体系规划
3	乡域村镇体系规划	市域(包括市及有中心城市依托的地区、自治州、盟域)城镇体系规划
4	——	县域(包括县、自治县、旗域)城镇体系规划
5	——	按流域或其他跨行政区域进行的城镇体系规划

村镇体系构成 表5.1.1-2

村镇体系类型	构成	备注
乡域村镇体系	村庄、集镇	乡建制行政区域
镇域村镇体系	村庄、建制镇	县城以外建制镇行政区域
跨镇行政区域村镇体系	村庄、一般镇、中心镇	如县域各片区区域

不同区域范围村镇层次组成 表5.1.1-3

范围	层次组成	备注
乡域	基层村、中心村、集镇	一般不具有中心镇
镇域	①基层村、中心村、建制镇	
镇域	②基层村、中心村、中心镇	当建制镇确定为跨镇行政区域的中心镇时
镇域	③基层村、中心村、建制镇、中心镇	当建制镇确定为跨镇行政区域的中心镇,并有非乡建制集镇时
跨镇行政区域	基层村、中心村、一般镇、中心镇	一般为二个镇(乡)以上行政区域范围,如县域各片区区域,五个层次一般是齐全的
县域	基层村、中心村、一般镇、中心镇	县域内五个村镇层次一般是齐全的

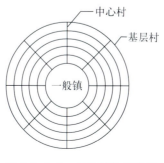

图5.1.1-1 层次结构示意图

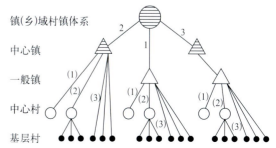

图5.1.1-2 镇(乡)域村镇层次组合示意图

镇(乡)域村镇层次组合表　　　　表5.1.1-4

种类	中心镇	一般镇	中心村	基层村	备注
1		✓	✓	✓	一般情况
2	✓		✓	✓	中心镇兼有一般镇职能 乡域一般无此情况
3	✓	✓	✓	✓	特殊情况 乡域无此情况

两个体系关系　　　　表5.1.1-5

内　容	镇(乡)域村镇体系	县域城镇体系
地域范围	镇(乡)域范围 被县域城镇体系所涵盖	县域范围 涵盖镇(乡)域村镇体系
构成	县城外建制镇、乡集镇、村庄	县城、县城外建制镇
区域中(核)心	县城外建制镇或乡集镇	县城 (实行县管镇体制)
体系的层次	是县域城镇体系的下层次体系	是镇(乡)域村镇体系的上层次体系
两体系衔接的节点	县城外建制镇或乡集镇	县城外建制镇

县城外建制镇与县城镇比较　　　　表5.1.1-6

	相同点			不同点				
	行政建制	所属体系	实行体制	区域地位、作用	机构设置	影响范围	发展前景	体系中地位
县城外建制镇	建制镇	城镇体系兼村镇体系	县管镇、镇管村	镇域中心	为镇村镇服务	镇域或县域以下区域	一般为建制镇	村镇之首
县城镇	建制镇	城镇体系	县管镇、镇管村	县域中心	为县村镇服务	县域	小城市	县城镇之首

5.1.1.3　相关的几个关系

(1)镇(乡)域村镇体系、县域城镇体系的内容有所区别,这两个体系的关系见表5.1.1-5。

(2)县城外建制镇与县城镇

县城外建制镇与县城镇在各项职能、机构设置、行政管理、辐射和影响范围等方面均不相同(见表5.1.1-6),两者的发展前景也不一样,分别实行镇管村和县管镇的体制,两者明显地不属于同一层次。然而两者关系密切,担负着促进(带动)县域城乡协调发展、城乡一体化、农村城镇化的重要职责,对两个体系的协调和衔接起着关键作用。

(3)县城外建制镇与乡集镇

镇与乡都是我国最基层的行政区域单位,两者均是县级以下行政辖区范围的中心,两者都起到城乡联系的桥梁和纽带作用。我国的许多乡集镇仍然会不断地向建制镇过渡。但建制镇与集镇有本质的差别。建制镇属于城市,集镇属于农村。其税收、建设资金来源、行政人员设置都有所不同。另外,发展水平也有差别,在人口规模、产业结构等方面有差异,集镇的辐射和影响范围仅限于乡域。

5.1.2　镇(乡)域村镇体系规划的任务与内容

5.1.2.1　涵义

镇(乡)域村镇体系规划是指以县(或县级市)域城镇体系规划和跨镇行政区域村镇体系规划及区域生产力合理布局和村镇职能分工为依据,确定镇(乡)域不同层次和人口规模等级及职能分工的村镇的分布和发展规划。

5.1.2.2　规划任务

(1)落实依据

①县(或县级市)域城镇体系规划

②跨镇行政区域村镇体系规划

③镇(乡)域社会经济发展规划

(2)调查分析镇(乡)域聚居点现状,结合实际对镇(乡)域村镇体系进行研究

(3)与相关规划协调和衔接

①农业区划

②土地利用总体规划

③有关部门的专业规划,如电力电信、给水排水管网、交通及其他基础设施专业规划等。

(4)合理确定和调整村镇层次及村镇布点。

(5)对规划期内各村镇的职能、规模、发展方向及镇(乡)域社会基础设施和防灾设施等作综合部署。

5.1.2.3　规划内容

(1)以科学方法综合评价镇(乡)域内村镇发展的条件、优势和主要问题,提出村镇发展目标。

(2)预测镇(乡)域人口增长和城镇化发展水平。

①镇(乡)域总人口预测

②镇域城镇化率预测

(3)研究村镇发展战略,确定村镇的职能分工、等级结构、发展规模和空间布局。

(4)统筹安排镇(乡)域公共基础设施和社会服务设施。

(5)提出保护镇(乡)域生态环境、自然和人文景观及历史文化遗产的原则和措施。

5.2 镇(乡)域村镇发展条件的评价

5.2.1 评价的目的

通过对影响村镇发展的条件的评价，进行村镇之间的横向比较和分析，从而对村镇发展条件的潜力与优劣作出判断，为确定和调整镇(乡)域村镇层次和布点提供重要依据。

5.2.2 基本方法

一般采用多因子标准赋值加权评分法对镇(乡)域村镇的发展条件进行评价。在镇(乡)域内仅有一个建制镇或集镇的情况下，可只对村庄的发展条件进行评价。

5.2.2.1 步骤

选取对村镇发展影响较大的发展条件作为评价因子，并按影响程度排列，确定每个因子的权重，根据评价模型得出对村镇的综合评价值，然后进行村镇之间的横向比较和分析，对村镇发展条件的潜力与优劣作出总体评价和判断。

5.2.2.2 评价因子

(1)选取

根据镇(乡)域村镇的实际情况，选取对村镇发展影响较大的若干因素(发展条件)作为评价因子。评价因子的选择及其排列根据镇(乡)的实际情况确定。一般选取的评价因子如表5.2.2-1。

(2)权重值

根据发展条件对村镇发展的影响程度，确定各发展条件的加权系数(权重值)，发展条件加权系数总和为100，然后确定各评价因子的加权系数(见表5.2.2-2)，并确定标准值。

5.2.2.3 评价模型

$$U_i = \sum_{j}^{m} W_j X_j$$

式中：U_i——第 i 个村镇的评价值；

W_j——第 j 项评价因子的权重值(加权系数)；

X_j——第 i 个村镇的第 j 个因子的评价分值；

m——评价因子的个数。

5.2.2.4 综合评价

根据各个评价因子及其权重值，由评价模型得出各村镇的综合评价值，按各村镇的综合评价值(大小)作出镇(乡)域村镇发展条件总排序和发展条件评价。

(1)村镇发展条件对比及排序(见表5.2.2-3)。

(2)村镇发展条件评价结果(见表5.2.2-4)。

(3)村镇发展条件综合评价图(见图5.2.2-1和图5.2.2-2)。

图5.2.2-1 鄞县集仕港城镇组群发展条件评价图

图5.2.2-2 义乌市佛堂镇村镇发展条件综合评价图

评 价 因 子 表　　　　　　　　表5.2.2-1

发展条件	人口规模	耕地资源		经济状况		自然条件		区位及交通条件		设施条件		
评价因子	总人口数	总量	人均耕地数	经济总收入	人均收入	地形	水文地质	区位	交通	公共设施	基础设施	防抗灾能力

浙江某镇域村镇发展条件评价因子表　　　　　　　　表5.2.2-2

	人口	耕地资源量	经济总收入	自然条件		区位与交通		村镇建设条件		
				地形	水文地质	区位	交通	公共设施	基础设施	防、抗灾能力
加权系数	25	15	10	10		20		20		
				6.3	3.7	10	10	6.6	8.4	5
标准值	3000人	145hm²	332000元	3	3	3	3	3	3	3

注：①为取得更精确合理的评价值，"耕地资源"和"经济收入"也可分为"总量"和"人均"分因子进行计算。
②自然条件、区位与交通、村镇建设条件等评价因子的评价分值均按5分制赋值，以3分为合格(标准值)。

某镇域村庄发展条件对比分析及总排序

表 5.2.2-3

序号	村庄名称	综合评价值	总排序 序号	村庄名称	评价值
1	庆丰桥	54.41	1	柴溪	119.14
2	蚶峉	45.85	2	官山	118.41
3	勤丰	40.69	3	牌头	99.75
4	峉岭下	62.73	4	莲花	96.39
5	文峉	92.45	5	文峉	92.45
6	乌沙	41.64	6	儒雅洋	79.25
7	虎山	32.06	7	杰峉	77.73
8	琴诗峉	64.41	8	杨峉	76.45
9	车岭	59.66	9	航头	74.06
10	蔡家田	48.89	10	赖峉	71.99
11	上涨	52.28	11	湖边	70.42
12	陈隘	50.57	12	伊家	67.63
13	湖边	70.42	13	八亩	65.04
14	潘埠	56.46	14	琴诗峉	64.41
15	杨峉	76.45	15	峉岭下	62.73
16	莲花	96.39	16	芭蕉	61.09
17	山后胡	48.39	17	车岭	59.66
18	半坑于	35.34	18	潘埠	56.46
19	金竹坑	32.89	19	倪家	55.02
20	尖坑	28.31	20	夏叶	54.71
21	箬岭	32.17	21	庆丰桥	54.41
22	儒雅洋	79.25	22	初坑	54.30
23	防东	35.85	23	上涨	52.28
24	伊家山	25.46	24	蒋家峉	51.88
25	栲树岭	28.49	25	利山	51.06
26	大竹园	27.07	26	陈隘	50.57
27	隔溪张	42.84	27	山后胡	48.98
28	倪家	55.02	28	蔡家田	48.89
29	西峉郑	43.82	29	沙泉	48.42
30	谢圣峉	37.19	30	大峉	47.77
31	夏叶	54.71	31	新屋	47.57
32	初坑	54.30	32	寒山	46.50
33	寒山	46.50	33	赖家	45.86
34	新屋	47.57	34	蚶峉	45.85
35	大峉	47.77	35	西峉郑	43.82
36	山顶岭	43.61	36	山顶岭	43.61
37	赖家	45.86	37	隔溪张	42.84
38	蒙顶山	23.20	38	乌沙	41.64
39	尖岭头	34.02	39	勤丰	40.69
40	横山	30.86	40	田峉	39.65
41	芭蕉	61.09	41	谢圣峉	37.19
42	沙泉	48.42	42	防东	35.85
43	伊家	67.63	43	半坑于	35.34
44	官山	118.41	44	尖岭头	34.02
45	杰峉	77.73	45	金竹坑	32.89
46	赖峉	71.99	46	箬岭	32.71
47	田峉	39.65	47	虎山	32.06
48	航头	74.06	48	横山	30.86
49	牌头	99.75	49	栲树岭	28.49
50	柴溪	119.14	50	尖坑	28.31
51	蒋家峉	51.88	51	万金山	27.52
52	万金山	27.52	52	大竹园	27.07
53	八亩	65.04	53	伊家山	25.46
54	利山	51.06	54	蒙顶山	23.20

某镇域村庄发展条件评价结果　　　　　　　　　　　　　　　　　　　　　　　表5.2.2-4

分组	综合评价值	所含村镇	建设条件综合评价
Ⅰ	>90	柴溪、官山、牌头、莲花、文岙	较优
Ⅱ	>60～90	儒雅洋、杰岙、杨岙、航头、赖岙、湖边、伊家、八亩、琴诗岙、岙岭下、芭蕉	中等
Ⅲ	45～60	车岭、潘埠等23个行政村	较差
Ⅳ	<45	田岙、谢圣岙等15个行政村	最差

注：表5.2.2-3、表5.2.2-4为浙江省象山县西周中心镇规划资料。

5.3 镇(乡)城镇化发展水平预测

5.3.1 镇(乡)域人口增长和城镇化发展水平预测

5.3.1.1 镇(乡)域总人口预测方法(见表5.3.1-1)

5.3.1.2 镇域城镇化发展水平预测(见表5.3.1-2)

镇(乡)域总人口预测方法　　　　　　　　　　　　　　　　　　　　　　　表5.3.1-1

方法	内容	条件及适用范围
①综合分析法	根据镇(乡)的常住(户籍)人口的自然增长和机械增长来确定总人口规模。其计算公式为： $$Q_n = Q_0(1+k)^n + p$$ 式中：Q_n——总人口预测数； 　　　Q_0——常住(户籍)人口现状数； 　　　k——规划期内常住人口年平均自然增长率； 　　　n——规划年限； 　　　p——规划期内常住(户籍)人口机械增长数	适用于历年从镇(乡)域外来的暂住人口少而住期短的乡镇
②综合增长法	根据镇(乡)域的常住(户籍)人口的自然增长和机械增长及规划期内暂住(≥1年)人口数来确定总人口规模。其计算公式为： $$Q_n = Q_0(1+a+b)^n + c$$ 式中：Q_n——总人口预测数； 　　　Q_0——常住(户籍)人口现状数； 　　　a——规划期内年平均自然增长率； 　　　b——规划期内年平均机械增长率； 　　　c——规划期内暂住(≥1年)人口数	适用于历年人口资料统计较完整、从镇(乡)域外来的暂住人口多且住期较长的乡镇

城镇化水平预测　　　　　　　　　　　　　　　　　　　　　　　　　　　表5.3.1-2

方法	内容	条件及适用范围
①城镇人口增长法	根据历年镇域城镇人口增长，及镇域总人口，确定城镇化水平(率)。其计算公式为： $$城镇化水平(\%) = \frac{P_0(1+y)^n}{Q_n}$$ 式中：P_0——现状城镇人口； 　　　Q_n——规划期镇域总人口； 　　　y——城镇人口年平均增长速度； 　　　n——规划年限	适用于历年城镇人口资料统计比较完整的县城外建制镇
②劳力转化法	根据镇域农村富余劳力进镇转化为城镇人口，及镇域总人口，确定城镇化水平(率)。其计算公式为： $$城镇化水平(\%) = \frac{P_0(1+K)^n + \left[F \cdot A(1+K)^n \cdot E - \dfrac{S}{N}\right] \cdot Z}{Q_n}$$ 式中：P_0——现状城镇人口； 　　　Q_n——规划期镇域总人口； 　　　K——人口自然增长率； 　　　n——规划年限； 　　　F——农村劳力占农村人口比例； 　　　A——镇域农村人口； 　　　E——种植业劳力占农村劳力比例； 　　　S——镇域农村耕地数； 　　　N——规划期每劳力平均负担耕地数； 　　　Z——富余劳力转化为城镇人口的比例	适用于农村以种植业为主的县城外建制镇
③目标法	根据县域城镇体系规划中确定的县域规划期城镇化水平及对该镇城镇人口规模的指导性意见，结合自身的发展目标和潜力，确定镇域城镇化水平(率)	适用于对历年城镇人口增长统计资料缺乏的县城外建制镇

注：在对镇域城镇化发展水平预测时，一般应用"城镇人口增长法"，以"劳力转化法"和"目标法"作为校核，综合确定镇域城镇化水平(率)。

5.3.2 人口配置

5.3.2.1 镇(乡)域村镇人口配置的总体发展趋势

镇(乡)域村镇人口配置应因地制宜，其发展趋势及相关内容见表5.3.2-1、5.3.2-2。

5.3.2.2 村庄人口配置需考虑的因素

村庄人口配置受耕作条件和生产力水平的制约，村庄规模大小应与镇(乡)域耕作特点和耕作半径相适应。影响村庄规模的主要因素有：耕地资源、生产交通工具、机械化程度、农作物种类、人口密度、耕地经营规模、公共设施项目配置等。确定村庄规模时应兼顾有利于村民的生产和生活两方面的要求。村庄规模过大会导致耕作半径超过生产力水平的能力，对农业生产不利。但规模过小又不利于教育、卫生等公共设施的有效配置，给村民生活带来不便。而上述这些影响因素，在不同地区是不一样的，因此村庄规模大小应根据各地的实际情况来确定。

5.3.2.3 镇(乡)域村镇人口配置的规律与原则

(1) 人口配置的一般规律

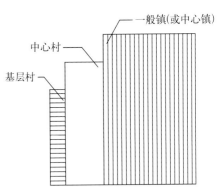

图5.3.2 人口配置规模示意图

在镇(乡)域村镇体系职能结构和等级规模结构规划中，村镇的职能等级地位与等级规模是基本一致的，因此预测增长的镇(乡)域总人口分配结果，村镇人口规模的大小一般具有按村镇职能等级的高低呈梯度分布的规律(见图5.3.2)。

(2) 人口配置的原则

5.3.3 村镇用地规模管制

5.3.3.1 人均建设用地指标

村镇用地规模管制是通过人均建设用地指标来实施的。国标《村镇规划标准》(GB50188—93)把人均建设用地指标分为五级(见表5.3.3-1)，并规定新建村镇规划，其人均建设用地指标宜按第三级确定，当发展用地偏紧时，可按第二级确定。还规定第一级用地指标可用于用地紧张地区的村庄；集镇不得选用(为适应我国经济社会发展，更合理地确定村镇建设用地规模，国标《村镇规划标准》正在修订)。

《村镇规划标准》同时还规定，对已有的村镇进行规划时，其人均建设用地指标应以现状建设用地的人均水平为基础，根据人均建设用地指标级别和允许调整幅度确定(见表5.3.3-2)。

在村镇人口规模确定以后，应用

人口配置发展趋势 表5.3.2-1

发展趋势	内　　　容
①重点向中心镇集聚	中心镇是跨镇(乡)域地区的中心，是促进乡村城镇化的重要与关键的环节，发展前景良好，应引导农村富裕劳力与农村人口向中心镇集聚
②促进镇(乡)域人口向一般镇(集镇)集聚	一般镇是镇(乡)域政治、经济、文化中心，具有良好的发展条件，是带动镇(乡)域内村庄发展和前进的基地，对实现农业现代化、农村工业化、乡村城市化起到重要作用
③增加中心村人口规模	中心村是镇(乡)域片区内村庄的中心，大力扶持中心村发展，是使小而分散的村庄集中成规模发展，农村人口由分散到集聚的有效途径，以便合理配置公共服务设施，有利于提高村民的生活水平
④保证基层村合适的人口规模	基层村是镇(乡)域内组织生产和生活的基本单元，保证其有合适的人口规模和耕地规模，有利于农田规模经营和农业机械化的实施及配置生活服务设施
⑤迁并发展条件差的村庄	对于在发展条件评价结果中条件差、无发展前景的村庄，应迁并入发展条件好的村庄或中心村、一般镇，以节约土地资源，也有利于提高村民的生活水平

镇(乡)域人口配置原则 表5.3.2-2

原　　　则	内　　　容
①服从县域城镇化发展指导原则	与县域城镇体系规划对镇域城镇化发展水平的指导意见相适应
②与职能等级大致对应原则	村镇人口规模大小与职能等级的高低相对应
③实行先镇后村，统筹配置原则	一般先分配、确定一般镇(或中心镇)人口规模，再统筹配置中心村、基层村人口规模
④与村镇发展条件相适应原则	人口配置应与村镇发展条件(包括经济、社会、资源、建设等)相适应
⑤与村镇整合力度相适应原则	人口配置应与村镇重组、撤并力度及潜在发展能力相适应

表5.3.3-1 和表5.3.3-2 选用人均建设用地指标(m²/人)，得到村镇用地规模。

5.3.3.2 村镇用地规模管制的地区差异

由于中国地域广阔，各地区地形多变、气候各异、人口密度高低及耕地资源分布不均匀等原因，全国各地区使用同一"指标"的难度较大，虽然国标中明确了"地多人少的边远地区的村镇，应根据所在省、自治区政府规定的建设用地指标确定"。但地少人多的沿海经济发达地区，耕地资源贫乏，用地紧张，因此一些省、市在实施《村镇规划标准》的同时，应因地制宜地制定符合本省、市实际情况的人均建设用地指标。如浙江省制定了《实施〈村镇规划标准〉的有关技术规定》，把村镇人均建设用地指标分为四级，按村镇的层次来选用指标级别，并规定当人均耕地少于或等于0.6亩(约400m²)时，各级指标须降低指标值(见表5.3.3-3、表5.3.3-4、表5.3.3-5)。因此在实施村镇用地规模管制时，还需结合各地区实际情况，加以具体分析，确定使用合理的人均指标，使之既符合村镇发展的需要，又节约用地。

人均建设用地指标分级　　　表5.3.3-1

级别	一	二	三	四	五
人均建设用地指标(m²/人)	>50 ≤60	>60 ≤80	>80 ≤160	>100 ≤120	>120 ≤150

人均建设用地指标　　　表5.3.3-2

现状人均建设用地水平(m²/人)	规划人均建设用地指标级别	允许调整幅度(m²/人)
≤50	一、二	应增5~20
50.1~60	一、二	可增0~15
60.1~80	二、三	可增0~10
80.1~100	二、三、四	可增、减0~10
100.1~120	三、四	可减0~15
120.1~150	四、五	可减0~20
>150	五	应减至150以内

注：允许调整幅度是指规划人均建设用地指标对现状人均建设用地水平的增减数值。

人均建设用地指标级别　　　表5.3.3-3

项目		级别	一	二	三	四
人均建设用地指标(m²/人)	县(市)人均耕地 >0.6亩时		>50 ≤60	>60 ≤80	>80 ≤100	>100 ≤120
	县(市)人均耕地 ≤0.6亩时		>48 ≤57	>57 ≤72	>72 ≤90	>90 ≤100
允许使用范围		基层村	✓			
		中心村		✓		
		一般镇			✓	
		中心镇				✓

基层村、中心村人均建设用地指标　　　表5.3.3-4

现状人均建设用地水平(m²/人)	规划人均建设用地指标级别	允许调整幅度(m²/人)
≤50	一	应增5~10
50.1~60	一、二	可增0~10
60.1~80	二	可增、减0~10
>80	二	应减至80以内

一般镇、中心镇人均建设用地指标　　　表5.3.3-5

现状人均建设用地水平(m²/人)	规划人均建设用地指标级别	允许调整幅度(m²/人)
≤60	二	应增5~15
60.1~80	二、三	可增0~10
80.1~100	三、四	可增、减0~10
100.1~120	四	可减0~10
>120	四	应减至120以内

5.4 镇(乡)域职能结构

5.4.1 涵义与内容

5.4.1.1 涵义

职能结构是指村镇体系内在职能，特别是在服务于村镇以外的主要职能方面的构成及其相互关系。

5.4.1.2 内容

职能结构的主要内容有：职能等级的划分与构成，职能类型的确定与分布，及职能分工与职能组织等。

5.4.2 社会职能

5.4.2.1 涵义

职能等级是指村镇体系中村镇在村、镇(乡)域乃至更大地域范围承担的社会方面的主要职能所划分的等级。

5.4.2.2 等级的划分及构成

(1)根据村镇体系中村镇在承担社会方面的主要职能的服务和影响范围，划分为五个等级，即：中心镇、一

5 镇(乡)域村镇体系规划

镇(乡)域职能等级构成表　　　　表5.4.2

构成之一			构成之二			构成之三		
职能等级	村或镇	主要职能服务、影响范围	职能等级	村或镇	主要职能服务、影响范围	职能等级	村或镇	主要职能服务、影响范围
一般镇	建制镇或乡集镇	镇域或乡域	中心镇	建制镇	县域片(分)区或附近乡、镇	中心镇	建制镇	县域片(分)区或附近乡镇
中心村	村庄	镇(乡)域片区或村域	中心村	村庄	镇域片区或村域	一般镇	非乡政府所在地集镇	镇域片区
基层村	村庄	村域	基层村	村庄	村域	中心村	村庄	镇域片区或村域
						基层村	村庄	村域

注：1. 上述镇(乡)域职能等级构成为一般情况，不包括某些地区的特殊情况；
　　2. "构成之三"的情况较少。

般镇、集镇、中心村、基层村。

(2)镇(乡)域职能等级构成见表5.4.2。

5.4.3　经济职能类型

5.4.3.1　含义

经济职能类型是指村镇在一定区域范围内承担的经济方面职能中最主要的类别。

5.4.3.2　村镇经济职能类型

村镇职能类型构成见表5.4.3-1。

5.4.3.3　村镇职能类型的确定

村镇的职能类型一般由在村镇经济发展中起最重要作用的一、二个行业构成。村镇职能类型是确定村镇性质的重要依据之一。

(1)方法

定性分析——在进行深入调查研究之后，全面分析村镇各行业在村镇经济发展中的作用和地位。

定量分析——在定性分析基础上，对村镇各业进行技术、经济指标分析，从数量上来确定起主导作用的行业。

①起主导作用的行业在全村或全镇(乡)或县域片区的地位和作用。

②采用同一经济技术标准，如职工数量、行业产值、产品产量等，从数量上分析其所占比重，是否占明显优势。

③分析村镇用地结构，以用地所占比重大小来表示其在用地结构中的主次。

(2)类型的种类

经定性分析和定量分析以后，确定起主导作用的行业。村镇职能类型一般由一至二个起主导作用的行业组成，由二个行业组成的类型，前者的作用和地位应比后者更突出和重要。由于村镇经济发展的情况各不相同，职能类型的种类具有多样性，根据村镇的实际情况确定。在多业均衡发展，难以确定主导行业时，或区域经济发展需要，也有定为"综合型"类型的情况。村镇职能类型的种类一般有如表5.4.3-2 所列。

5.4.4　职能分工与组织

在我国，一般村镇体系的职能类型结构大多处于一种自然放任的状态，除了行政隶属关系的纵向联系外，村镇彼此之间缺少横向联系，其具体表现为各村镇的职能类型雷同，分工不明确，缺乏特色。镇(乡)域村镇体系的职能类型结构的分工与组织，主要是把村镇作为一个有机整体，从镇(乡)域范围或更大区域的角度着眼，按照区域社会劳动分工的需要，根据各个村镇的综合发展条件，对分散状况的村庄进行合理调整和组合，科学概括各个村镇的特色与"个性"，由发展条件优越的村庄组成合适的职能等级，明确其在镇(乡)域或更大地域范围中所承担的主要职能，促进各村镇之间在职能上的相互联系和补充，以取得优势互补、协调发展的镇(乡)域整体的最佳效益。

5.4.4.1　鄞县集仕港中心镇(鄞西片区)村镇体系职能结构实例(供参考)见表5.4.4-1 。

职能类别构成表　　　　表5.4.3-1

	中心镇或一般镇	中心村或基层村
行业类别	工业、交通(包括海港、航空港、河港、公路、铁路等)、金融、贸易、商业、旅游(包括休闲、度假等)	林业、牧业、种植业(包括花卉、瓜果等)、渔业、养殖业、旅游、手工业

村镇职能类型　　　　表5.4.3-2

	中心镇或一般镇	中心村或基层村
村镇职能类型	工业(工矿)型、交通型、旅游型、贸工型、商贸型、农贸(农副产品贸易)型、边(境)贸(易)型、综合型等	林业型、牧业型、农业种植型、渔业型、农旅型、农工(农业手工业)型等

职能结构表　　　　　　　　　　　　　　　　　　表 5.4.4-1

村镇名称	职能等级	职能类型	主要行业特色
集仕港镇	中心镇	工业型	塑胶制品、机械、电子工业、商业、蔺草产品加工业
湖山村	中心村	农业种植型	粮食和蔺草种植基地
卖面桥	中心村	农业种植型	粮食和蔺草种植基地
丰 成	基层村	农业种植型	粮食和蔺草种植基地
翁家桥	基层村	农业种植型	粮食和蔺草种植基地
深 溪	基层村	农林型	粮食、水果、林业
横 街	一般镇	农贸型	农林产品集市贸易、农产品加工业
大 雷	中心村	养殖业林业型	鱼类养殖业、林业(竹与笋为主)
安山—朱敏—接胜	中心村	林业型	林业
竹丝岚	基层村	林业型	林业
上 冯	基层村	农业种植型	粮食、蔺草
应 山	基层村	林农型	林业、粮食、水果
爱 岭	基层村	林业型	林业
凤联—东岗头	基层村	林业型	林业
盛 家	基层村	林农型	林业、粮食、水果
古 林	一般镇	工贸型	服装、电子产品、精密机械工业、草席加工与集市贸易
布政—张家潭—宋严王	中心村	农业种植型	粮食、蔺草种植
唇 蛟	中心村	农业种植型	粮食、蔺草种植
前 虞	基层村	农业种植型	粮食、蔺草种植
西洋港	基层村	农业种植型	粮食、蔺草种植
包 家	基层村	农业种植型	粮食、蔺草种植
陈横楼	基层村	农业种植型	粮食、蔺草种植
高 桥	一般镇	工旅型	机电、工艺、服装业、旅游业(梁祝公园)
岐 山	中心村	农业种植型	粮食、蔺草种植
芦 港	基层村	农业种植型	粮食、蔺草种植
古 庵	基层村	农业种植型	粮食、蔺草种植
新 庄	基层村	农业种植型	粮食、蔺草种植
岐 阳	基层村	农业种植型	粮食、蔺草种植

中心村选择原则　　　　　　　　　　　　　　　　表 5.4.4-2

原 则	内 容
①发展条件评价值大	村庄发展条件综合评价价值越大越适宜于选择为中心村
②原乡政府驻地	原乡政府驻地有较好的为生产、生活服务的社会、基础设施，一般是片区中心
③分布的均衡性和间距的适宜性	镇(乡)域中心村分布相对均衡，有合理的间距，离镇区不宜太近，服务半径合适
④具开发与发展潜力	在资源及区域性重点项目等方面具有开发与发展的潜力和优势
⑤经济性和高效率	具有一定的经济规模和服务半径(范围)，以提高社会基础设施的经济性和利用率

5.4.4.2　中心村的选择原则

中心村往往是镇(乡)域分片的中心，在镇(乡)的社会经济发展中起到重要作用，因此合理选择中心村有利于乡村城镇化和农业现代化的发展。选择的原则见表5.4.4-2。

5.5　镇(乡)域村镇体系规模等级结构

5.5.1　涵义与内容

5.5.1.1　涵义

依据城镇所处地理位置的重要程度以及在区域社会经济活动中所处的地位及发挥作用的大小，城镇呈明显的等级层次分布，而这种等级层次分布，又与城镇的规模大小和性质、职能特点有很大的相关性。一般而言，在一定地域范围内的城镇，等级层次越高，其相应职能就越复杂、越齐全，其城镇规模也就越大。城镇的规模等级结构在本质上反映了各级城镇不同功能及其不同层次之间的组织协调程度。

5.5.1.2　规划内容

(1)分析和评价现状村镇体系规模等级结构的特点及存在问题。

(2)根据未来村镇的兴衰趋势，分析规划期内可能增加的村镇及其形成要素。

(3)确立镇(乡)域内拟大力扶持的中心村。

(4)将预测增长的镇(乡)域村镇人口根据各村镇的地位、作用、发展趋势进行分配，框算各层次村镇的人口发展规模。

(5)针对现状等级结构的缺陷，结合不同村镇发展的可能性，重新组合合理的规模等级结构。

5.5.1.3　发展规律

(1) 一般而言，镇(乡)域或跨镇(乡)行政区域范围内的村镇，等级层次越高，其相应职能就越复杂、越齐全，其村镇规模也就越大，数量也就越少。

(2) 镇(乡)域村镇体系等级规模通常呈"金字塔"形分布，位于塔顶的是规模等级地位最高、数量最少的一般镇或中心镇，规模等级地位低而数量多的基层村则位于塔基(见图5.5.1)。

村镇规划规模分级　　　　表 5.5.2-1

常住人口(人)　村镇层次 规模分级	村　庄		建制镇、集镇	
	基层村	中心村	一般镇	中心镇
大　型	> 300	> 1000	> 3000	> 10000
中　型	100～300	300～1000	1000～3000	3000～10000
小　型	< 100	< 300	< 1000	< 3000

村镇等级规模规划一览表　　　　表 5.5.2-2

规模等级	一级	二级	三级	四级	合计
人口规模	≥5万人	≥1～5万人	≥0.5～1万人	≥0.1～0.5万人	/
村镇数量(个)	1	3	7	18	29
占村镇比重	3.45	10.34	24.14	62.07	100
职能等级	中心镇	一般镇	中心村	基层村	/

注：此表为浙江省鄞县鄞西片区村镇体系规划资料。

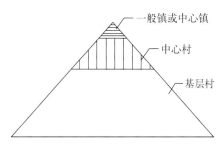

图 5.5.1　等级地位、数量分布示意图

5.5.2 规模等级

村镇的规模等级与职能等级严格说不是同一概念，但两者之间存在着密切的内在联系。一般在村镇体系中处于较高层次的村镇，往往能聚集较多的人口和较大的经济规模，因而规模等级高的其相应的职能等级也高。

在镇(乡)域村镇体系等级规模结构规划中，一般把规模等级与职能等级相对应来划分，镇(乡)域村镇体系分为三级，县域片区村镇体系分为四级。国标《村镇规划标准》(GB 50188—93)中按村镇层次把村镇人口规模分级，基层村<100～>300人，中心村<300～>1000人，一般镇<1000～>3000人，中心镇<3000～>10000人(见表5.5.2-1)。各层次的人口规模上下幅度相差较大，上不封顶下不封底，这是为了适应全国各地区不同情况的需要。

随着我国乡村城镇化进程的快速发展，各地区农村的村庄数逐步减少，而村庄的规模相应增大，尤其是中心镇和一般镇的人口规模会有很大增长。但各地区城镇化的发展是不平衡的，各地的村镇实际情况也不一样，因此，在划分镇(乡)域村镇规模等级时需根据实际情况而定。人口密度较大、村庄分布分散的经济发达地区，村庄重组的力度可能较大，村镇人口规模也会相应较大，因此各村镇规模等级的上下限人口数幅度也较大(如表5.5.2-2所示)。

5.5.3 村庄重组

5.5.3.1 目的

建立合理的等级规模结构，促进农村人口集聚和生产力发展。

5.5.3.2 依据

(1) 县域城镇体系规划对乡村居民点分布的指导意见。

(2) 对村庄发展条件评价及评价结果。

(3) 当地经济发展及农业现代化规划与进程。

(4) 现状镇(乡)域村镇体系等级结构情况。

5.5.3.3 方法

村庄重组的方法步骤及内容见表5.5.3-1。

5.5.3.4 村庄迁移的原则

(1) 村庄迁移原则

村庄重组的方法步骤　　　　表 5.5.3-1

方法步骤	内　容
①村庄发展条件评价	按"5.2 镇(乡)域村镇发展条件的评价"作出村庄发展条件排序及评价结果
②分析现状结构	对现状等级结构进行分析研究，找出现状存在的问题与缺陷，包括职能等级的构成、分布合理性、村庄人口规模大小与等级的适宜性等
③分析当地经济发展和农业现代化进程与村庄重组力度	在经济发达、农业现代化进程较快，尤其是人口密度大而分布分散的农村地区，对村庄重组的要求较迫切，一般重组的力度也较大，重组后的村庄规模较大，数量较少
④对重大工程项目规划建设的落实	对规划建设的水库、水利、旅游、交通等工程项目加以确定，以便于明确村庄的迁并方向
⑤合理确定与调整村庄层次与布点	在上述工作内容的基础上，适当考虑镇(乡)域地区的村庄分布的均衡性与合理服务范围，以及地形的特殊性，确定中心村的地点与位置，然后确定基层村的分布与数量

村庄迁移原则　　　　　　　　　　　表 5.5.3-2

迁移原则	内　　容
①发展条件	发展条件差的村庄向发展条件好的村庄集聚
②发展潜力	无发展潜力的村庄向有发展潜力(如有区域性重点工程项目上马等)的村庄集聚
③地理位置和地形条件	偏远山区村庄向镇区或平原中心村迁移
④与水利工程关系	受水利工程(如水库等)建设影响的村庄向镇区或中心村迁移
⑤人口从分散到集中	沿河沿路分散的自然村向中心村或基层村集聚

(2)迁村并点的人口因素考虑原则

①经济发达地区

a.平原地区迁并不足300人的自然村或居民点；

b.丘陵地区迁并不足200人的自然村或居民点；

c.山地地区迁并不足150人的自然村或居民点。

②经济中等发达地区

a.平原地区迁并不足250人的自然村或居民点；

b.丘陵地区迁并不足150人的自然村或居民点；

c.山地地区迁并不足100人的自然村或居民点。

③经济欠发达地区

a.平原地区迁并不足200人的自然村或居民点；

b.丘陵地区迁并不足100人的自然村或居民点；

c.山地地区迁并不足50人的自然村或居民点。

5.5.4 村镇体系等级规模结构实例

5.5.4.1 浙江省杭州市余杭区仁和镇域村镇体系等级规模结构实例(供参考,见表5.5.4-1及图5.5.4-1)。

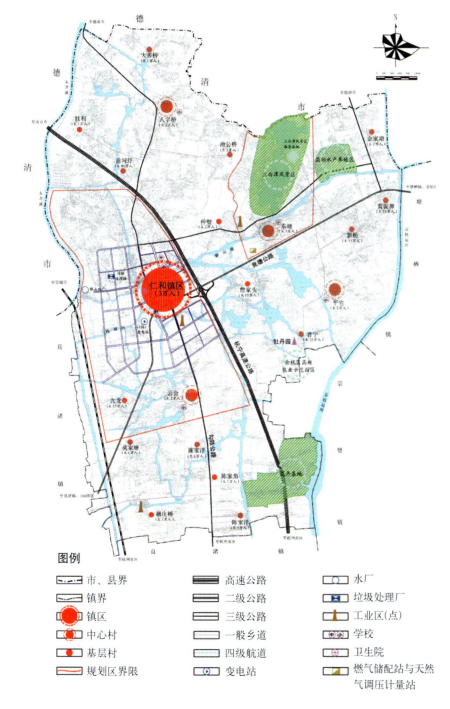

图 5.5.4-1　仁和镇村镇体系规划图(2001—2020年)

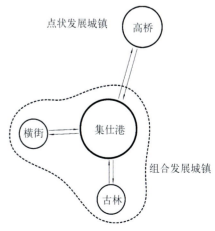

图 5.5.4-2　城镇群体空间发展示意图

仁和镇域村镇体系等级规模结构一览表(2020年)　　　　　　　表5.5.4-1

村镇体系层次	村镇名称	现状人口(人)	规模等级	人口规模(万人)	人均用地指标(m²/人)	用地规模(万m²)
一般镇	仁和镇区	3820	一 ≥1.0万人	3.0	100	300
中心村	东塘	2476	二 ≥0.2~1.0万人	0.30	80	24
	云会	1372		0.20		16
	八字桥	884		0.2		16
	平宅	2853		0.2		16
基层村	胜利	1329	三 ＜0.05~0.2万人	0.10	60	6
	渔公桥	1701		0.10		6
	大善桥	1292		0.10		6
	前河圩	981		0.05		3
	仲墅	1282		0.10		6
	新桥	2733		0.15		9
	詹家头—张田—秧田	3338		0.15		9
	金家墩	1664		0.10		6
	黄泥潭	771		0.05		3
	莫家塘	1414		0.10		6
	普宁	1835		0.15		9
	陈家角	1790		0.10		6
	陈家洋	1512		0.10		6
	施家洋	1322		0.10		6
	栅庄桥	1248		0.10		6
	九龙	2265		0.15		9
合并、迁移村庄24个		22242	/	/	/	/
合计		60124	/	/	5.5	/	474

鄞西片区村镇体系等级规模结构一览表(2020年)　　　　　　　表5.5.4-2

村镇体系层次	村镇名称		规模等级(万人)	人口规模(万人)	人均用地指标(m²/人)	用地规模(万m²)
组合式中心城镇	集仕港中心组团		一 ≥5.0	5.0	100	500
	古林组团		二 ≥1.0~5.0	1.0	95	95
	横街组团			1.0	95	95
	藕池住宅区			1.0	80	80
一般镇	高桥	镇区		3.0	100	300
		长乐住宅区		1.0	80	80
中心村	布政—张家潭—宋严王		三 ≥0.5~1.0	0.60	80	48
	岐山			0.50		40
	湖山			0.50		40
	卖面桥			0.50		40
	唇蛟			0.50		40
	大雷			0.50		40
	安山—朱敏—接胜			0.50		40
基层村	芦港		四 ＞0.1~0.5	0.30	60	18
	前虞			0.30		18
	古庵			0.30		18
	西洋港			0.30		18
	岐阳			0.30		18
	翁家桥			0.30		18
	新庄			0.30		18
	凤岙(东村、西村)			0.25		15
	包家			0.25		15
	丰成			0.25		15
	应山			0.25		15
	上冯			0.25		15
	盛家			0.25		15
	深溪			0.20		12
	陈横楼			0.20		12
	爱岭			0.20		12
	凤联—东岗头			0.15		9
	竹丝岚			0.15		9
合计(常住人口)			/	/	20.10	/	1708

5.5.4.2 浙江省鄞县集仕港中心镇组群(鄞西片区)村镇体系等级规模结构实例(供参考,见表5.5.4-2)。

鄞西片区现状由四个建制镇组成,集仕港镇为中心镇,共有行政村140个,总人口184357人(含暂住人口16000人)。规划集仕港、古林、横街三镇组成组合式中心城镇,高桥为一般镇。规划村镇体系层次为组合式中心镇、一般镇、中心村、基层村。组合式中心镇由三个组团、一个宁波市区边缘住宅区组成,一般镇高桥镇由镇区及一个宁波市区边缘住宅区组成,经村庄重组,有7个中心村、18个基层村。村镇体系等级规模结构见表5.5.4-2。

5.6 镇(乡)域村镇空间分布结构

5.6.1 涵义

5.6.1.1 空间结构也称空间分布结构。村镇体系空间结构是指县城以外一定地域内各层次村镇在地域空间中的分布形态和组合形式。

5.6.1.2 空间结构规划的目的

村镇体系空间结构受社会的、经济的、自然的多种因素的影响和制约,因而会反映出不同的结构形态特征,这是地域村镇体系长期发展演变的结果,而这种演变过程又有一定的内在规律,村镇体系空间结构规划就是要研究其发展演变的规律,遵循其中的合理成分,克服盲目性,寻求点(村镇)、线(基础设施,主要是交通线)、面(区域)的最佳组合(见图5.6.1)。推动区域经济增长,转化城乡二元结构,促进区域经济网络系统发展。

5.6.1.3 空间结构规划内容

村镇体系空间结构规划的基本内容有:

(1)分析现状区域内村镇空间分布结构的特点和存在问题。

(2)分析村镇空间分布结构的影响因素。

(3)从村镇发展条件综合评价结果分析地域结构的地理基础。

(4)结合村镇体系地域社会经济发展战略确定镇域主要开发方向,明确村镇未来空间分布的方向和村镇组合形态的发展变化趋势。

(5)明确村镇体系地域不同等级的村镇开发轴线,确定空间发展框架。

(6)综合村镇体系地域内村镇职能结构和规模结构,进行发展策略的归类,村镇发展类型的确定。

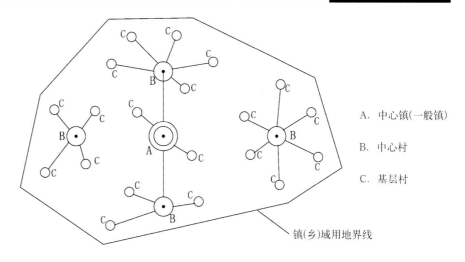

图5.6.1 村镇空间布局示意图

A. 中心镇(一般镇)
B. 中心村
C. 基层村
镇(乡)域用地界线

5.6.2 村镇体系空间分布与交通的关系

5.6.2.1 村镇体系空间分布与交通的关系密切。村镇具有沿交通线分布与发展的规律,交通枢纽地也往往成为村镇的重要生长点,同时也促进了新的交通线路的开辟。如我国平原河网地区村镇的分布规律是一个由沿江河分布逐步向沿公路线分布与发展的历史演变过程。但村庄多成带状分散分布,村庄规模小、占地多、基础设施投资大、不经济,尤其是集镇沿公路两侧成"山楂串"状发展,影响交通和生产。这些不合理的分布形式应通过规划加以克服,以形成合理

村镇沿交通线分布引导 表5.6.2

交通形式	村镇自然分布形式	村镇分布引导
河道	沿河道两侧呈线状、散点式分布	以沿河发展条件较好的村庄为核心,形成中心村或基层村,变"线状散点式"为"点状集中式"分布,并以道路加强与城镇联系
公路	村镇沿公路两侧带状分布;集镇与公路成"山楂串"式发展	引导村镇沿公路单侧集中发展,克服带状分布;使村镇,尤其是集镇用地沿公路一侧发展,变"山楂串"为"根瘤状"分布形式
高速公路	集镇用地向高速公路出入口方向无序扩展	离出入口较近的集镇,其规划用地可适度向出入口方向成块状拓展,并保持集镇整体性,避免无序地向出入口成散点式扩展。离出入口远的集镇,应加强与通向出入口方向的道路联系

的层次分布结构,使村庄由极度分散走向适度集中,寻求镇(乡)域内的村镇与交通线的合理组合。

5.6.2.2 交通线的发展轴作用

由于交通线,尤其是公路在区域经济发展中起到的重要作用,交通线往往成为村镇体系发展轴,在主次发展轴线分布不同层次的村镇。跨镇域村镇体系中,中心镇依托对外联系轴线(主发展轴线)接受城市的经济辐射;并将中心镇的社会经济影响辐射到周围乡镇,并通过对内吸引轴线(次发展轴线),将中心镇的社会经济影响辐射到镇域村庄及附近乡村,带动地域经济发展,同时通过次发展轴的吸引,加快中心镇(或一般镇)的人口和产业要素集聚(见图5.6.2)。

5.6.3 村镇分布与发展规律

5.6.3.1 村镇空间分布

(1)影响村镇空间分布的因素(见表5.6.3-1)。

(2)分布形态

村镇空间分布形态是一定地域内人口聚居的具体形式。在多种影响因素相互关系的作用和调节下,村镇分布达到相对的稳定,并具有与各地区自然条件、开拓与发展历史、人口分布、经济发展水平相协调的地域性特点,形成各自的分布形态。以浙江省为例,该省是我国人口和城镇密度最高的省份之一,2000年末人口密度平均为422人/km²。但境内地形复杂,各地区自然条件、经济发展水平及人口密度相差悬殊,村镇分布形态多样。省内村镇分布形态大体上可划分为四大类、八小类(见表5.6.3-2)。

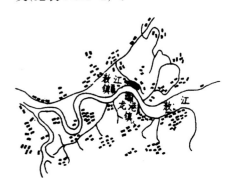

图5.6.2 平阳县、苍南县的发展轴

影响因素表 表5.6.3-1

因 素	内 容
①自然地理条件	在生产方式落后,生产力低下的历史时期,聚居点分布的空间过程主要表现为人类生存空间的不断开拓与对自然地理环境的适应,聚居点的分布缺乏计划而显出随意性。在人类长期的开拓与适应过程中,聚居点的扩大与增多,就包含有人类、自然地理环境、资源、社会经济活动等相互关系的不断调节,达到相对稳定,聚居点分布显示出各地区的区域特点,但仍渗透着自然地理因素留下的特征与痕迹
②区域资源	区域各项资源,如矿产、水力、油气、海涂、旅游等资源开发利用的广度和深度,对区域内聚居点的形成、分布产生较大影响
③区域生产力布局	区域内的水利、电力工程或较大的工业项目等的配置与布局,会引导人口的集聚或迁移,对区域聚居点的空间分布与发展产生影响
④交通因素	港口、铁路、公路等方面的交通优势往往是聚居点发展的增长点或发展轴,交通线及交通优势对区域聚居点的空间分布与发展有重大的影响
⑤政策和法规	政府部门制定的有关城乡发展、城镇化、土地利用、城乡建设、环境保护等方面的政策和法规,都可能对聚居点的分布产生影响

浙江省村镇空间分布形态类型 表5.6.3-2

乡村聚落分布类型		分布特征	实例(图号)
大 类	小 类		
①平原密集型聚落	A 沿江河两岸与交通线分布聚落	呈带状密集分布	图5.6.3-1
	B 水网平原聚落	比较均衡散布	图5.6.3-2
	C 滨海平原聚落	沿海塘等水利工程呈线状分布	图5.6.3-3
②谷地、盆地较密集型聚落	A 谷地聚落	沿河谷、沿山麓呈线状分布	图5.6.3-4
	B 盆地聚落	沿盆地中的江河交通线或盆地周边分布	图5.6.3-5
③丘陵、山地疏散型聚落	A 山地聚落	沿山垅串球状分布	图5.6.3-6
	a.高差较大的山区聚落		
	b.山区各级夷平面聚落	在夷平面上较均衡散布	图5.6.3-7
	B 丘陵聚落	准均衡分布	图5.6.3-8
④海岛聚落	海岸、港湾聚落	多数呈环岛分布	图5.6.3-9

5.6.4 村镇体系空间结构优化措施

优化措施表　　　　　　　　　　　　　　　表5.6.4

措　施	内　容
①区域村镇协调发展	从区域整体性要求出发，促进资源优化配置和村镇职能分级，引导区域产业、资源、资金合理流动，协调区域性设施的共享联建，形成产业一体化、城乡一体化的新体系
②合理整合农村聚居点	针对农村地区普遍存在的聚居点多、小、散、关联少等问题，加强村镇的合理重组和调整建设，结合发展轴线适当迁并农村聚居点，优化整体经济发展布局，有利于形成规模经济和集聚效应，节约资源，避免设施重复建设
③以产业发展带动村镇职能等级升级	利用村镇自身的区位优势，合理优化生产力布局，点面结合，形成以交通线为发展轴线的经济发达地带，推动区域经济发展，促进实现轴线覆盖区、村镇升级的目标
④形成各级中心，以点带面，点面结合	根据村镇历史基础、经济发展水平以及局部地域差异，重点培育中心镇（或一般镇）、中心村，形成村镇体系地域（片区）服务中心，依靠各级中心的辐射、吸引和密切联系，带动各片区社会经济整体发展

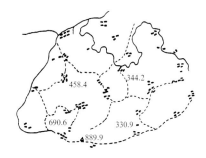

图5.6.4-5　奉化市——均衡散布

图5.6.4-6　洞头县——准衡散分布

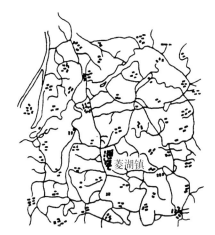

图5.6.4-1　湖州市——呈带状密集分布

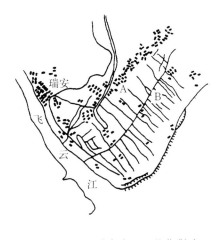

图5.6.4-2　瑞安市——均衡散布

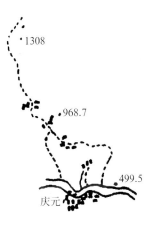

图5.6.4-7　庆元县——沿江河交通线或盆地周边分布

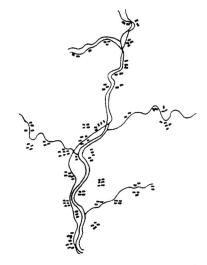

图5.6.4-3　永嘉县——呈线状分布

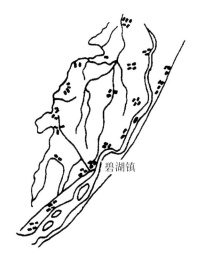

图5.6.4-4　丽水市——呈线状分布

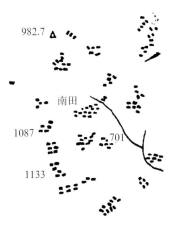

图5.6.4-8　文成县——沿山垄串珠状分布

5.6.5 村镇体系空间结构规划实例(供参考)

(1)广西邕宁县苏圩镇域村镇空间结构(布局)规划(简介)

规划以南宁市—苏圩—扶绥县及南宁市—苏圩—凭祥市两条公路交通线为村镇发展轴线,苏圩位于两条公路的交汇处,是全镇的核心。在发展轴线地带,有佳棉、隆德、敬团、慕村等北南东西四个片区的中心村,除敬团处于苏圩—延安公路外,均在该发展轴线地带,各片区中心均有公路与各村庄相联系。通过轴线接受南宁市的辐射,并将苏圩镇的社会经济影响辐射到各级中心,推动全镇的社会经济发展(见图5.6.5-1)。

(2)浙江诸暨市五泄中心镇村镇体系空间结构规划(简介)

规划以诸暨市—五泄—富阳市及诸暨市—五泄—浦江县两条公路为主发展轴线,主发展轴线上有一般镇马剑镇、青山镇及若干中心村。由两条主轴线分支出四条次轴线将本区片的中心村联系起来。五泄镇通过主发展轴接受市域中心城(诸暨市)及周边强镇的辐射,同时通过主、次发展轴线将区片中心(五泄镇)的社会经济影响辐射到次级镇中心,继而辐射到各中心村,从而覆盖区片地域村镇。这种点—线—面结合的空间组织形式,由发达的"点",形成轴线发达地带,有力地推动城镇群地域社会经济发展(见图5.6.5-2)。

(3)浙江鄞州区集仕港中心镇城镇(鄞西片区)村镇体系空间结构规划(简介)

根据宁波市交通网络的特点,规划形成网络状和环状与放射状相结合的村镇空间分布结构(见图5.6.5-3)。

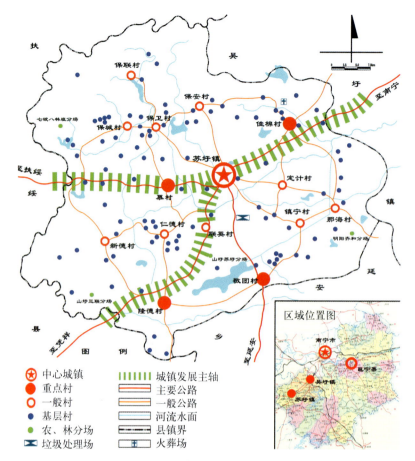

图 5.6.5-1 广西邕宁县苏圩镇域村镇体系规划图(2000—2020年)

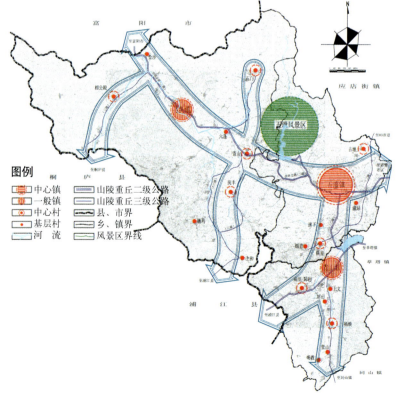

图 5.6.5-2 浙江诸暨市五泄中心镇村镇体系空间结构图(2000—2020年)

集仕港中心镇城镇群依托宁波市区和鄞州区中心区,以集仕港中心镇为核心,以高桥一般镇为支点,以宁波市外环路和机场路为环状轴线,以集仕港为中心的由望童公路、鄞县大道、集古路等构成放射状轴线,形成内部以集仕港镇为中心内敛式均衡型网络状与放射状相结合的空间发展格局;外部与以宁波市区和鄞州区中心区为中心的开放式区域环状轴相连的空间发展格局。

网络状空间发展格局的主要功能为:依托主要交通干线将中心城镇的社会经济辐射到附近村镇,推进地域经济互动发展;同时通过对人口、产业等空间要素的吸引,加快中心城镇人口集聚。

环状空间发展格局的主要功能为:依托环城高速干线接受宁波大城市和鄞县中心区的经济辐射,积极融入区域经济发展,提高自身综合实力。

5.7 镇(乡)域村镇体系规划与土地利用总体规划

5.7.1 土地利用总体规划的涵义

土地利用总体规划是对一定区域未来土地利用超前性的计划和安排,是依据区域社会经济发展和土地的自然历史特性在时空上进行土地资源分配和合理组织土地利用的综合技术经济措施。也即对未来土地利用及其发展趋势作预先估测的过程。

5.7.2 镇(乡)域土地利用总体规划的目的任务与依据(见表5.7.2)

5.7.3 镇(乡)域土地利用方针(见表5.7.3)

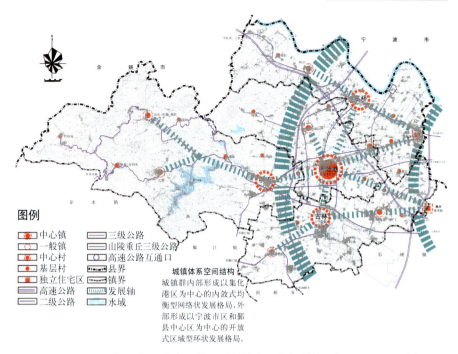

图 5.6.5-3 鄞县集仕港中心镇组群村镇体系空间结构图(2001—2020年)

目的、任务与依据　　　　　　　　　　　　表5.7.2

目 的	充分合理利用和优化配置有限的土地资源,加强土地宏观调控,贯彻"十分珍惜和合理利用每寸土地、切实保护耕地"基本国策,实施耕地总量动态平衡
任 务	从长远、全局利益出发,协调各类用地需求,对镇(乡)域土地实行宏观调控和利用管制,为镇(乡)国民经济持续、稳定、协调发展提供土地保障
规划依据	《中华人民共和国土地管理法》、《县级土地利用总体规划编制规程(试行)》等法规与标准,县级土地利用总体规划、镇(乡)国民经济和社会发展长远规划及县(市)下达的土地利用控制指标等地方性文件

镇(乡)域土地利用方针　　　　　　　　　　　表5.7.3

方　针	内　容
①保护耕地,实现耕地总量动态平衡	在保护耕地前提下,发展各项经济,严格控制非农建设用地规模的同时,通过土地换置,实行耕地面积净增的目标
②以供给定需求,严格控制非农建设用地	根据土地利用控制指标,严格控制建设用地占用耕地的规模,通过土地利用方式转变,挖掘现有存量土地的潜力
③改善生态环境	在充分挖潜提高土地的利用强度和产出率的同时,合理调整土地利用结构,优化资源配置,保证一定的成片园、林地,采取多种绿化措施,改善生态环境
④加大土地整理、开发与复垦力度,实行开源与节流并举	镇(乡)域土地利用一方面要节约用地,另一方面要做好村庄土地综合整理和未利用土地的开发与复垦规划,增加有效的土地供给,促进土地资源集约利用
⑤合理划分用途分区,实行土地用途管制,促进土地资源集约利用和优化配置	开展划分用途分区,按用途分区将规划目标、任务分解落实到各村庄,各村庄把用途分区落实到田块,做好土地利用总体规划、镇、村建设规划、基本农田保护区规划的衔接与协调

49

5.7.4 分区与管制

5.7.4.1 土地利用分区

土地利用分区是指在充分了解自然条件和社会经济条件的演变、发展规律的基础上，根据土地的地域性差异和社会发展的要求，对土地利用的方向、结构及布局进行的空间的划分。

(1) 土地利用分区（见表 5.7.4-1）

土地利用分区 表 5.7.4-1

分 区	内 容
①农业用地区	发展农业生产需要划定的土地区域
②园地区	发展果、桑、茶、橡胶及其他多年生作物需要划定的土地区域
③林业用地区	发展林业和改善生态环境需要划定的土地区域
④牧业用地区	发展畜牧业需要划定的土地区域
⑤城(集)镇建设用地区	城(集)镇建设需要划定的土地区域
⑥村庄建设用地区	村庄建设需要划定的土地区域
⑦独立工矿用地区	独立于城(集)镇、村庄建设用地区之外的工矿建设需要划定的土地区域
⑧自然和人文景观保护区	为保护特殊的自然、人文景观划定的土地区域
⑨其他用地区	根据实际利用需要划定的其他用地区域

(2) 分区面积统计（见表 5.7.4-2）

5.7.4.2 土地用途管制

(1) 意义

实行土地用途管制制度，替代传统的用地分级限额审批制度是我国土地管理制度的一项重大改革。它对耕地总量动态平衡战略目标的实现和土地资源的科学化管理具有重要意义。

(2) 含义

土地用途管制的基本含义是通过镇（乡）域土地用途划分，合理确定土地用途分区与基本用途，然后制定对土地用途区实行严格用途管制的原则和限制条款，明确各分区的具体利用细则，依法对土地用途进行控制，从而达到镇（乡）域土地资源合理而优化配置的目的。

5.7.5 "镇（乡）域村镇体系规划与镇（乡）域土地利用总体规划"的衔接与协调

镇（乡）域村镇体系规划属城建部门管理，而镇（乡）域土地利用总体规划属土管部门管理，但二者之间关系密切，加强二者之间的衔接与协调，对村镇建设和农业健康的发展具有重要意义。二者之间的关系见表 5.7.5。

土地利用分区面积统计表 表 5.7.4-2

总 计		农业用地区		园地区		林业用地区		牧业用地区		城(集)镇建设用地区		村庄建设用地区		独立工矿用地区		自然和人文景观保护区		其他用地区	
面积（万 m²)	%	面积（万 m²)	%	面积（万 m²)	%	面积（万 m²)	%	面积（万 m²)	%	面积（万 m²)	%	面积（万 m²)	%	面积（万 m²)	%	面积（万 m²)	%	面积（万 m²)	%

"镇(乡)域村镇体系规划与镇(乡)域土地利用总体规划" 关系表 表 5.7.5

内 容	镇（乡）域村镇体系规划	镇（乡）域土地利用总体规划
①规划地域	镇（乡）域范围	镇（乡）域范围
②用地构成	根据《村镇规划标准》规定的村镇用地分类，按土地使用的主要性质分为居住建筑用地、公共建筑用地、生产建筑用地、仓储用地、对外交通用地、道路广场用地、公用工程设施用地、绿化用地及水域和其他用地（包括水域、农林种植地、牧草地、闲置地、特殊用地）等 9 大类、28 小类，前 8 大类为村镇建设用地。镇（乡）域生态环境、自然和人文景观、历史文化遗产保护用地及风景旅游用地	根据《县级土地利用总体规划编制规程》分为耕地、园地、林地、牧草地、城镇村及工矿用地、交通用地、水域及未利用土地等 8 大类（一级类型）土地 47 小类（二级类型）土地
③规划主体	镇（乡）域村镇体系各层次村镇用地及为村镇服务的基础设施用地	镇（乡）域范围内的全部土地
④隶属管理部门	城建管理部门	土地管理部门
⑤相互衔接与协调	①提供村镇和独立工矿区的人口，各类村镇用地需求量数据，作为土地利用总体规划编制土地利用分区时的依据 ②村镇布点和村庄整合重组为土地利用总体规划进行土地利用结构与布局调整时提供依据	①平衡和协调上一级土地利用总体规划确定的土地利用控制指标与村镇建设发展用地需求之间的关系 ②在土地利用控制指标内，通过土地利用方式转变、土地整理、挖潜、复垦等措施，进行土地置换，达到既保护耕地、节约用地又满足村镇建设发展合理需求的双赢局面

5.8 镇(乡)域基础设施及社会设施

5.8.1 涵义

基础设施是指为区域生产力系统运行直接提供基础性条件的设施，包括交通、给水、排水、供气、电力、电信等。

社会设施是指为区域人民生活直接提供社会性公共服务的设施，也间接为区域生产力系统运行提供条件。包括行政管理、金融服务、教育文化、社会福利、体育、卫生等。

5.8.2 基础设施规划

本内容详见"专项规划"。

5.8.3 社会设施规划

社会设施规划应在对城(集)镇人口发展预测的基础上，根据社会经济的发展，预测未来对服务设施的需求量，按照镇(乡)域村镇体系规划的不同等级、不同层次的居民点分布来确定各类设施的数量、规模及空间分布。主要包括行政管理、金融服务、中小学、幼儿园、科技站、敬老院、医院、体育及文化设施等项目。

由于镇(乡)域范围内村镇数量较多、规模大小不一，所处地位及层次等都不同，因此，没有必要也不可能在每个村镇都自成系统地配置和建设齐全、成套的社会设施，特别是一些公益性和福利性的社会设施，更要有计划地配置和合理分布，既要做到方便、适应村镇分散的特点，又要尽量达到充分利用、经营管理合理的目的。而对一些赢利性的社会设施，则可由市场来调配。

村镇社会设施的配置和布局，要结合当地经济状况和现有社会设施的分布状况，从实际出发，避免社会设施项目求全偏大，重复建设，而对于一些居民点生活必需的社会设施，必须依照先行原则。

镇(乡)域社会设施的配置主要考虑以下几个因素：

(1)按村镇体系层次分级配置社会设施，见表5.8.3。

(2)结合村镇体系布局，某些对社会设施项目进行适当的撤并，如学校、影剧院等，新增社会设施应安排在有发展前途的村镇，对某些发展条件差，缺乏发展前途的村庄，原则上不再新设社会设施项目。

(3)充分利用原有的社会设施，逐步改造建设，不断完善，节约投资。

镇(乡)域村镇社会设施项目配置 表5.8.3

类别	项目	中心镇	一般镇	中心村	基层村
1.行政经济	镇(乡)政府、派出所	●	●		
	法庭	△			
	建设、土地管理所	●	●		
	农、林、水、电管理站	●	●		
	工商、税务所	●	●		
	邮电所	●	●		
	银行、信用社	●	●		
	居委会	●	△		
	村委会	●	●	●	△
2.教育机构	高级中学、职业中学	●	△		
	初级中学	●	●		
	小学	●	●	△	
	幼儿园	●	●	●	△
3.文体科技	文化站、青少年活动中心	●	●	△	
	文娱活动室	●	●	●	△
	影剧院	●	△		
	体育场馆	●	●		
	科技站	●	△		
4.医疗保健	医院或中心卫生院	●			
	卫生院或卫生所	●	●	△	
	卫生室	●	●	●	△
	防疫、保健站	●	△		
	敬老院	●	●	△	

注：●——应设置的项目；△——根据条件可设置的项目。

6 小城镇的性质与规模

在小城镇建设规划编制过程中，小城镇的性质与规模是属于优先要确定的战略性工作。合理正确地拟定小城镇的性质与规模，对于明确小城镇的发展方向，调整、优化小城镇的用地布局、获取较好的社会经济效益，都具有重要的意义。

6.1 小城镇的性质

性质是事物内在矛盾的规律性所体现的本质及表象特征。本质以区别于别类事物，表象特征以区别同类事物的不同特征的事物。本质反映事物的共性，表象特征反映事物的个性。因此小城镇的性质要从共性（本质）和个性（表象）两个方面进行表述，而个性从主要的产业和城镇特色进行表述。

6.1.1 确定性质的意义

科学拟定小城镇性质是搞好小城镇建设规划，引导小城镇社会经济健康发展的基本前提。合理确定小城镇的性质，可以明确小城镇的发展方向和目标，突出建设重点，协调布局结构，保持特色风貌；同时也有利于充分发挥优势，扬长避短，促进小城镇经济的持续发展和经济结构的日趋合理。

6.1.2 确定性质的依据

6.1.2.1 区域地理

区域的自然条件；

地理环境的容量、交通运输现状和发展前景；

城镇网络的分布及发展趋向。

6.1.2.2 资源

自然资源：矿藏、土地、水、气候、生物。

社会资源：人口、劳动力、生活福利设施。

经济资源：投资存量、旅游资源、能源资料。

6.1.2.3 区域经济水平

经济区位关系、物资流向、经济流向及人口和劳动力流向、人均GDP水平。

6.1.2.4 区域内城镇间的职能分工

上级城镇体系规划提出的区域内各城镇的职能分工。

6.1.2.5 国民经济和社会发展计划

6.1.2.6 小城镇的发展历史与现状

生产、生活水平和设施现状，各类用地的使用特征和比例，各个系统的运转质量和效能，找出影响小城镇发展的主要矛盾，明确发展前景。

6.1.3 确定性质的方法

6.1.3.1 定性分析

全面分析城镇在一定区域内政治、经济、文化生活中的地位和作用。

通过分析城镇在一定区域内地位作用、发展优势、资源条件、经济基础、产业特征、区域经济联系和社会分工等，以确定城镇的主导产业和发展方向。

6.1.3.2 定量分析

在定性分析的基础上对城市的职能，特别是经济职能采用以数量表达的技术经济指标来确定主导作用的生产部门。

①分析主要生产部门在其所在地区的地位和作用。

②分析主要生产部门在经济结构中的比重。通常采用同一经济技术指标（如职工人数、产值、产量等），从数量上去分析，以其超过部门结构整体的20%~30%为主导因素。

③分析主要生产部门在城镇用地结构中的比重，以用地所占比重的大小来表示。

6.1.4 小城镇职能分类

小城镇职能分四大类、14小类（见表6.1.4）：

6.1.4.1 一般性综合职能城镇

是一定区域内重要的经济、文化中心，为区域内商业服务、集市贸易的中心，以及农副产品集散地和工业集中地。

6.1.4.2 以某种专门化经济职能为主的小城镇

是大型工矿企业所在地，或是交通枢纽、区域性专项物资集散地。如工矿镇、港口镇、专业商贸镇等。

6.1.4.3 特殊职能的小城镇

少数以风景、疗养、保护和革命纪念地为主要性质的小城镇。如依附风景区的旅游服务镇、新兴主题型城镇、革命纪念地、特殊科研基地等。

6.1.5 小城镇性质的表述方法

6.1.5.1 构成小城镇规划性质的要素（见表6.1.5-1）

6.1.5.2 性质表述形式

区域地位作用＋产业发展方向＋城镇特色或类型（见表6.1.5-2）。

小城镇职能分类 表 6.1.4

职能大类	职能小类	例 子	
中心职能镇	①片区性城镇	说明	县域一、二级镇，片区级中心
	②地区性城镇		三级镇，对周边有一定辐射能力
	③地方性城镇		四级镇，本乡、本镇中心
综合职能镇	①区域性综合城镇	广东省中山市小榄镇	
	②地方性综合城镇	四川省彭州市濛阳镇	
专门化职能镇	①工业城镇	浙江省嘉善县大舜镇	
	②矿业城镇	四川省什邡市红白镇	
	③交通枢纽镇	广东省湛江市徐闻县海安镇	
	④专业商贸镇	四川省彭山县青龙镇	
	⑤兵团农场	新疆自治区石河子市北泉镇	
	⑥边贸镇	内蒙古自治区乌拉特中旗海流图镇	
	⑦卫星镇	北京市顺义区马坡镇	
特殊职能镇	①文化旅游镇	江苏省昆山市周庄镇	
	②康疗休闲镇	江西省九江市牯岭镇	
	③革命纪念地	四川省广安市协兴镇	
	④边防城镇	西藏自治区日喀则地区亚东镇	
	⑤军事重镇	黑龙江省虎林市虎头镇	
	⑥科学研究重镇	湖北省十堰市柳陂镇（恐龙蛋化石）	

构成小城镇规划性质的要素 表 6.1.5-1

外向功能	行政关系	产业结构	环境、历史文化及资源特征
地域交通与物资储运中心	建制镇（镇政府驻地）	地域的政治、经济、科技、文化中心	历史文化名镇
区域性专项物资集散地	集镇（乡政府驻地）		风景旅游城镇
	中心镇（建制镇服务功能的性质、非一般行政建制）	以××工业为主导的工业小城镇	矿山小城镇
科技城		地域的文教科技医疗卫生服务中心	能源工业小城镇（水电站、坑口电站）
康疗休闲中心	商贸集镇（非乡镇政府驻地，而非农民集聚的居民点）	农业经济资源加工工业基地	滨江的小城镇
大都市的卫星镇			山区的小城镇
国防军事基地		兵团农场小城镇、国营农场小城镇	革命纪念地
国际口岸城镇			

性 质 表 述 表 6.1.5-2

表述形式	区域地位作用 + 产业发展方向 + 城镇类型
例子	全国著名的示范爱国主义教育基地之一，泾县重要的风景名胜游览景区
	宜宾县北部的物资集散地，爱国主义教育基地，以农副产品加工及仓储为主的综合型城镇
	县域南部的二级中心和川滇边界的物资集散地，依托僰人悬棺景区的旅游商贸镇
	镇域政治、经济、文化中心，发展以旅游和房地产业为主的现代化生态型城镇
	镇域南部交通中心，以发展农副产品深加工和建材工业为主导的现代化工贸小城市
	南浔区的行政、服务中心，湖州市的重要旅游地，具有江南水乡特色的历史文化名镇；地处江浙边界的工贸型现代化小城市

6.2 小城镇规模

小城镇规模包括人口规模和用地规模。

6.2.1 人口规模（预测方法、适用性、规模）

6.2.1.1 人口规模定义

人口规模包括两个方面的内容：

一是在规划期末小城镇总人口（即镇域总人口）；

二是规划期末镇区人口（即居住在规划区内的非农业人口、农业人口和居住1年以上的暂住人口）。

6.2.1.2 预测方法

①综合分析法

系《村镇规划标准》中提出的村镇人口发展预测方法，将自然增长和机械增长两部分叠加，是村镇规划时普遍采用的一种比较符合实际的方法。

该方法适用于1～3万人的小城镇及1万人以下的集镇。

计算公式：$Q = Q_0(1+K)^n + P$

式中：Q——镇区总人口预测数（人）；

Q_0——镇区总人口现状数（人）；

K——规划期内人口的自然增长率（%）；

P——规划期内人口的机械增长数（人）；

N——规划年限（年）。

②经济发展平衡法

依据"按一定比例分配社会劳动"的基本原则，根据国民经济与社会发展计划的相关指标和合理的劳动构成，以某一类关键人口的需求总量乘以相应系数得出小城镇镇区人口总数。

它适宜于市场经济条件下以经济为主导功能、新建或有较大发展的小城镇镇区或开发区进行人口规模估算。

计算公式为：

城镇镇区人口发展规模 = $\dfrac{经济发展总量}{人均劳动生产率} \times \dfrac{1}{劳动人口的百分比}$

式中：

经济发展总量——规划期末的经济发展总量；

人均劳动生产率——规划期末的可能达到的劳动生产率；

劳动人口的百分比——规划期末的劳动人口的百分比。

③ 劳动平衡法

劳动平衡法建立在"按一定比例分配社会劳动"的基本原理基础上，以社会经济发展计划确定的基本人口数和劳动构成比例的平衡关系来估算城镇人口规模。

城镇镇区人口发展规模 $= \dfrac{基本人口规划数}{基本人口的百分比}$

$= \dfrac{基本人口规划数}{1-(服务人口的百分比+被抚养人口的百分比)}$

上式中，被抚养人口的比重，可从人口年龄构成分析中得到；服务人口的比重，可综合考虑城镇居民的生活水平、城镇规模、作用和特点等来确定。因而掌握了在城镇基本因素部门工作的职工的规划人数后，城镇人口规模就可利用上式计算得到。

根据现阶段年龄构成和劳动构成统计资料的汇总分析，被抚养人口的比例，远期一般可控制在42%～52%；服务人口的比例可控制在17%～26%（城市较高，小城镇较低）；基本人口的比例可控制在27%～36%（城市较低，小城镇较高）。

④ 区域分配法（城市化水平法）

此法以区域国民经济发展为依据，对镇域总人口增长采用综合平衡法进行分析预测，然后根据区域经济发展水平预测城市化水平，将镇域人口根据区域生产力布局和城镇体系规划分配给各个城镇或基层居民点。

$P = P_0 - (P_1 + P_2 + P_3 + \cdots P_{n-1})$

式中：

P——规划城镇镇区的人口；

P_0——镇域总人口；

P_n——区域内除规划城镇以外其他城镇（或村镇）的人口。

⑤ 环境容量法

根据小城镇周边区域自然资源的最大、经济及合理供给能力和基础设施的最大、经济及合理支持能力计算小城镇的极限人口数量。

$P_{max} = \min\{P_{1max}, P_{2max}, P_{imax}, \cdots\}$

式中：

P_{max}——小城镇镇域的极限人口数量；

P_{imax}——自然资源的最大、经济及合理供给能力或某项基础设施的最大、经济及合理支持能力所容许的人口数量最大值。

⑥ 线性回归分析法

线性回归分析法是根据多年人口统计资料所建立的人口发展规模与其他相关因素之间的相互关系，运用数理分析的方法建立数学预测模型。

运用该方法进行预测的做法是：将小城镇镇域人口发展规模与时间、小城镇人口自然增长率、机械增长率、工业产值等等因素中的一个因素通过定性分析和定量分析，证明彼此间存在着密切的相关关系（相关系数高），然后通过试验或抽样调查进行统计分析，并运用回归分析的方法，构造出这两要素间的数学函数式。如此便可以以其中一个因素作为控制因素（自变量）、以人口数量为预测因素（因变量）进行人口发展规模的预测。

例1：某城镇镇区1995年底人口为48000人，年人口自然增长率为10‰，按国民经济和社会发展计划，近期规划年限为5年，5年内本城镇因新建项目需从外地引入职工及家眷共18000人，根据历年情况，预计今后每年干部调动，参军与复转荣退军人，大中专学生升学与毕业等迁出迁入基本平衡，计算规划期内（近期为5年）城镇镇区人口发展规模。

运用综合平衡法计算

$Q = Q_0(1+K)^n + P$

式中：Q——总人口预测数（人）；

Q_0——总人口现状数（人）；

K——规划期内人口的自然增长率（%）；

P——规划期内人口的机械增长数（人）；

N——规划年限（年）。

由此，该镇区近期常住人口：

$Q = Q_0(1+K)^n + P$

$= 48000 \times (1+10‰)^5 + 18000$

$= 50448 + 18000$

$= 68448（人）$

取6.85万人。

例2：某城镇镇区现状人口为40000人，现状服务人口与被抚养人口比例分别为15%和50%。根据城镇发展规划并进行充分的调查研究分析后，确定规划期末基本人口数将达到26000人，考虑到现有服务人口比例较低应适当提高，而被抚养人口因计划生育和充分就业等因素的影响将会有所下降，故分别确定为18.5%和46.5%。计算规划期该镇区人口发展规模为：

运用劳动平衡法计算

城镇镇区人口发展规模 $= \dfrac{基本人口规划数}{基本人口的百分比}$

$= \dfrac{基本人口规划数}{1-(服务人口的百分比+被抚养人口的百分比)}$

$= \dfrac{26000}{1-(18.5\%+46.5\%)} = 74300（人）$

取7.43万人。

例3：以煤炭开采为主的某工矿型小城镇，1998年镇区总人口32270人，近年来常住人口的自然增长率为2.06‰，机械增长率为－3.9‰（机械增长率为负的主要原因是近几年工矿企业的外地职工逐渐因退休等原因迁回原籍)。根据该镇人口自然增长和机械增长的实际情况,充分考虑今后经济的持续发展和城市化进程,综合确定今后城镇常住人口的自然增长率近期为8‰,远期为6‰,由农村转移至城镇的农业人口预测近期新增7000人,远期新增8000人。

运用综合平衡法计算:

$$Q = Q_0(1+K)^n + P$$

式中:Q——规划期末镇区人口数(人);
Q_0——现状镇区常住人口数(人);
K——规划期内人口的综合增长率(%);
P——规划期末通勤人口数(人);
n——规划年限(近期5年,远期12年)。

由此,镇区近期常住人口:
$Q_{近} = 32270 \times (1+8‰)^5 + 7000$
$= 40582(人)$,

取4.0万人;

远期镇区常住人口:
$Q_{远} = 40582 \times (1+6‰)^7 + 8000$
$= 50314(人)$,

取5.0万人。

运用综合平衡法预测全镇(镇域)常住总人口近期为74000人,远期80000人,则镇域城市化水平近期达54%、远期镇域城镇化水平达62.5%。

例4:某渔港镇区现状常住人口为41524人,近年人口自然增长率12‰,机械增长率14.64‰。规划预测自然增长率近期(5年)为12‰,远期(20年)为7‰,机械增长率近期为14‰,远期12‰。

A. 根据综合平衡法求得其近远期人口分别为:

$Q_{近} = 41524 \times (1+12‰+14‰)^5$
$= 47210(人)$,取4.7万人。
$Q_{远} = Q_{近}(1+7‰+12‰)^{15}$
$= 62610(人)$,取6.3万人。

B. 由于水资源不足是该城镇发展最大的自然环境制约因素,淡水资源量仅为1000万t/年左右。若按较低标准160l/(日·人)计算生活用水,远期人口按6万人计算,则生活用水量为:

$N_{生} = 60000 \times 160 \times 365$
$= 3504000000(1)$,

即350万t/年。生产用水以单位工业产值用水量和工业产值增长进行计算预测,远期生产用水量$N_工$为658万t/年。总用水量为:

$N_{总} = N_{生} + N_{工} = 350 + 658$
$= 1008(万t/年)$

这就是说,该城镇现有水资源仅能支撑约6万人的城镇规模,且是在用水标准不高的条件下。若镇区人口规模要有更大的发展,必须首先解决水资源的问题。最后该镇区人口规模确定为近期4.7万人,远期6万人。

6.2.2 用地规模

6.2.2.1 小城镇用地规模定义

规划期末小城镇建设用地范围的面积。

6.2.2.2 小城镇用地规模计算标准

小城镇用地规模受城镇性质、经济结构、人口规模、自然地理条件、用地布局特点和小城镇历史的影响。计算小城镇用地规模时,用地计算范围应当与人口计算范围相一致。

小城镇用地规模计算需在小城镇人口规模预测的基础上,按照国家《村镇规划标准》确定人均小城镇建设用地指标,以此计算小城镇的建设用地数量。即:

小城镇用地规模=预测的小城镇镇区人口规模×人均建设用地指标

根据《村镇规划标准》,规划人均建设用地指标分为五级(见表6.2.2-1)。确定某一小城镇的规划人均建设用地指标的等级时,必须根据现状人均建设用地的水平,按照表6.2.2-2 的规定确定。所采用的规划人均建设用地指标应同时符合指标级别和允许调整幅度的双因子限制要求。

6.2.2.3 建设用地构成比例

小城镇规划中的居住建筑、公共建筑、道路广场及绿化用地中公共绿地4类用地占建设用地的比例宜符合表7.2.1 的规定。

通勤人口和流动人口较多的中心镇,其公共建筑用地所占比例,可选取规定幅度内的较大值。

工商业型城镇,通勤人口超过常住人口5%时,生产建筑及设施用地允许超过规定的上限。

邻近旅游区或以旅游业为主导型城镇,其公共绿地所占比例可大于表7.2.1 的比例规定。

人均建设用地指标分级 表6.2.2-1

级别	一	二	三	四	五
人均建设用地指标(人/m²)	>50,≤60	>60,≤80	>80,≤100	>100,≤120	>120,≤150

注:①新建村镇人均用地指标宜按第三级确定,发展用地偏紧时,可按第二级确定;
②第一级用地指标可用于用地紧张地区的村庄、集镇或城镇不得选用。

规划人均建设用地指标的调整幅度 表6.2.2-2

现状人均用地水平(人/m²)	人均建设用地指标级别	允许调整幅度(m²·人⁻¹)
≤50	一、二	应增5~20
50.1~60	一、二	可增0~15
60.1~80	二、三	可增0~10
80.1~100	二、三、四	可增、减0~10
100.1~120	三、四	可减0~15
120.1~150	四、五	可减0~20
>150	五	应减至150以内

注:允许调整幅度是指规划人均建设用地指标对现状人均建设用地水平的增减值;
资料来源:建设部《村镇规划标准》(GB50188—93)。

7 小城镇总体布局

7.1 小城镇总体布局的影响因素及原则

7.1.1 小城镇总体布局的基本要求

城镇总体布局是对城镇各类用地进行功能组织。在对小城镇进行总体布局时，应在研究各类用地的特点要求及其相互之间的内在联系的基础上，对城镇各组成部分进行统一安排和统筹布局，合理组织全镇的生产、生活，使它们各得其所并保持有机的联系。小城镇总体布局要求科学合理，做到经济、高效，既满足近期建设的需要，又为城镇的长远发展留有余地。

7.1.2 小城镇总体布局的影响因素

小城镇总体布局的影响因素　　表7.1.2

影响因素	注 释
现状布局	现状布局是城镇不断发展演变而来的，它综合反映了历史、政治、经济、军事、交通、资源条件及科技发展对城镇布局的影响。总体规划布局应充分考虑现状，并在现状布局基础上，按规划发展需要科学合理地加以改进和完善
建设条件	良好的用地、水源和电力等是小城镇建设发展的必要条件和影响总体布局的重要因素
资源、环境条件	农副产品、矿产品、风景旅游、历史文化资源以及自然生态环境条件影响城镇的总体布局
对外交通条件	对外交通是城镇形成和发展的重要影响因素，对城镇的功能结构和布局形态有直接影响
城镇性质	不同性质的城镇其用地功能组织要求及用地结构不一样
发展机制	历史文化和传统习俗特色、市场经济规律等城镇发展机制对总体布局有重要影响

7.1.3 小城镇布局原则

小城镇布局原则　　表7.1.3

原 则	注 释
旧城改造原则	利用现状、依托旧城、合理调整、逐步改进、配套完善
优化环境原则	充分利用自然资源及条件，科学布局，合理安排各项用地、保护生态、优化环境
用地经济原则	合理利用土地、节约用地，充分利用现有基础，建设相对集中，布局力求紧凑完整、节省工程管线及基础设施建设投资
因地制宜原则	有利生产、方便生活，合理安排居民住宅、乡镇工业及城镇公共服务设施，因地制宜，突出小城镇个性及特色
弹性原则	合理组织功能分区、统筹布署各项建设，处理好近期建设与远景发展关系，留有弹性和发展余地
实事求是原则	合理确定改造与新建的关系，结合现状及发展实际，确定建设规模，建设速度和建设标准

7.2 小城镇布局空间形态模式及规划结构

7.2.1 小城镇布局空间形态模式(见表7.2.1)

小城镇布局空间形态模式　　表7.2.1

布局方式	空间形态模式	要 点	参考实例
集中布局	块状式	也可称饼状或同心圆式，是城镇布局由镇中心逐渐向外扩展而形成，是小城镇布局常见的形态模式。我国平原地区的小城镇多为这种布局形态。这种结构形态的特点是用地集中紧凑、建成区连片、交通由内向外、中心单一、生产与生活关系紧密。是一种经济且高效的布局形式。但在不断外延发展的过程中，要注意防止工业、居住相互干扰，避免周边乡镇工业布局给城镇进一步发展设置的"门槛"，注重保护自然生态环境	浙江省德清县新市镇 湖北省嘉鱼县潘家湾镇
集中布局	带状式	主要是受自然地形、地貌的局限或受交通条件(沿江河、沿公路等)的影响而形成。这种布局一般纵向较长，横向较窄，以主要道路为轴组织居住与生产。具有与自然的亲和性，生态环境较好。但镇内交通组织与用地功能组织的矛盾相对较复杂。这种形态下的进一步发展要尽量避免两端延伸过长，宜将狭长的用地划分为若干段(片)，按生产、生活配套原则，配置生活服务设施，分别形成一定规模的综合区及其中心。应重点解决纵向交通联系问题	广西自治区金秀县忠良镇 湖北省应城市长江埠镇
集中布局	双城式	是一种由2个独立组团整合组建为整体协调发展的小城镇空间布局形态。采用这种形态进行规划布局应力求两个组团合理分工、互为补充、协调发展，避免各自为政、盲目扩大规模	湖北省黄梅县小池镇
集中布局	集中组团式	因地形条件、用地选择或用地功能组织上的需要，城镇按地形地物或交通干道分若干组团。每组团生产、生活基本配套并相对独立。组团之间空间距离不大，可谓相对集中组团方式	广西自治区灵山县陆屋镇 广西自治区金秀县罗香镇
分散布局	分散组团式	因地形和用地条件限制以及城镇空间发展需求，城镇由分散的若干组团组成，各组团间保留一定的空间距离，环境质量较好。采用分散组团式规划布局时应组织好组团间的交通联系，节约城镇建设投资及管理运行费用，避免用地规模过大	西藏自治区林芝县八一镇 湖北省宣恩县城 广东省蕉岭县城
分散布局	多点分散式	因受地形和矿产资源分布的影响，以采掘加工为主的工矿镇分散建设，生产、生活就地简单配套所形成的布局空间形态。其过于分散，对生产、生活和城镇建设发展不利	广西自治区田东县祥周镇 广西自治区灵山县檀圩镇

图 7.2.1-1 浙江省德清县新市镇——块状式布局

图 7.2.1-2 湖北省嘉鱼县潘家湾镇——块状式布局

7 小城镇总体布局

图 7.2.1-3　广西自治区金秀县忠良镇——带状式布局

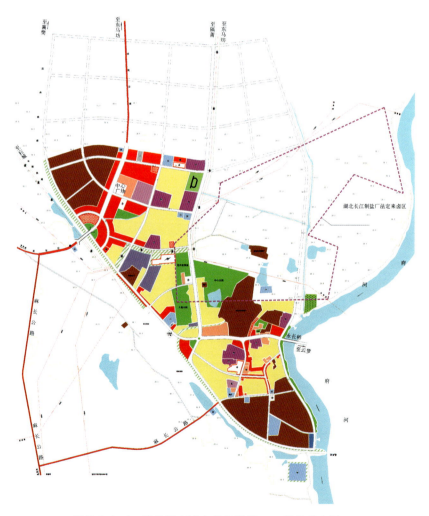

图 7.2.1-4　湖北省应城市长江埠镇——带状式布局

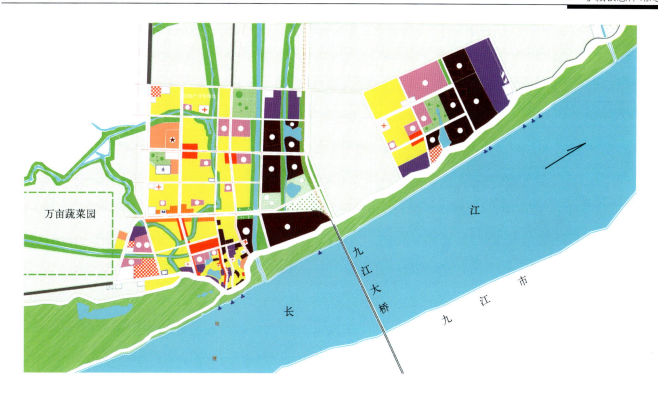

图 7.2.1-5　湖北省黄梅县小池镇——双城式布局

图 7.2.1-6　广西自治区金秀县罗香镇——集中组团式布局

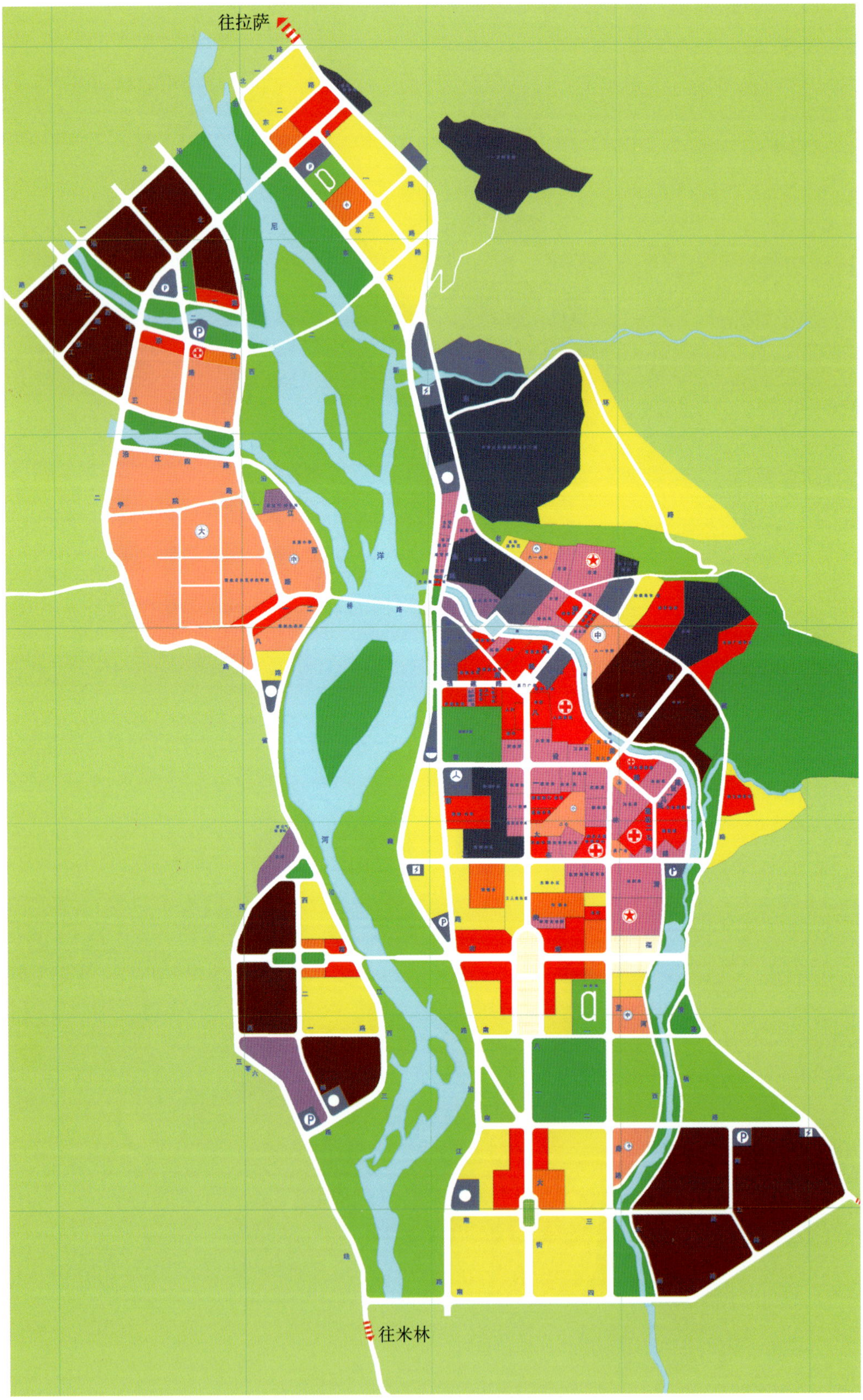

图 7.2.1-7　西藏自治区林芝县八一镇——分散组团式布局

图 7.2.1-8　广东省蕉岭县城——分散组团式布局

7 小城镇总体布局

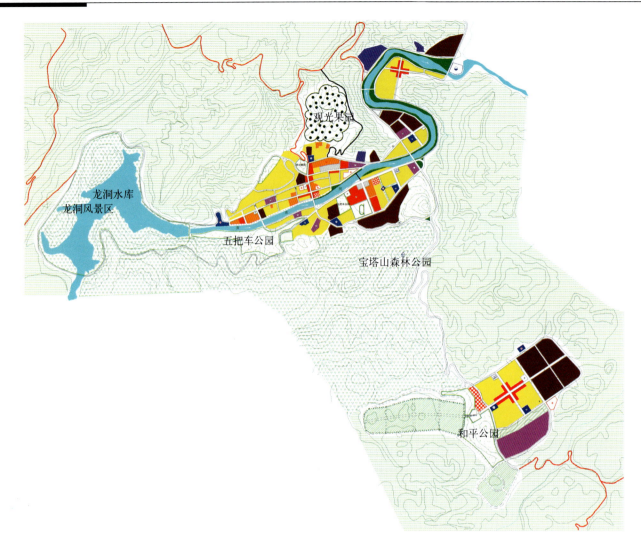

图 7.2.1-9　湖北省宣恩县城——分散组团式布局

图 7.2.1-10　广西自治区田东县祥周镇——多点分散式布局

7.2.2 小城镇规划结构

7.2.2.1 规划结构

规划结构是城镇主要功能用地的构成方式及用地功能组织方式,是城镇总体布局的基础与框架。小城镇布局规划结构要求各主要功能用地相对完整、功能明确、结构清晰并且内外交通联系便捷。

确定规划结构的要点:

(1)合理选择城镇中心:结合镇域、镇区综合考虑并选择适中的位置作为全镇公共活动中心,集中配置兼为镇区内、外服务的公共设施。

(2)协调好住宅建筑用地与生产建筑用地之间的关系,要有利生产、方便生活;还要处理好村民住宅与农副业生产基地的方便联系;有污染的工业用地与住宅用地之间设置必要的绿化带加以隔离。

(3)对外交通便捷,对内道路系统完整,各功能区之间联系方便。

(4)有利近期建设和远期发展,不同发展阶段用地组织结构要相对完整。

7.2.2.2 总体规划结构

小城镇总体规划结构一般是由城镇中心、居住小区、工业区、干路系统和绿地系统构成。性质和特点不同的城镇,其工业区、绿地、对外交通设施用地、行政区等在总体规划结构中的地位及作用有所差异,因而要按照总体规划布局的原则和具体要求确定合理的规划结构。

7.2.2.3 居住用地结构

根据人口规模的不同,小城镇居住用地结构可由小区、组团二级用地结构构成,也可由若干个居住组团或街坊一级结构组成。往往以主要商业街道组成居住生活中心。

7.2.2.4 工业用地结构

小城镇工业用地结构一般由工业小区(或者工业园区)和厂区构成,或者由若干个工业点(厂区)构成。

7.2.2.5 公共设施结构

规模较大的小城镇的公共设施结构一般由镇级公共中心(镇级商贸、文体设施)和小区(街坊)公共服务设施构成;规模较小的城镇只有镇级公共中心(综合商业街)。

7.2.2.6 建设用地结构

建设用地结构是小城镇各建设用地占总建设用地的比例。小城镇规划一般要控制好主要建设用地占总建设用地的比例。建制镇主要建设用地结构比例可参照城市规划编制的有关规定控制。村镇居住建筑用地、公共建筑用地、道路广场用地及公共绿地占总建设用地的比例宜符合下表的规定。通勤人口和流动人口较多的中心镇,其公共建筑所占比例宜选取规定幅度内的较大值。邻近旅游区及现状绿地较多的小城镇,其公共绿地所占比例可大于6%。

村镇建设用地结构比例　　　　表 7.2.2

类别代号	用地类别	占总建设用地比例(%)	
		中 心 镇	一 般 镇
R	居住建筑用地	30~50	35~55
C	公共建筑用地	11~20	10~18
S	道路广场用地	11~19	10~17
G1	公共绿地	2~6	2~6
四类用地总和		65~85	67~87

7.3 主要用地布局

7.3.1 居住建筑用地布局

7.3.1.1 居住建筑用地的选址应有利生产、方便生活,具有适宜的卫生条件和建设条件。

7.3.1.2 居住建筑用地一般布置在大气污染的常年最小风向频率的下风侧以及水污染源的上游。

7.3.1.3 居住建筑用地位于丘陵和山区时,应优先选用向阳坡,并避开风口和窝风地段。

7.3.1.4 居住建筑用地应具有适合建设的工程地质与水文地质条件,不受洪涝灾害威胁,防止滑坡、崩塌,注意山洪排泄。

7.3.1.5 居住建筑用地的规划应符合小城镇用地布局的要求,并应综合考虑相邻用地的功能、道路交通等因素。

7.3.1.6 居住建筑用地规划应根据不同住户的需求,选定不同的类型,相对集中地进行布置。减少相互干扰,节约用地。

7.3.1.7 新建居住建筑用地应优先选用靠近原有居住建筑用地的地段形成一定规模的居住区,便于生活服务设施的配套安排,避免居住建筑用地过于分散。

7.3.1.8 居住建筑用地规划应考虑在非常情况时居民安全的需要。如战时的人民防空、雨季的防汛防洪、地震时的疏散躲避等需要。

7.3.1.9 居民住宅用地的规模应根据所在省、自治区、直辖市政府规定的用地面积指标进行确定。

7.3.1.10 居住建筑的布置应根据气候、用地条件和使用要求来确定居住建筑的类型、朝向、层数、间距

7 小城镇总体布局

图 7.3.1-1 居住建筑用地布置在年最小风向频率的下风侧(湖北省红安县桃花店镇)

图 7.3.1-2 规划居住建筑用地结合现状居住建筑用地布置(广西自治区南宁市扬美古镇)

和组合方式。并应符合下列规定：

(1) 居住建筑的布置应符合所在省、自治区、直辖市政府规定的居住建筑的朝向和日照间距系数。

(2) 居住建筑的平面类型应满足通风要求，在现行的国家标准《建筑气候区划标准》的Ⅱ、Ⅲ、Ⅳ气候区，居住建筑的朝向应使夏季最大频率风向入射角大于15°；在其他气候区，应使夏季最大频率风向入射角大于0°。

(3) 建筑的间距和通道的设置应符合小城镇防灾的要求。

7.3.2 公共建筑用地布局

7.3.2.1 公共建筑项目的配置应符合下表的规定。

7.3.2.2 各类公共建筑的用地面积指标应符合下表的规定。

7.3.2.3 除学校和卫生院以外，小城镇的公共建筑用地宜集中布置在位置适中、内外联系方便的地段。商业金融机构和集贸设施宜设在小城镇入口附近或交通方便的地段。

7.3.2.4 公共建筑布置应考虑本身的特点及周围的环境。公共建筑本身不仅作为一个环境形成因素，而且它们的分布对周围的环境有所要求。

7.3.2.5 公共建筑布置应考虑小城镇景观组织的要求。可通过不同的公共建筑和其他建筑协调处理与布置，利用地形等其他条件组织街景，创造具有地方风貌的城市景观。

7.3.2.6 集贸设施用地应综合考虑交通、环境与节约用地等因素进行布置。集贸设施用地的选址应有利于人流和商品的集散，并不得占用公路、主要干路、车站、码头、桥头等交通量大的地段。易燃易爆的商品市场应设在小城镇的边缘，并应符合卫生、安全防护的要求。

小城镇公共建筑项目配置表　　　表 7.3.2-1

类别	项目	中心镇	一般镇	中心村	基层村
(1)行政管理	①人民政府、派出所	●	●	—	—
	②法庭	○	—	—	—
	③建设、土地管理机构	●	●	—	—
	④农、林、水、电管理机构	●	●	—	—
	⑤工商、税务	●	●	—	—
	⑥粮管所	●	●	—	—
	⑦交通监理站	●	○	—	—
	⑧居委会、村委会	●	●	●	●
(2)教育机构	⑨专科院校	○	—	—	—
	⑩高级中学、职业中学	●	○	—	—
	⑪初级中学	●	●	○	—
	⑫小学	●	●	●	●
	⑬幼儿园、托儿所	●	●	●	○
(3)文体科技	⑭文化站(室)、青少年之家	●	●	○	○
	⑮影剧院	●	○	—	—
	⑯灯光球场	●	●	●	—
	⑰体育场	●	○	—	—
	⑱科技站	●	○	—	—
(4)医疗保健	⑲中心卫生院	●	—	—	—
	⑳卫生院(所、室)	—	●	●	—
	㉑防疫、保健站	●	○	—	—
	㉒计划生育指导站	●	●	○	—
(5)商业金融	㉓百货店	●	●	○	○
	㉔食品店	●	●	●	○
	㉕生产资料、建材、日杂店	●	●	●	—
	㉖粮店	●	●	●	—
	㉗煤店	●	●	●	—
	㉘药店	●	●	●	—
	㉙书店	●	●	●	—
	㉚银行、信用社、保险机构	●	●	○	—
	㉛饭店、饮食店、小吃店	●	●	○	○
	㉜旅馆、招待所	●	●	●	—
	㉝理发、浴室、洗染店	●	●	○	—
	㉞照相馆	●	●	—	—
	㉟综合修理、加工、收购店	●	●	○	—
(6)集贸设施	㊱粮油、土特产市场	●	●	—	—
	㊲蔬菜、副食市场	●	●	○	—
	㊳百货市场	●	●	—	—
	㊴燃料、建材、生产资料市场	●	○	—	—
	㊵畜禽、水产市场	●	○	—	—

注：表中●应设的项目；○可设的项目。

7 小城镇总体布局

各类公共建筑人均用地面积指标表 表 7.3.2-2

村镇层次	规划规模分级	各类公共建筑人均用地面积指标(m²/人)				
		行政管理	教育机构	文体科技	医疗保健	商业金融
中心镇	大 型	0.3~1.5	2.5~10.0	0.8~6.5	0.3~1.3	1.6~4.6
	中 型	0.4~2.0	3.1~12.0	0.9~5.3	0.3~1.6	1.8~5.5
	小 型	0.5~2.2	4.3~14.0	1.0~4.2	0.3~1.9	2.0~6.4
一般镇	大 型	0.2~1.9	3.0~9.0	0.7~4.1	0.3~1.2	0.8~4.4
	中 型	0.3~2.2	3.2~10.0	0.9~3.7	0.3~1.5	0.9~4.6
	小 型	0.4~2.5	3.4~11.0	1.1~3.3	0.3~1.8	1.0~4.8
中心村	大 型	0.1~0.4	1.5~5.0	0.3~1.6	0.1~0.3	0.2~0.6
	中 型	0.12~0.5	2.6~6.0	0.3~2.0	0.1~0.3	0.2~0.6

注：集贸设施的用地面积应按赶集人数、经营品类计算。

图 7.3.2-1　广西自治区邕宁县苏圩镇——公共建筑布局

7.3.2.7 集贸设施用地的面积应按平集规模确定；非集时应考虑设施和用地的综合利用，做到一场多用。如，可用作为露天剧场、球场等，也可设计成多层市场、市场上层为住宅、办公、厂房，并应安排好大集时临时占用的场地。

7.3.2.8 集市场地规模估算方法

表 7.3.2-3

①摊位占地法：(以平集最多摊位数计算) 集市占地＝摊位数×每摊占地×货摊密度			②人均占地法：(以平集高峰人数计算) 集市占地＝平集高峰人数×每人占地指标
货摊占地参考面积：			一些地区的占地参考指标：
品 类	每摊占地(m²)	货摊密度(%)	浙江 0.4～0.6m²/人
禽 蛋	0.3～0.5	10～20	广东 0.8～1.0m²/人
蔬菜水果	0.8～1.0		广西 0.35～0.5m²/人
竹木制品	1.0～3.0	20～50	贵州 0.65～ m²/人
木料竹材	1.5～2.0		江苏 0.4m²/人
猪羊兔	0.5～1.0		湖北 0.8m²/人
牛马驴	2.0～3.0		注：各地差价很大，与交易品类、摊床设施、运输工具有关，应对本地集市进行调查，确定占地指标
综合估算：可采取平均每摊 4～6m²			

注：此表及实例选自《建筑设计资料集6》。

7.3.2.9 小城镇公共中心的布置方式有：

(1)布置在城区中心地段；

(2)结合原中心及现建筑；

(3)结合主要干道；

(4)结合景观特色地段；

(5)采用围绕中心广场，形成步行区或一条街等形式。

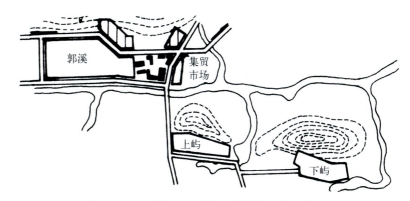

图 7.3.2-2 浙江省台州市郭溪镇集贸市场位置图

图 7.3.2-3 浙江省台州市新桥镇——公共建筑布局

7.3.3 生产建筑用地布局

7.3.3.1 生产建筑用地应根据其对生活环境的影响状况进行选址和布置。

7.3.3.2 《村镇规划标准》中的一类工业用地可选择在居住建筑或公共建筑用地附近。

7.3.3.3 《村镇规划标准》中的二类工业用地宜单独设置，应选择在常年最小风向频率的上风侧及河流的下流，并应符合现行的国家标准《工业企业设计卫生标准》的有关规定。

7.3.3.4 《村镇规划标准》中的三类工业用地应按环境保护的要求进行选址，并严禁在该地段内布置居住建筑，严禁在水源地和旅游区附近选址，工业用地与居住用地的距离应符合卫生防护距离标准。

7.3.3.5 对镇区内有污染的二类、三类工业必须进行治理或调整。

7.3.3.6 工业生产用地应选择在靠近电源、水源和对外交通方便的地段，协作密切的生产项目应邻近布置，相互干扰的生产项目应予以分隔。

7.3.3.7 农业生产设施用地的选择，应符合下列规定：

(1) 农机站(场)、打谷场等的选址应方便田间运输和管理；

(2) 大中型饲养场地的选址应满足卫生和防疫要求，宜布置在小城镇常年风向的侧风位以及通风、排水条件良好的地段，并应与村镇保持防护距离；

(3) 兽医站宜布置在小城镇边缘。

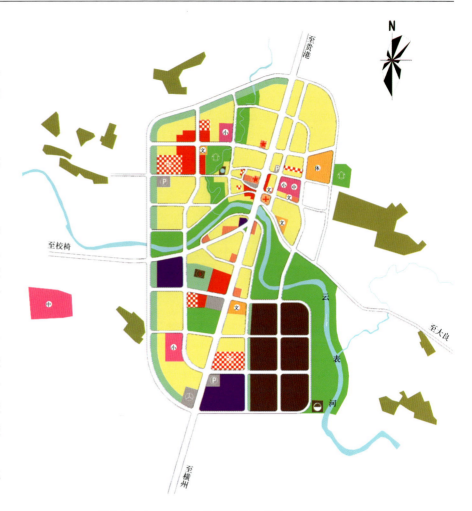

图 7.3.3-1 广西自治区横县云表镇——工业用地布局

图 7.3.3-2 浙江省宁波市鄞州区集仕港镇——工业用地布局

7.3.4 道路、对外交通用地布局

7.3.4.1 道路交通规划应根据城镇之间的联系和小城镇各项用地的功能、交通流量，结合自然条件与现状特点确定道路交通系统，要有利于建筑布置和管线敷设。

7.3.4.2 小城镇所辖地域范围内的道路，按主要功能和使用特点应划分为公路和城镇道路两类，其规划应符合下列规定：

（1）公路规划应符合国家现行的《公路工程技术标准》的有关规定；

（2）建制镇道路系统规划可参照城市规划规范。村镇道路可分为四级，其规划的技术指标应符合下表的规定。

7.3.4.3 小城镇道路系统的组成，应符合下表的规定。

7.3.4.4 小城镇道路应根据其道路现状和规划布局的要求，按道路的功能性质进行合理布置，并应符合

村镇道路规划技术指标表　　表7.3.4-1

规划技术指标	村镇道路级别			
	一	二	三	四
计算行车速度(km/h)	40	30	20	—
道路红线宽度(m)	24～32	16～24	10～14	—
车行道宽度(m)	14～20	10～14	6～7	3.5
每侧人行道宽度(m)	4～6	3～5	0～2	0
道路间距(m)	≥500	250～500	120～300	60～150

注：表中一、二、三级道路用地按红线宽度计算，四级道路按车行道宽度计算。

村镇道路系统组成表　　表7.3.4-2

村镇层次	规划规模分级	道路分级			
		一	二	三	四
中心镇	大型	●	●	●	●
	中型	○	●	●	●
	小型	—	●	●	●
一般镇	大型	●	●	●	●
	中型	—	●	●	●
	小型	—	○	●	●
中心村	大型	—	○	●	●
	中型	—	—	●	●
	小型	—	—	●	●
基层村	大型	—	—	●	●
	中型	—	—	○	●
	小型	—	—	—	●

注：①表中●——应设级别；○——可设级别。
②当中心镇规划人口大于30000人时，其主要道路红线宽度可大于32m。

图7.3.4-1　湖南省湘潭市官渡镇——对外交通及道路布局

图 7.3.4-2 江苏省常熟市梅李镇——公路与城镇道路布局

图 7.3.4-3 吉林省吉林市烟筒山镇——铁路与城镇道路布局

下列规定：

（1）连接工厂、仓库、车站、码头、货场等的道路不应穿越小城镇的中心地段；

（2）位于文化娱乐、商业服务等大型公共建筑前的路段应设置必要的人流集散场地、绿地和停车场地；

（3）商业、文化、服务设施集中的路段可布置为商业步行街，禁止机动车穿越，路口处应设置停车场；

（4）汽车专用公路，一般公路中的二、三级公路不应从小城镇内部穿过；对已在公路两侧形成的小城镇应进行调整。

7.3.4.5 山区小城镇的道路应尽量结合自然地形，做到主次分明、区别对待。道路网形式一般多采用枝状尽端式和之字式或环形螺旋式系统。

7.3.4.6 镇区长途汽车站的选址要求与公路连接通顺，与公共中心联系便捷，并与码头、铁路站场密切配合。

7.3.4.7 货运车场宜布置在小城镇外围入口处，最好与中转性仓库、铁路货场、水运码头等有便捷的联系。

7.3.4.8 为了避免分割城镇，铁路最好从城镇边缘通过。

7.3.4.9 客货合一的中间站、客运站应靠城镇边缘，位于居住建筑用地一侧，站场距城镇中心 2～3km 以内比较适宜。

7.3.4.10 小城镇设置一般综合性货运站或货场，位置接近工业和仓库区，应尽量减少对小城镇的干扰。

7.3.4.11 沿江河湖海的小城镇在港口规划时要按照"深水深用、浅水浅用"的原则，结合城市用地的功能组织对岸线作全面安排。首先确定适应于航运的岸线，然后要保持一定纵深的陆域，同时要留出城市居民游憩的生活岸线。

7.3.5 公共绿地布局

7.3.5.1 公共绿地分为公园和街头绿地。公共绿地应均衡分布，形成完整的园林绿地系统。

7.3.5.2 公园在小城镇中的位置，应结合河湖山川、道路系统及生活居住用地的布局综合考虑。

7.3.5.3 公园选址和街头绿地布置应考虑以下因素：

(1)公园应使居民能方便到达和使用，并与城镇主要道路有密切联系；

(2)充分利用不宜于工程建设及农业生产的用地及起伏变化较大的坡地布置公园；

(3)公园可选择在河湖沿岸景色优美的地段，充分发挥水面的作用，有利于改善城镇小气候，增加公园的景色，开展各项水上活动，有利于地面排水；

(4)公园可选择树木较多和有古树的地段；

(5)公园可选择名胜古迹及革命历史文物所在地；

(6)公园用地应考虑将来有发展的余地；

(7)街头绿地的选址应方便居民使用；

(8)带状绿地以配置树木为主，适当布置步道及花坛和座椅等设施。

7.3.6 综合布局实例

7.3.6.1 湖南省衡阳市衡山县城总体规划

7.3.6.2 吉林省抚松县城总体规划

图 7.3.5　湖北省远安县鸣凤镇园林绿地系统规划

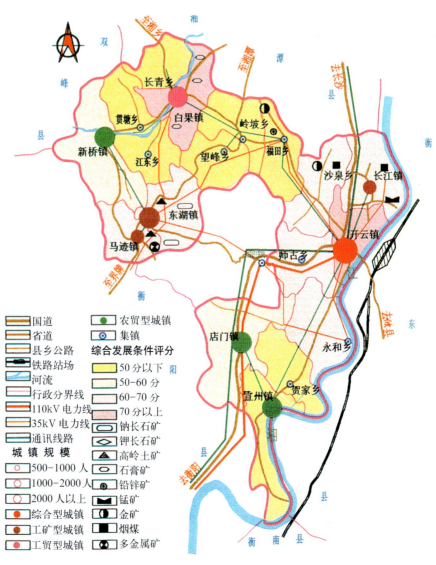

图 7.3.6-1　衡山县城用地现状图

7　小城镇总体布局

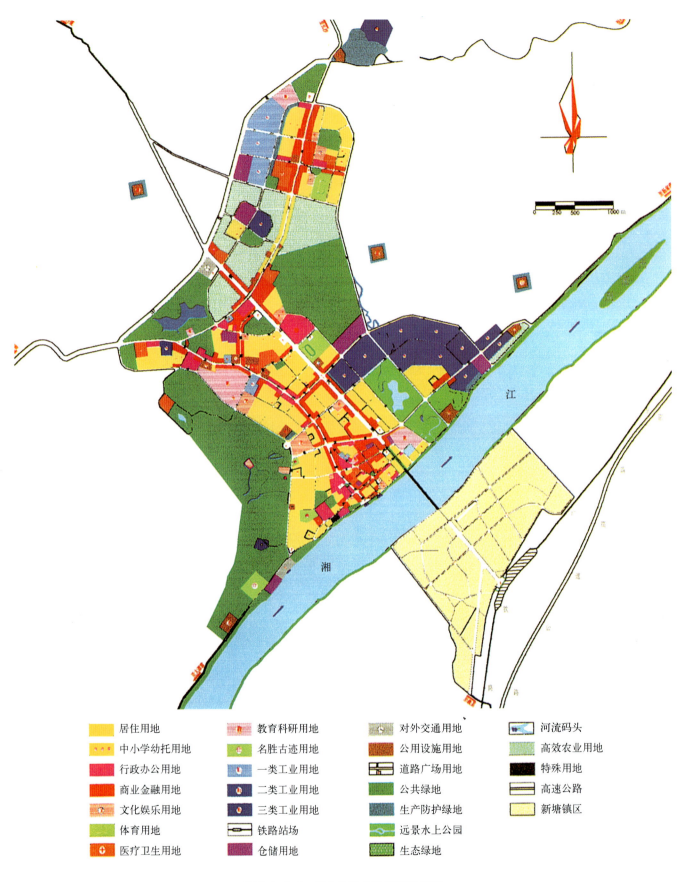

图 7.3.6-2　衡山县城土地利用规划图

7 小城镇总体布局

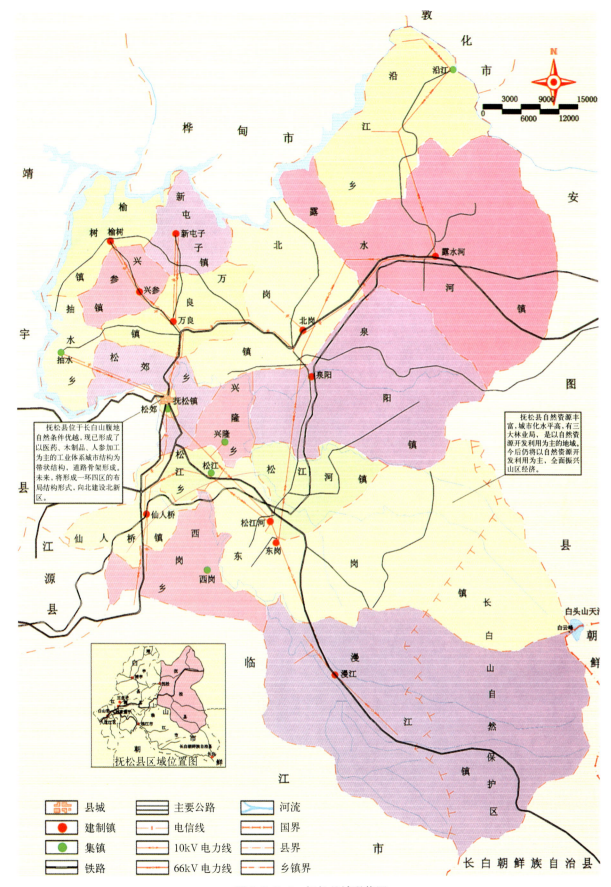

图 7.3.6-3 抚松县城现状图

7　小城镇总体布局

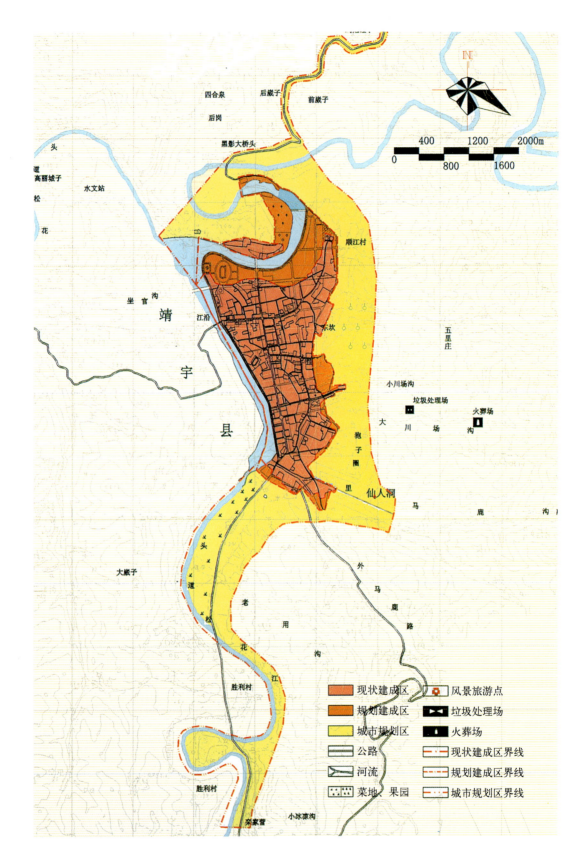

图 7.3.6-4　抚松县城规划总图

8 小城镇专项规划

8.1 小城镇近期建设规划

近期建设规划是小城镇总体规划的重要组成部分，是小城镇近期建设项目安排的依据，是落实小城镇总体规划的重要步骤。

8.1.1 小城镇近期建设规划的基本任务

明确近期内实施小城镇总体规划的发展重点和建设时序；确定小城镇近期发展方向、规模和空间布局，作出小城镇重要基础设施和公共设施、生态环境建设安排，提出自然遗产与历史文化遗产保护的措施。

8.1.2 小城镇近期建设规划的编制原则

(1)处理好近期建设与长远发展、经济发展与资源环境条件的关系，注重生态环境与历史文化遗产的保护，实施可持续发展战略。

(2)与小城镇国民经济和社会发展计划相协调，符合资源、环境、财力的实际条件，并适应市场经济发展的要求。

(3)坚持为最广大人民群众服务，维护公共利益，完善小城镇综合服务功能，改善人居环境。

(4)严格依据小城镇总体规划，不得违背小城镇总体规划的强制性内容。

8.1.3 小城镇近期建设规划的期限

近期建设规划的期限为三至五年。

小城镇人民政府依据近期建设规划，可以制定年度的规划实施方案，并组织实施。

8.1.4 小城镇近期建设规划的主要内容

(1)编制近期建设规划前，应当对小城镇总体规划和上一轮近期建设规划实施情况进行总结，论证近期内小城镇国民经济和社会发展条件，确定小城镇近期发展目标。

(2)确定重点发展的村镇；确定近期资源开发和生态环境、历史文化遗产保护的对策和措施；确定近期内区域性重大基础设施的布局和建设时序。

(3)提出近期内小城镇人口及建设用地发展规模，调整和优化用地结构，确定小城镇建设用地的发展方向、空间布局和功能分区。

①提出近期小城镇重点发展区域及开发时序，确定镇区的发展规模。

②确定近期新增建设用地和存量土地的数量、新建项目占用土地情况、相应的用地空间分布的范围和面积，列出用地平衡表。

③提出近期内各功能分区用地调整的重点，将小城镇用地结构调整与经济结构调整、产业层次升级结合起来，合理安排各类小城镇建设用地。

④综合部署近期建设规划确定的各类项目用地，重点安排小城镇基础设施、公共服务设施、经济适用房、危旧房改造等公益性用地。

(4)提出重要基础设施和公共服务设施的建设安排

①确定近期内将形成的对外交通系统布局以及将开工建设的车站、港口、机场等主要交通设施的规模、位置。

②确定近期内将形成的小城镇道路交通综合网络以及将开工建设的主、次干道的走向、断面，主要交叉口形式，主要广场、停车场的位置、容量。

③综合协调并确定近期小城镇供水、排水、防洪、供电、通讯、燃气、供热、消防、环卫等设施的发展目标和总体布局，确定将开工建设的基础设施的位置和用地范围。

④确定近期将建设的公益性文化、教育、体育等公共服务设施的位置和用地范围。

(5)提出近期小城镇河湖水系的治理目标，园林绿地系统的发展目标和总体布局。

(6)提出近期历史文化遗产保护、自然遗产保护、生态环境保护、防灾减灾等方面的规划目标以及相应的实施措施。

(7)结合本地区资源、环境和财力的实际情况，进行综合技术经济论证，提出规划实施的步骤、措施、方法与建议。

8.1.5 小城镇近期建设规划应具备的强制性内容

(1)确定小城镇近期建设重点和发展规模。

(2)依据小城镇近期建设重点和发展规模，确定小城镇近期发展区域。对规划年限内的小城镇建设用地总量、空间分布和实施时序等进行具体安排，并制定控制和引导小城镇发展的规定。

(3)根据小城镇近期建设重点，提出对历史文化名镇、历史文化保护区、风景名胜区的保护措施。

8.1.6 小城镇近期建设规划应具备的指导性内容

(1)根据小城镇近期建设重点，提出机场、铁路、港口、高速公路等对外交通设施，小城镇主干道、停车场等小城镇交通设施，自来水厂、污水处理厂、变电站、垃圾处理厂以及相应的管网等市政公用设施的选址、规模和实施时序的意见。

(2)根据小城镇近期建设重点，提出文化、教育、体育等重要公共服务设施的选址和实施时序。

(3)提出小城镇河湖水系、绿化、广场等的整治和建设意见。

(4)提出近期小城镇环境综合治理措施。

小城镇人民政府可以根据本地区的实际，决定增加小城镇近期建设规划中的指导性内容。

8.1.7 小城镇近期建设规划实例

8.1.7.1 浙江省温岭市石桥头镇近期建设规划

(1)规划目标

按照石桥头城镇总体规划的战略目标与构想，逐步调整与完善城镇各项功能及基础设施水平。近期建设按照集中与分散相结合的原则，重点项目定点定段，为建设开个好头，为今后发展打下基础，有计划、有步骤地引导城镇建设，形成合理布局。

(2)规划年限与规模

规划年限2002~2005年，城镇人口为1.5万人，城镇近期建设用地面积为145hm²。

(3)规划原则

①加速新区的建设及城镇化进程，调整城镇用地结构，按比例协调发展各类建设用地，初步形成东西并举、新区旧城结合的用地格局。

②逐步改善城镇环境质量，加强环境保护与工业污染治理，慎重处理污染工业的选址问题；老镇区改造要注意环境改善，集中开辟几块绿地，将绿色引入镇区。

③集中力量，尽快形成新区面貌，按"规模经济"的原则适当超前，形成滚动开发，逐步增强新区的吸引力。

④注重城镇发展的阶段性与合理性，预留足够的城镇空间，为远期发展奠定基础。

(4)规划重点

①工业用地。近期工业用地主要布置在镇东组团，对原有镇区的工业区予以保留。

②住宅区建设。近期住宅区建设分为旧住宅区改造与新住宅区建设。旧住宅区改造着重进行用地调整，对现有住宅进行清理、整顿、疏通道路，适当增加住宅层数，开辟小块绿地，改善旧区居住环境。新住宅区应集中1~2个小区进行建设，采取成片发展、组团式居住小区的形式，提倡开发建设商品房，限制私人建房，吸收社会闲散资金进行综合开发；小区建设应注重公共设施配套。

③公共服务设施。根据行政、商业、文化、教育、科研等用地布局现状和发展需要，将行政、文化中心迁至镇区中部，位于湾张大河东岸，形成石桥头镇区新中心；老城区中心在原有基础上进行改建，根据搬迁后旧镇区的实际情况，合理布局，形成以商品零售服务业为主的第三产业中心。

根据居住用地的组织，配套建设中小学、幼托、文化娱乐设施，在新区行政中心的西南部新建文化娱乐中心1处。

④对外交通与道路广场。林石公路红线宽40m，在规划林石公路南侧增辟长途客车停靠站；完善新区道路建设，尽快形成新区路网骨干；打通旧镇区内各种丁字路、断头路，改善部分畸形道路交叉口，明确各类道路性质与等级；在行政办公用地南侧布置中心广场，占地约1.23hm²。

⑤园林绿地。近期重点建设好规划范围内的沿河绿带，并集中建设好1~2块街头绿地。

⑥市政工程

给排水工程：新建水厂，近期规模达到5500t/d；完善镇区排水工程，新区实行雨、污分流制排水，污水应经初级处理后排放。

供电工程：现有供电容量能满足近期建设发展需求。

电信邮政：以电信为重点，加快信息产业化过程，扩建电信设施，近期电话交换机装机容量达到4500门。

8.1.7.2 湖南省浏阳市官渡镇近期建设规划

(1)规划期限

2001~2005年。

(2)规模

1.5万人，用地：1.9km²。

(3)镇区近期建设项目

①道路广场。尽快实施湘赣大街的取直拓宽改造工程，按城镇道路标准组织实施，合理组织过境交通和镇内部交通；向南延伸官达

8 小城镇专项规划

图8.1.7-1 浙江省温岭市石桥头镇近期建设规划图

图8.1.7-2 浙江省温岭市石桥头镇现状图

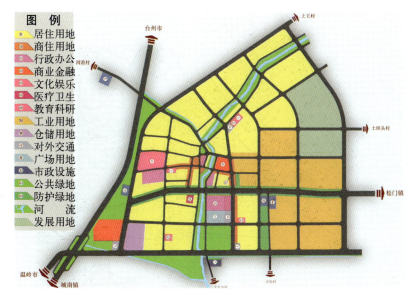

图8.1.7-3 浙江省温岭市石桥头镇规划总平面图

路，开辟官达大街中段，在河西形成集中的新镇区道路骨架；着手旧镇区的改造工作，改善旧镇区生活环境；着手实施镇政府拆迁和市政广场建设；引导社会资金投入河西新区的建设。

②居住小区建设。在镇政府东、西两侧和烟科所东侧建设城市标准的公寓式居住小区，引导进镇居民到河西新区居住。

③工业园区建设。在烟科所西侧建设科技工业园，引导科技企业进园创业，增强镇区经济实力。

④市政工程。配合湘赣大街改造工程，向河西区铺设自来水干管，并同时铺设下水道，促进河西区的开发建设；配合农电改造工程，按规划要求实施电网改造和通讯网的扩容改造，将现邮电局搬迁至河西新区，着手变电站扩容与搬迁的前期工作。

⑤园林绿地。尽快实施大溪河沿岸的绿化环境建设工程，美化、绿化大溪河景观；实施石尖排森林公园的建设工程；镇区新开辟的道路必须种植行道树，按不低于25%的绿化率组织实施；配合浏东高等级公路的建设，在蔗棚村处建设官渡西入口公园。

⑥市场建设。配合浏东高等级公路的建设，在蔗棚村西侧、湘赣大街以南建设蔬菜交易市场。

8.1.7.3 浙江省象山县石浦(昌国)中心镇近期建设规划

根据象山县"十五"计划，按照城市总体规划的战略目标和构想，逐步调整城镇各项用地布局和提高基础设施水平，为把石浦(昌国)中心镇建设成为现代化港口城镇奠定基础。

8 小城镇专项规划

城市建设用地平衡表

序号	用地代码		用地名称	面积(万 m²)	占城市用地面积(%)	人均(m²/人)
1	R		居住用地	52.53	27.71%	36.02
2	C		公共设施用地	67.17	35.43%	44.78
		其中	行政办公用地	12.20	6.43%	8.18
			商业金融用地	32.27	11.75%	14.85
			文化娱乐用地	6.98	3.68%	4.65
			医疗卫生用地	1.30	0.69%	0.87
			教育科研用地	24.42	12.88%	16.28
3	M		工业用地	12.19	6.43%	8.13
4	W		仓储用地	6.00	3.16%	4.00
5	T		对外交通用地	6.08	3.21%	4.06
6	S		道路广场用地	22.42	11.83%	14.95
7	U		市政公用设施用地	2.97	1.56%	1.98
8	G		绿地	20.23	10.67%	13.49
9	D		特殊用地			
	合计		城市建设用地	189.59	100%	126.41
	E		其他用地	16.59		

图 8.1.7-4　湖南省浏阳市官渡镇近期建设规划图

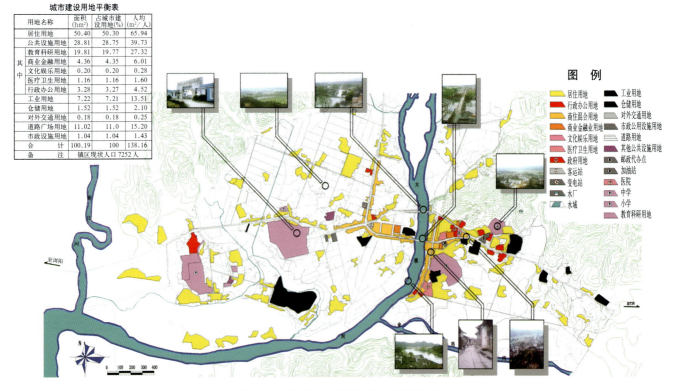

城市建设用地平衡表

	用地名称	面积(hm²)	占城市建设用地(%)	人均(m²/人)
	居住用地	50.40	50.30	65.94
	公共设施用地	28.81	28.75	39.73
其中	教育科研用地	19.81	19.77	27.32
	商业金融用地	4.36	4.35	6.01
	文化娱乐用地	0.20	0.20	0.28
	医疗卫生用地	1.16	1.16	1.60
	行政办公用地	3.28	3.27	4.52
	工业用地	7.22	7.21	13.51
	仓储用地	1.52	1.52	2.10
	对外交通用地	0.18	0.18	0.25
	道路广场用地	11.02	11.0	15.20
	市政设施用地	1.04	1.04	1.43
	合计	100.19	100	138.16
	备注	镇区现状人口 7252 人		

图 8.1.7-5　湖南省浏阳市官渡镇现状图

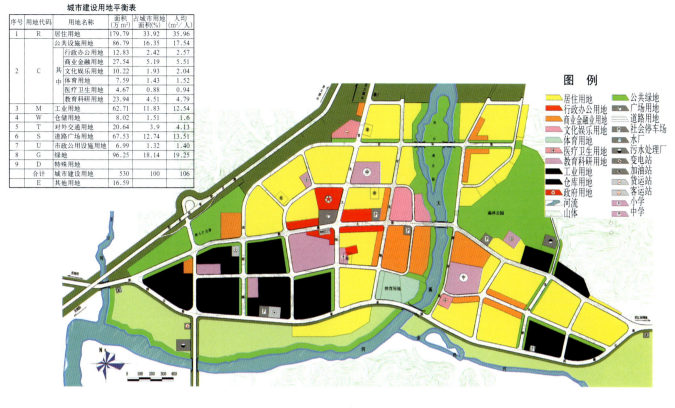

图 8.1.7-6　湖南省浏阳市官渡镇规划总图

(1) 近期建设的重点

① 调整建成区用地结构，相对集中建设，按比例协调发展各项用地，优化空间布局结构。

② 加快旧镇改建，有步骤地开发新区，提高居住质量，明显改善城镇公共服务设施水平。

③ 逐步改善城镇环境质量，加强水源保护和工业污染治理，提高绿化水平，初步形成城镇生态框架。

④ 加强以港口为中心的交通集疏运网络建设，强化基础设施和基础产业建设。

(2) 近期建设项目

① 居住。规划居住人口达7.1万。新区结合皇城沙滩开发集中建设昌国南门和国庆塘，并对老镇区居住用地进行充实、完善。规划近期居住用地243.5hm²，人均34.3m²。

坚持统一规划、综合开发、配套建设的原则，超前安排基础设施建设，同步建设各类公共设施，同时要求房地产适度开发。

② 公共设施。结合新区开发，逐步形成昌国南门、国庆塘两处组团中心，逐步完善以金山路为主轴线的城镇中心。

扩建水产品交易市场。

新建镇中心图书馆(镇政府西侧)，结合国庆塘文化公园建设北片文化活动中心。

建设职教中心，扩建石浦中学、新港中学。

扩建台胞医院，于国庆塘新建综合医院1所。

③ 工业。在昌国南门设旅游工艺品加工基地，其余工业集中于工业小区。

④ 绿化。大力提高绿化水平，人均公共绿地达5m²，重点建设国庆塘文化公园、二湾山公园、沿岸绿化及新区配套绿地。

⑤ 道路交通：

A. 拓宽渔港中路至32m，新建渔港北路到铜瓦门路段，使渔港南路与兴港路连接，初步形成环港交通。

B. 向西延伸兴港路、金山路，为城镇向西发展奠定基础。

C. 根据1993年总体规划确定的路网新建新区南北向主干道。

D. 拓宽火炉头路至24m，并实施机、非机分流，缓解火炉头路的交通压力。

E. 规划在镇区入口和主干道附近兴建停车场和加油站。

F. 兴建汽车东站。

G. 建设环海南线，近期从汽车东站东侧经过，远期从汽车东站西侧通过，并于昌国、延昌、镇政府、工业区设置出口。

8 小城镇专项规划

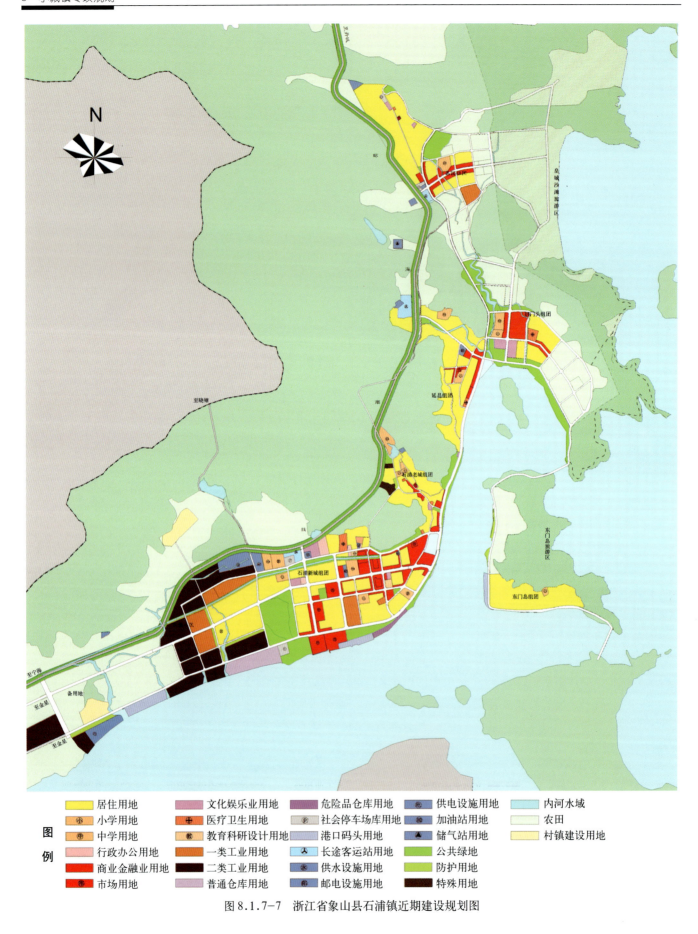

图 8.1.7-7 浙江省象山县石浦镇近期建设规划图

8 小城镇专项规划

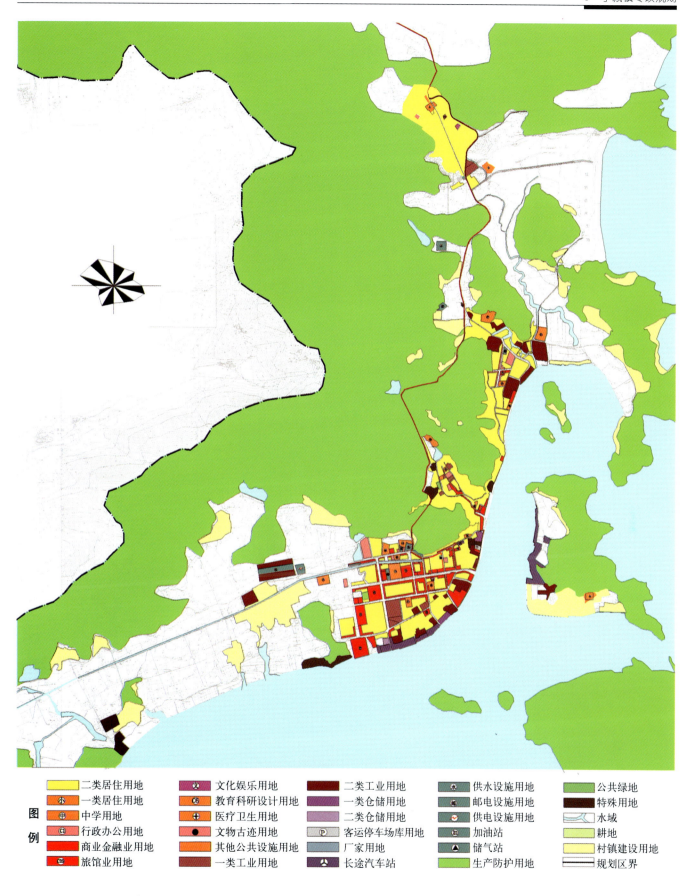

图 8.1.7-8　浙江省象山县石浦镇现状图

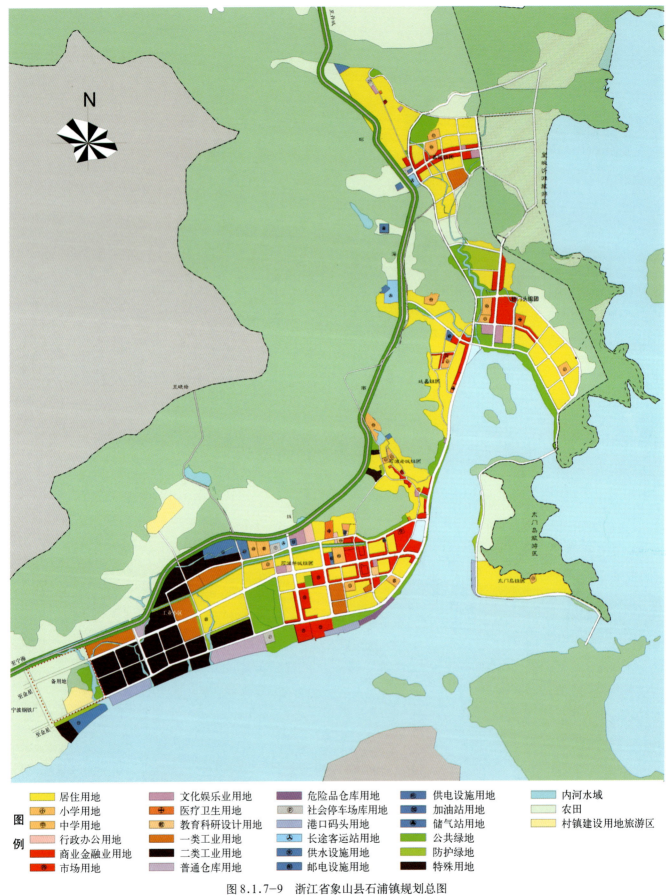

图 8.1.7-9　浙江省象山县石浦镇规划总图

8.2 历史文化村镇保护规划

8.2.1 历史文化村镇的基本概念

历史文化街区是指，"对一些古迹比较集中或能较为完整体现出某一历史时期的传统风貌和民族地方特色的街区、建筑群、小镇、村寨等，应根据它们的历史、科学、艺术价值，核定公布为当地各级'历史文化保护区'，予以保护"。

历史文化村镇包含了已经批准公布的省级历史文化名镇和具有历史街区、历史建筑群、建筑遗产、民族文化、民俗风情特色的历史文化保护区的传统古镇(村)，其范围主要包括县城以下的历史文化古镇、古村及民族村寨。

中国主要古村镇分布概况　　　　表8.2.1-1

省	市(县)	镇(村)	始建年代	特点	类型	备注
安徽	黟县	西递村	北宋皇祐年间	山墙仿船古村落	文化遗产型	西递村列入《世界文化遗产》名录
		宏村	南宋绍兴年间	山环水绕卧青牛	文化遗产型	宏村列入《世界文化遗产》名录
		塔川村		国画里的乡村	景观型	
		卢村	唐代	木雕第一楼	景观型	
		南屏村	元朝末年	迷宫式村落	建筑文化型	
		关麓村	宋代	私塾文化博物馆	文化型	
		屏山村		山屏水绕古村落	景观型	
	黄山市	唐模村	唐代	盛唐楷模存造韵	景观型	
		呈坎村	唐末代	独步一方定纶阁	建筑文化型	呈坎村为著名古村、安徽省历史文化保护区
	歙县	渔梁镇	唐代	古坝清江	古水利工程型	
		棠樾村		古村牌坊诉历史	古文化型	
	绩溪县	坑口村	东晋咸康元年	气象非凡古祠一绝	建筑遗产型	龙川胡氏宗祠为国家文物保护单位
		湖村		门楼盛宴	建筑艺术型	
		上庄镇		魁星高照文化之乡	文化型	历史文化保护区
	泾县	陈村镇	明朝初年	桃花潭边映人家	景观型	陈村镇翟氏宗祠誉为"中华第一祠"
		查济村	唐朝初年	徽派建筑艺术典范	建筑艺术型	
浙江		三河镇	春秋战国年代	皖中江之州	水乡景观型	
	嘉善县	西塘镇	唐开元年间	廊棚古弄水乡	水乡景观型	
	桐乡市	乌镇	春秋战国时代	乌墙楼台烟雨中	水乡景观型	江南水乡六大古镇之一
	湖州市	南浔镇	700多年历史	丝商巨富之镇	水乡景观型	江南水乡六大古镇之一、浙江省历史文化名镇
	富阳市	龙门镇	宋朝初年	曲折庭院寻东吴	建筑景观型	
	武义县	郭洞村	宋代	按《内经图》规划之村落	文化型	
		俞源村	南宋年代	太极星象村	文化型	
	兰溪市	诸葛村	元代中叶	八卦图中传家	文化型	
		芝堰村	宋代	古驿站	文化景观型	浙江省文物保护单位
	奉化市	溪口镇	宋代	蒋氏故里	史迹型	
	宁海县	前童镇	南宋绍定年间	民俗博物馆	文化型	江南名镇
	永嘉县	岩头村	元代延祐年间	丽水·范亭·狮子岩	工程古迹型	浙江省历史文化保护区
		芙蓉村	唐朝末年	七星八斗布村落	文化景观型	浙江省历史文化保护区
		苍坡村	五代年间	石头文化城	文化景观型	
	仙居县	蓬溪村	南宋年间	康乐亭下的乐园	文化景观型	
		皤滩镇	唐代	商贸古镇	职能型	浙江省历史文化保护区

续表

省	市(县)	镇(村)	始建年代	特　点	类　型	备　注
浙江	温岭市	石塘镇	明朝末年	世纪曙光经纬点	景观型	
	绍兴县	安昌镇	唐代	"师爷"荟萃地	文化型	江南水乡古镇
	象山县	石浦镇	宋代	渔港古镇	文化景观型	浙江省
江苏	吴兴市	同里镇	唐朝初年	梦里水乡	水乡景观型	有"东方小威尼斯"之誉
	昆山市	甪直镇	唐代	江南桥梁博物馆	水乡景观型	有"神州水乡第一镇"之誉
		周庄镇	春秋战国年代	占尽水乡之风流	水乡景观型	有"集水乡之美"之誉
	吴县市	锦溪镇	春秋战国年代	尽集诗画之精妙	水乡景观型	
		木渎镇	春秋末年	江南园林之都	水乡文化型	
	太仓市	光福镇	春秋末年	香雪海中去赏梅	水乡景观型	
		沙溪镇	宋代	文景双绝、人间乐土	水乡文化型	
	扬州市	高邮镇	春秋末期	渔米之乡明珠	水乡景观型	
上海	青浦区	朱家角镇	宋代	沪上水乡第一镇	水乡文化型	上海市历史文化名镇
		金泽镇		江南第一桥乡	水乡景观型	
湖南	吉首市	黄丝桥古城	唐垂拱三年	古朴坚固湘西重镇	军事防御型	具有苗族风情
		德夯		美丽古老的童话	民族、风景型	苗族聚居地
	常德市	王村(芙蓉镇)	秦汉时期	湘西豆腐香	景观型	
		秦人村	魏晋时代	世外桃源见奇景	景观型	
江西	婺源县	李坑村	南宋年代	状元故里	文化型	
		汪口村	清代	水绕村庄现宗祠	景观型	
		晓起村	清代	田园古镇	景观型	
		延村		徽商华宅大成	建筑遗产型	延村为江西省古建筑重点保护村
		思溪村	明末清初	溪水绕屋明清古村	建筑景观型	
		清华镇	南宋年代	廊桥遗梦	建筑景观型	
		理坑村	南宋初年	"理"为本的古村	文化型	
	南丰县	流坑村	南唐五代	千古第一村	文化型	
		石邮村		傩舞之乡	民俗文化型	
	吉安县	陂头村	南宋初年	庐陵文化第一村	文化型	
山西	榆次市	常家大院	明代弘治初年	三晋豪宅之冠	建筑文化型	
	祁县	乔家大院	清乾隆二十年	"嘉"字大院高挂灯笼	建筑文化型	
	太谷县	曹家大院	明洪武年间	福、寿、子三多堂中观	建筑文化型	为太谷三多堂博物馆
	灵石县	王家大院	清康熙年间	华夏民居第一宅	建筑文化型	为"中国民居博物馆"
陕西	韩城市	党家村	元至顺二年	四合院的盛典	建筑文化型	有"东方人类古代传统居住村寨的活化石"之誉
广西	昭平县	黄姚镇		梦境家园	文化景观型	广西省级风景名胜区
	阳朔县	兴坪镇	三国时期	枕漓江而眠	景观型	
	南宁市	扬美镇	宋代	千年古风拂白花	传统文化型	
	灵山县	大圩镇	公元前290年	千年商贸古镇	商贸文化型	
		大芦村	明清嘉靖年间	广西楹联第一村	文化型	
福建	漳浦县	赵家堡	南宋祥兴年间	一代王朝的背影	文化型	现为"宋史陈列馆"
	惠安县	崇武镇	宋太平兴国六年	石头古堡、国防要塞	军事防御型	国家重点文物保护单位

续表

省	市(县)	镇(村)	始建年代	特　点	类　型	备　注
福建	闽清县	坂东镇		中国最大的古民居	建筑文化型	
	永定县	振成楼	清康熙四十八年	神话建筑耀明珠	建筑艺术型	著名永定土楼建筑、省级文物保护单位，收入《中华名胜词典》
		承启楼	清康熙年间	精典土楼传佳话	建筑艺术型	
	永安县	安贞堡	清光绪十一年	土堡建筑精华	建筑遗产型	安贞堡有"八闽奇胜"之誉，国家重点文物保护单位
云南	丽江市	宝山石头城	元朝	巨石上的城堡	景观型	纳西族聚居地
	洱源县	凤羽镇	元唐时期	茶马古道古驿站	民族风貌型	白族聚居地、云南省历史文化名镇
	广南县	旧莫乡		民风古朴民族村	民族风貌型	壮族聚居地、云南省历史文化名镇
	昆明市	官渡镇	唐代	滇池古渡口	商贸遗产型	云南省历史文化名镇
	禄丰县	黑井镇	汉代	西南丝绸路的盐都	工贸型	彝族聚居地、云南省历史文化名镇
贵州	贵阳市	青岩镇	明洪武十一年	边陲小镇石头城	民族文化型	国家重点文物保护单位
		镇山村	明万历年间	石板互盖的山村	民族文化型	苗族、布依族聚居地
	镇宁县	石头寨	明代	黄果树边蜡染之乡	景观型	
	毕节市	大屯镇	清道光元年	末代土司庄园	文化遗产型	布依族村寨 彝族聚居地、国家重点文物保护单位
	赤水市	大同镇		竹海陈外渔翁仙聚	传统文化型	
	锦屏县	隆里镇	明洪武年间	古人的理想家园	民族文化型	苗族、侗族聚居地
	黎平县	肇兴乡		侗寨鼓楼之乡	民族文化型	中国最大的侗族自然村寨
	雷山县	西江苗寨		依山而筑千户寨	民族文化型	贵州省历史文化名镇
	榕江县	三宝侗寨		古榕下的千户侗寨	民族文化型	有"天下第一侗寨"之誉
四川	双流县	黄龙溪镇	战国时期	川西千载古码头	交通、军事型	四川省历史文化名镇
	资中县	罗泉镇		蜀中第一龙镇	工贸型	四川省历史文化名镇
	合江县	福宝镇	元代年间	川南民居的经典	景观型	四川省风景名胜区
	广元市	昭化城	春秋战国时期	古城锁定剑门关	军事、交通型	四川省历史文化名镇
	犍为县	罗城镇	明末崇祯年间	蜀南山顶船城	交通、贸易型	汉、回族聚居地，四川省历史文化名镇
	邛崃市	平乐镇	秦朝年间	天府南来第一册	交通型	
	雅安市	上里镇		南方丝绸路上驿站	交通型	四川省历史文化名镇
	宜宾市	李庄镇	梁武帝大同年间	抗战后方文化中心	文化型	四川省历史文化名镇
	石棉县	安顺场	清代	翼王悲剧地、红军胜利场	史迹型	四川省历史文化名镇
	大邑县	安仁镇	唐武德三年	川西沃土筑名镇	传统文化型	四川省历史文化名镇
	德阳市	孝泉镇	东汉年间	德孝文化之乡	民俗文化型	四川省历史文化名镇
	巴中市	恩阳镇	梁武帝普通六年	大巴山中的古镇	交通、贸易型	四川省历史文化名镇
重庆	巫山县	大昌镇	晋太康元年	长江三峡第一镇	交通、贸易型	因三峡工程受淹，将整体迁建
	北碚区	偏岩镇	清乾隆年间	依山傍水揽古镇	山区景观型	
	酉阳自治县	龚滩镇	蜀汉时期	乌江峡谷藏天堑	山区景观、贸易型	土家族、苗族聚居地
	潼南县	双江镇	清朝初年	山水环绕拥古镇	山区景观型	
	合川市	钓鱼城	南宋嘉熙四年	峭岩筑城屏重庆	军事防御型	国家级风景名胜区
		涞滩镇	明正德年间	众志成城之古镇	军事防御型	重庆市历史文化名镇

资料来源：中国古镇游. 陕西师范大学出版社，2002。

8.2.2 历史文化村镇的特征

历史文化村镇是历史文化名城保护的重要组成部分，比较历史文化名城而言，大部分古村镇除具有文物规模小、保护等级较低、文物类型单一、保护对象与城镇居民生活息息相关等特点以外，还具有传统、民族、地域、景观等方面的特征。

8.2.2.1 传统特征

众多的历史文化村镇和传统古镇历经千百年，历史悠久，遗存丰富，有深厚的文化内涵，充分反映了城镇的发展脉络和风貌；这是一般的历史文化村镇和古镇的共性。

8.2.2.2 民族特征

中国共有56个民族，大部分少数民族聚居在小城镇和村庄，生活、生产方式等多方面仍继承了少数民族的传统习俗，使许多这类古村镇和村寨具有浓郁的民族风情。

8.2.2.3 地域特征

小城镇分布地域广阔，不同的地理纬度、海拔高度、地域类型、自然环境都赋予小城镇产生和发展的不同条件，从而产生不同的地方风情习俗，形成不同的地方风貌特征。

8.2.2.4 景观特征

大多数历史文化村镇和古镇有着丰富的文物古迹、优美的自然景观、大量的传统建筑和独特的整体格局；自然景观和人工环境的和谐、统一构成了古镇的景观特征。

8.2.2.5 功能特征

历史文化村镇在历史上都具有较为明显和突出的功能作用，在一定的历史时期内发挥着重大作用并具有广泛的影响，在文化、政治、军事、商贸、交通等诸方面有着重要的价值特色。

8.2.3 历史文化村镇的类型

8.2.3.1 传统建筑风貌类

完整地保留了某一历史时期积淀下来的建筑群体的古镇，具有整体的传统建筑环境和建筑遗产，在物质形态上使人感受到强烈的历史氛围，并折射出某一时代的政治、文化、经济、军事等诸多方面的历史结构，其格局、街道、建筑均真实地保存着某一时代的风貌或精湛的建造技艺，是这一时代地域建筑传统风格的典型代表。

8.2.3.2 自然环境景观类

自然环境对村镇的布局和建筑特色起到了决定性的作用，由于山水环境对建筑布局和风格的影响而显示出独特个性，并反映出丰富的人文景观和强烈的民风民俗的文化色彩。

8.2.3.3 民族及地方特色类

由于地域差异、历史变迁而显示出地方特色或民族个性，并集中地反映在某一地区。

8.2.3.4 文化及史迹类

在一定历史时期内以文化教育著称，对推动全国或某一地区的社会发展起过重要作用，或其代表性的民俗文化对社会产生较大、较久的影响，或以反映历史的某一事件或某个历史阶段的重要个人、组织的住所、建筑为其显著特色。

8.2.3.5 特殊职能类

在一定历史时期内某种职能占有极突出的地位，为当时某个区域范围内的商贸中心、物质集散地、交通枢纽、军事防御重地。

8.2.4 历史文化村镇的保护原则

8.2.4.1 整体性原则

历史文化村镇的保护最重要的是保护古镇的整体风貌和文化环境，而不只是单一的历史遗迹和个体建筑。

8.2.4.2 协调性原则

历史文化村镇的保护不同于文物和历史遗产的保护，必须兼顾其居民的现代生活、生产的发展需求，协调好保护与发展的关系。

8.2.4.3 展示性原则

在充分尊重历史环境、保护历史文化遗迹的前提下，采取保护与开发相结合的原则，使历史古镇整体及其历史遗迹的历史价值、艺术价值、科学价值、文化教育价值不断得到新的升华，并获得显著的经济效益和社会效益。

8.2.5 历史文化村镇的传统特色要素与构成

历史文化村镇的传统特色要素与构成　　表8.2.5

自然环境	山脉——高山、群山、丘陵、植被、树林 水体——江河、湖泊、海洋 气候——日照、雨量、风向、气候特征 物产——农作物、果树、山珍、水产、特产
人工环境	历史遗构——庙宇、亭、台、楼、阁、祠、宫、堂、塔、门、城墙、古桥等 文化古迹——古井、石刻、墓、碑、坊等 民居街巷——街、巷、府、院、祠、园、街区、广场 城镇格局——结构、尺度、布局
人文环境	历史人物——著名历史人物、政治家、军事家、文学家、科学家、教育家、宗教人士等 民间工艺——陶艺、美术、雕刻、纺织、酿酒、建筑艺术 民俗节庆——集会、仪式、活动、展示、婚娶等 民俗文化——方言、音乐、戏曲、舞台、祭祀、烹饪、茶、酒等

8.2.6 历史文化村镇保护的内容

8.2.6.1 整体风貌格局

包括整体景观、村镇布局、街区及传统建筑风格。

8.2.6.2 历史街区(地段)

集中体现古镇的历史和文化传统，保存较完整的空间形态。

8.2.6.3 街道及空间节点

最能体现历史文化传统特征的空间环境、传统古街巷、广场、滨水地带、山村梯道，及空间节点中的重要景物，如牌坊、古桥、戏台等。

8.2.6.4 文物古迹、建筑遗产、古典园林

各个历史时代古镇遗留下来的、至今保存完好的历史遗迹的精华。

8.2.6.5 民居建筑群风貌

为传统古镇的主体，最具有生活气息和体现民风民俗的部分。

8.2.7 历史文化村镇保护规划

历史文化村镇的保护规划不同于历史文化名城的保护规划，由于古村镇通常保护范围相对较小，内容相对单纯，编制的形式、深度在参考历史文化名城保护规划办法的前提下，分为三种情况：一是按专项规划深度编制；二是在村镇建设规划中单独编制古村镇保护规划；三是结合旅游规划和园林绿地系统规划，编制专题的古村镇或历史街区保护规划。以上三种规划编制形式，其保护规划内容基本一致，归纳如下。

8.2.7.1 确立村镇保护级别、作用、效果及保护规划框架。

8.2.7.2 明确历史文化村镇的保护定位。

8.2.7.3 根据现状环境、历史沿革、要素分析，明确划分古村镇的保护范围、细分保护区等级。

8.2.7.4 与村镇建设规划相衔接和调整。

8.2.7.5 提出保护系统的构成，即区、线、点的系统保护，并确定系统的重点。

8.2.7.6 对保护区内建筑更新的风格、色彩、高度的控制。

8.2.7.7 在调查分析、研究的基础上确定古镇保护区建筑的保护与更新的方式，通常为保护、改善、保留、整治、更新等方法。

8.2.7.8 对城镇整体景观、空间系列、传统民居群、空间节点和标志等方面的规划。

8.2.7.9 完善交通系统，确定步行区，组织旅游线路。

8.2.7.10 对古镇环境不协调的地段、河流、建筑、场所进行整治，并进行市政设施配套、绿化系统规划和环境卫生的整治。

8.2.8 历史文化村镇保护规划实例

8.2.8.1 浙江省湖州市南浔古镇保护规划

(1)现状概况

①自然环境

南浔位于杭嘉湖平原北部、湖州市东部，地理位置为东经120°19′15″～120°29′02″，北纬30°45′55″～30°56′22″。东与江苏省吴江市震泽镇接壤，西距湖州市区30.3km，陆路至上海市120km，至嘉兴市96km，至杭州市124km，至苏州市97km，距太湖9km。历来是江苏、浙江边贸城镇之一，又是湖州至上海水陆交通干道。

南浔地区气候属东亚亚热带季风湿润区，四季分明。自然资源丰富，水乡特色鲜明。境内水源充足，有东苕溪支流贯穿，又有荻塘(运河)、长湖申航道与市河相接，具有水上交通和灌溉之利。

②历史沿革

南浔于1252年建镇，至今已有748年的建镇历史。明、清二朝拥有三阁老、二尚书、四十一进士，其中状

图 8.2.8-1 浙江省湖州市南浔古镇区位图

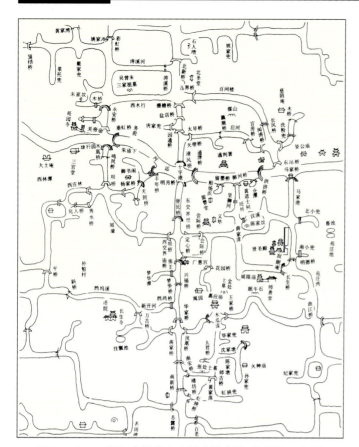

图 8.2.8-2　浙江省湖州市南浔古镇古地形图(清·咸丰)

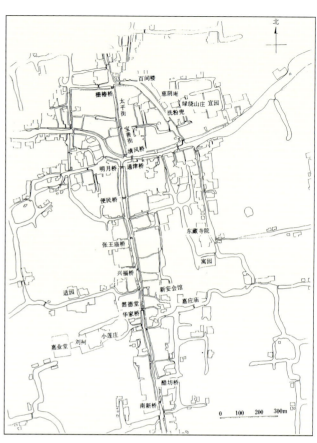

图 8.2.8-3　浙江省湖州市南浔古镇古地形图(清·光绪)

元一名。辑里丝闻名海内外市场，出现了四象、八牛、七十二墩狗等一批富商，故而留下了许多文化遗产。1911年，南浔被浙江省政府列为15个历史文化名镇之一。

1999年湖州市调整乡镇行政区划，将东迁、马腰、横街3乡并入南浔镇，镇域面积从原有的34.27km² 拓展到141.3km²，现辖87个行政村、27个居民区，辖区常住人口从原来的4.63万增加到11.7万，有农田耕地8166.6万m²。

③ 社会经济

1999年实现国内生产总值24亿元、财政收入1.5亿元，全镇工农业总产值74.17亿元，其中工业总产值70.15亿元、农业总产值4.02亿元。工业利税实现4.37亿元，外贸出口交货值8.54亿元，粮食总产量7.58万吨，蚕茧总产量1496吨。农民人均年收入4465元。商品贸易总额实现56亿元，接待旅游者50万人次。建城区面积已达5km²。

④ 文化底蕴

南浔具有典型的江南水乡特色、千姿百态的自然环境。古往今来，许多诗人对其旖旎景观作了描述；诸如，"港汊纵横入水乡，菱歌隐隐起回塘"、"浸溪溪畔遍桑麻，溪上人家傍水涯"、"野花临水发，江鸟破烟飞"，道出了这里良好的生态环境。同时，人文景观和古迹众多；小桥流水人家的明代建筑百间楼，驰名全国的嘉业藏书楼，江南园林佳构小莲庄，张静江、张石铭等名人故居，丝业会馆、明清石拱古桥等，与自然景观融为一体，是江南文化的瑰宝。

⑤ 古镇特色

A．小桥、流水、人家。最具代表性的是百间楼河沿岸一带，还有东市河、南市河等地段。

B．传统街巷。唐家兜、花园弄等。

C．古典园林。小莲庄、颖园、述园等。

D．中西合璧的建筑。求恕里、天号刘宅、耶稣教堂、天主教堂等。

(2) 古镇保护规划

① 规划控制范围及任务

本规划是在实际调查的基础上，根据南浔镇现状的实际情况，划定古镇控制区范围。规划分三个层次：古镇区整体风貌的保护控制；古镇区重点地段风貌的整治控制；单体文物点的保护控制。

南浔古镇的保护，其内容应包括各级文物古迹景点的保护、古镇区各级保护范围的划定、古镇空间格局的

8 小城镇专项规划

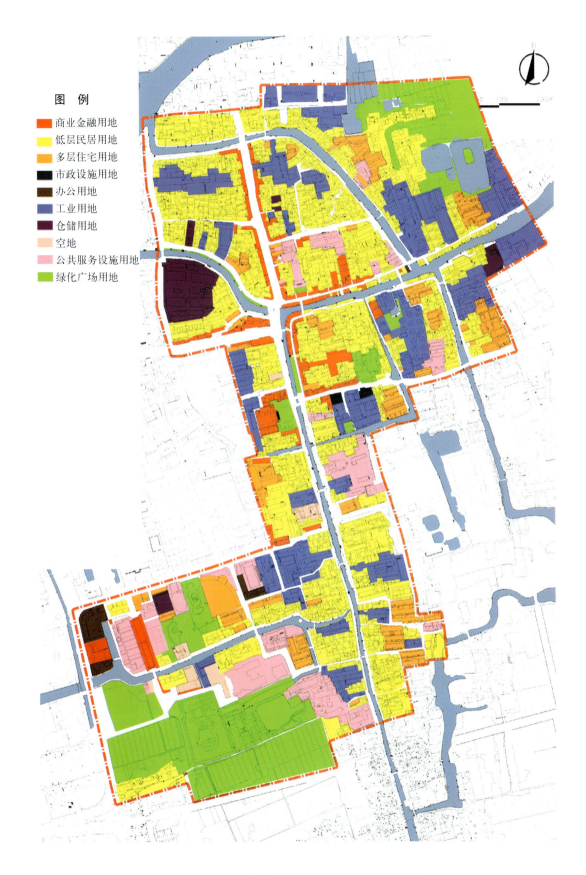

图 8.2.8-4 浙江省湖州市南浔古镇用地现状图

图 8.2.8-5 浙江省湖州市南浔古镇景观风貌评价图

保护、古镇风貌的保护、古镇区建筑高度的控制和古镇传统文化的继承与传统经济的延续、古镇区的旅游发展规划。

南浔古镇的保护，其中心任务是保持独具特色的、代表明清时期及民国初年的江南水乡风情的风貌景观，重现古镇所包涵、凝聚的、浓郁的地方传统文化氛围，使之成为国家级历史文化名镇，并进一步申报联合国世界文化遗产。

②保护规划框架

南浔历史悠久，风貌独特，文物古迹丰富集中，传统格局保存完整，更有独特的地方习俗和文化传统，是具有很高的历史价值、文化价值、旅游价值的历史古镇。保护规划框架是在深入分析水乡古镇的传统特色，并进一步挖掘其文化底蕴的基础上，为整体地保护南浔古镇传统的物质形态和文化内涵而制定的结构性规划。

南浔保存完好的、众多的历史要素，是古镇悠久历史的积淀，是古镇传统文化的体现。这些要素在物质空间形态上表现为节点、轴线和区域三个层次，通过这三个层次在空间上的互相联系，共同构成南浔古镇传统的、地方的空间格局，因此南浔古镇的保护可从以下方面进行。

A．节点——历史景观；

B．轴线——历史风貌带；

C．区域——风貌控制区；

D．历史结构——生活空间。

③保护范围的划定

南浔是代表江南水乡风貌的古代重镇，历史悠久，文化传统气息浓郁，镇区的许多地方仍保持着明清时代的建筑格局与整体风貌，同时，古镇文物古迹众多。为切实有效地保护南浔江南水乡的特色风貌和各文物古迹及

浙江省湖州市南浔古镇各级保护区面积指标　　　表 8.2.8-1

保护区级别	面积(hm²)	占控制区面积(%)
绝对保护区	27.66	25.77
重点保护区	45.78	42.66
一般保护区	33.88	31.57
古镇控制区	107.32	100

注：各保护区面积包括各项建设用地、道路、河流、园林绿化的面积。

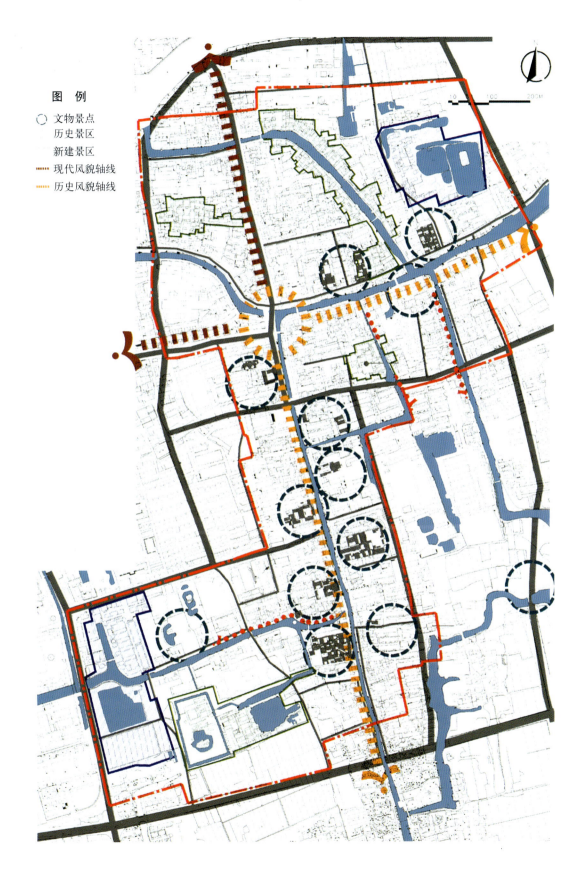

图 8.2.8-6 浙江省湖州市南浔古镇保护规划框架图

图 8.2.8-7　浙江省湖州市南浔古镇保护范围规划图

其历史环境,古镇保护规划分为三个层次,即单体文物点、古镇控制区、区域控制区来划定保护范围及提出保护措施。

④高度控制规划

A.高度现状分析

南浔古镇控制区内建筑多为一、二层,基本维持民居平缓、朴实的建筑风貌,建筑尺度多与河、街尺度相协调。

古镇控制区内局部地段的建筑为三、四层,且分布较为混乱,有的严重影响文物点的景观。

古镇区个别建筑达到五层以上,成为景观障碍点,破坏古镇的历史风貌和传统的空间尺度。

古镇区内还分布有几处水塔构筑物,其高度、风貌与古镇风貌极不协调。

B.高度控制原则

保护古镇整体平缓、朴实的风貌,结合现代生活与旅游业的发展,重塑历史名镇形象。保护文物古迹和特色风貌地段的历史形象,突出其传统特色。协调古镇保护、开发和利用的关系,既保护好古镇的传统风貌,又为合理的旅游开发创造必要的条件。

C.高度控制规划

高度控制规划是在充分研究和分析古镇传统特色和现状的基础上,考虑古镇保护、利用和开发的综合要求,针对文物的保护,景点之间的呼应与统一,古镇外部空间轮廓、特色风貌街区保护以及古镇外部空间环境的保护等,分别制定各级保护区的高度控制,结合视线走廊的分析,最终确定各个地块的建筑限高。

在绝对保护区、重点保护区内严格控制原有建筑高度。新建或改建建筑高度控制为二层以下,一层檐口高度不超过3m,二层不超过6m。

一般保护区内的建筑控制为三层以下,新建或改建建筑檐口高度控制为小于9m。

区域控制区内建筑高度控制为五层以下,建筑檐口高度控制为小于15m。

⑤用地调整规划

A.用地现状

古镇控制区内用地性质较为复杂,并且布局杂乱;工业用地比重大,个别工厂严重破坏景观风貌的连续性,不利于古镇的保护;为旅游服务的商业用地和娱乐用地较少,停车位明显不足。

B.用地调整原则

a.保护原则。保护南浔古镇的村镇形制、空间格局、街巷尺度、文物古迹等历史文化构成要素,延续古镇历史文化环境。

b.协调原则。贯彻历史城镇的可持续发展战略,发挥传统的历史文化环境在现阶段的现实积极意义,同时改善居民的生活质量和环境品质。

c.效益原则。积极开辟和利用南浔古镇新、老景点,发展旅游事业,振兴南浔古镇的经济,实现社会、环境、经济和文化的共同发展。

C.土地调整规划

重点调整百间楼河、东市河、南市河两侧古镇建成区的用地布局,把工业用地调整、转化为商业娱乐、餐饮服务用地,增加停车点及停车面积;调整部分综合效益较低的现状用地性质,对其进行再开发,转变为商业服务、文化娱乐、博物展览等为旅游业服务的用地;在居住用地中挖掘新的、有价值的文物性建筑,并进行积极的保护与利用;利用原有居住用地间的部分弃置地,新增绿地及休憩广场用地,全方位改善自然、生态环境及居民、游客的生活、游览环境;结合工程管线规划,增加市政公用设施用地(主要为污水处理设施用地),从而为改善居民生活水平提供土地和设备上的保障;选择适当地点设置公共厕所,为游客及居民服务。

⑥道路交通组织

由于河网的分割,古镇控制区内交通缺乏可达性,道路等级不明确,交通组织较为混乱,道路状况较差,南东街、南西街繁忙的机动车交通严重破坏古镇的历史氛围;缺乏步行交通系统,游客步行游览不便。

A.调整路网结构,增加道路的可

浙江省湖州市南浔古镇控制区用地平衡表 表8.2.8-2

序号	用地名称	现状用地		规划用地	
		面积(hm²)	占总用地比例(%)	面积(hm²)	占总用地比例(%)
1	低层居住用地	40.99	38.2	42.99	40
2	工业用地	13.47	12.6	4.12	3.8
3	公共服务设施用地	5.97	5.6	11.60	10.8
4	绿化用地	17.48	16.3	23.42	21.8
5	金融商业用地	4.14	3.9	4.82	4.5
6	市政设施用地	0.09	0.08	0.12	0.11
7	仓储用地	2.23	2.1	1.12	1.04
8	行政办公用地	0.74	0.7	0.6	0.56
9	道路用地	9.62	8.9	11.24	10.5
10	其他用地	12.59	11.7	8.41	7.8
合计	总用地	107.32	100	107.32	100

达性，并与新区路网相连接，方便游客通行需求。

B．完善路网体系，规划步行系统、机动车系统、水上游览系统等多层次的交通格局。

C．规划以南市河、东市河、百间楼河两侧的道路作为步行系统，并开辟辅道，解决河道两侧街巷的交通需求。

D．与土地利用调整规划相协调，将原有工厂内部的道路纳入古镇交通体系，解决步行街两侧机动车的可达性问题。

E．与旅游规划相协调，依据各景区旅游服务中心的位置规划停车场，解决群态交通问题。

F．利用现有河道水系，并结合旅游景点，规划从南市河到东市河、再到百间楼河的旅游航道，设置游船码头。

⑦规划实施措施

合理的政策引导是古镇保护与更新工作顺利进行的保证，它有利于将有限的资金投入到保护的重点上，并吸引更多的人力、物力、财力投入到古镇保护和改善居民的生活质量上来。

A．利用客观经济政策、行政法规，利用经济杠杆协调平衡保护工作。

B．通过宣传教育建立全民保护意识，在保护规划的实施中建立公众参与机制。

C．古镇保护属于政府职能范围，政府应主要负责规划的具体实施。

D．保护、整治的同时着重改善居住生活设施，提高居民生活质量。

E．政府应利用好国家财政性拨款、地方财政性拨款、集体单位与社会赞助、区级政府与行政调拨、居民筹款等各项资金。

F．针对居住人口密集的古镇区以及重要历史地段、历史街道的保护与整治，设立专门贷款，给整治房屋的户主用于房屋的整治与维修。尽量考虑保留老住户，外迁新住户。对私房居民，鼓励自己维修，政府进行补贴。对无力自修的居民，则考虑收购或置换房产，使人口外迁。

G．制定《南浔古镇保护条例》，通过法律制度保障南浔古镇保护工作的顺利进行。对保护工作有突出贡献的单位和个人进行奖励，对严重违反南浔古镇保护的有关部门、单位和个人进行处罚。

8.2.8.2　浙江省象山县石浦镇历史文化街区保护与更新规划

(1)风貌与特色评价

石浦镇地处浙江省中部沿海、象

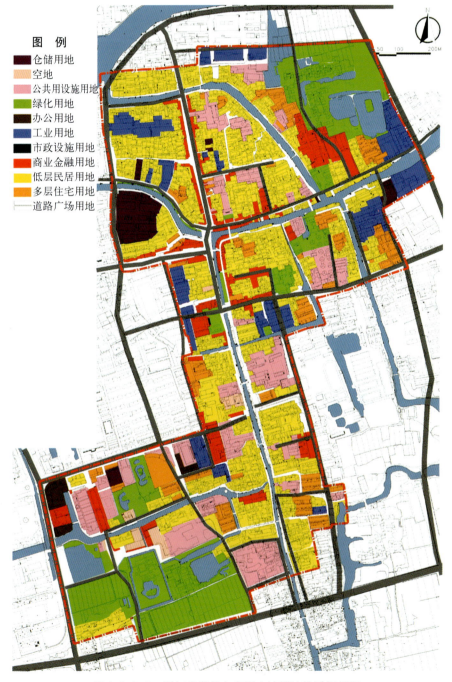

图8.2.8-8　浙江省湖州市南浔古镇用地性质规划图

图 8.2.8-9　浙江省湖州市南浔古镇道路交通规划图

山县境南部，东濒大目洋、猫头洋、西控三门水道，辖区由大陆和124个岛礁组成，镇区处大陆部分东北部，倚山濒海，南北狭长分布。早在汉代，其港岛已被利用；宋时曾设东门寨，元设巡检司；明洪武二十年建前、后千户所，筑城捍守，为浙东抗倭之右翼；清设石浦所讯。

石浦老镇依山靠海，沿港绵延数里，地势高低起伏，建筑鳞次栉比，风貌独特。镇内古街深巷，高低回转；传统木构建筑，连檐接栋，古色古香；远处苍茫山色，与城俱在，若隐若现，仿如画景；城外港域宽广，波平浪静，众桅千帆，甚是壮观。石板街、古石刻、牌坊井、古城墙，处处倾诉着古老渔镇的历史沧桑，老字号、大宅院、城隍庙的典故与史话无不展现古镇特有的文化氛围。

①风貌构成

石浦老镇的独特风貌主要由三个方面构成：自然环境要素、人文环境要素、人工环境要素。

A．自然环境要素

山——石浦老镇地处大金山主峰东麓，北依后岗山，南靠炮台山。

海——老镇东面紧临海湾，沿港分布长达数里，海上分布着东门岛等众多岛屿。

城——镇区建在海湾狭小谷地和起伏的山坡上，房屋沿港依山而建，街巷顺坡阶梯而上，房屋高低错落，随山势起伏。

B．人文环境要素

石浦老镇依山傍海，生成众多的地方文化，如渔文化、海防文化、海商文化、消防文化等。

渔文化——石浦渔业始于"闽帮渔市"，清代有《东门竹枝词》中"郎不耕田侬不识，一年生计在渔船"的描述。民国时期，石浦渔市已驰名省内外。妈祖庙是渔文化的精神，成为渔民寄希望于未来、存祈愿于神灵的渔镇俗事。开门见海，出门乘船，船是渔民的第二个家，旧时的船如同房屋一样记述了渔镇文化发展的一个个缩影。此外，渔文化还渗透到生活的方方面面，在饮食、服饰、家具等生活习俗上均体现了渔家风情。

海防文化——石浦历来为海防要地，素有"浙洋中路重镇"的称号，自明清以来是抗倭的前沿阵地。其海防文化特色处处体现，现留存有江心寺摩崖石刻，反映了抗倭时期的军营生活。巡司弄、营房街、古城墙和城隍庙内的纪念抗倭的戚继光雕像等都是石浦人民抗击外来侵略的历史见证，

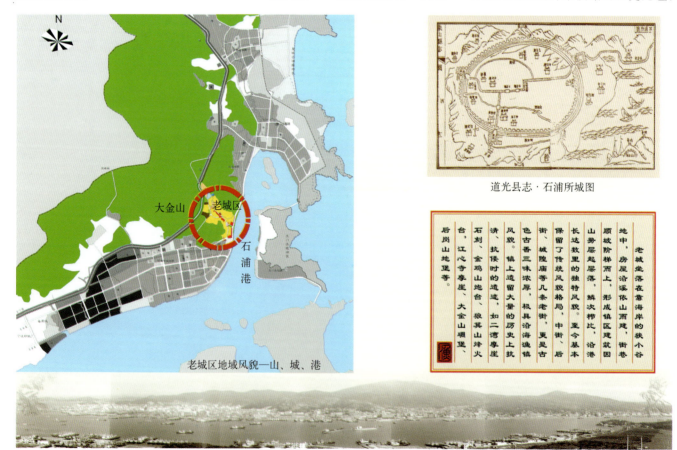

图8.2.8-10 浙江省象山县石浦镇老镇区景观风貌

老镇区周边的后岗山、炮台山均有海防史话。

海商文化——石浦自古就被辟为商埠，四方商贾纷纷聚集于此供给配货，形成了中街、碗行、福建、延昌等市肆和商铺众多的商业街，以及宏章、瑞丰祥、高见龙等较大的商号店铺。如今，中街、延昌街仍体现出典型的商业街布局形式。

消防文化——老城依山而筑，城内大部分是木结构房屋，街巷空间狭小，建筑比肩接檐，特有的消防设施是老镇的重要文化组成：在城东路上曾有4层高的火警钟楼为镇内制高点，以预警四方的火讯灾情；中街遗存有5座封火墙，建在巷弄划分的每个街区间，以拦截火势。据记载，古时还有消防井渠作为防火、灭火之用，现街区内还留存有多口井。另外，救火会、消火队等是民间自发形成的消防组织，对今天的城镇防灾建设具有借鉴作用。

C．人工环境要素

石浦老镇是由古色古香的老街窄巷、传统的民居宅院以及精雕细刻的城隍庙宇，还有封火墙、石板路、牌坊井、石刻等多处历史遗迹，共同构成的一处人工环境。

老街——石浦历史文化街区内的中街、福建街、碗行街都是历史悠久的商业街，尤以中街保存较为完整，空间格局特色明显。中街长240m，宽3m，两侧建筑多为二层木结构楼房，基本维持旧貌，街道空间封闭，高低曲折变化，以石板台阶连接，在巷内分段处以封火墙分隔，相传中街商铺众多，生意兴隆，曾有瑞丰祥、宏章、大皆春等多家大的商号坐落于此。

古民居——在后街重点保护区内多为清代乾隆、嘉庆时期的传统民居建筑群，曾作为昔日达官贵人的宅第。现存建筑院落共约30户，民居多为木结构、合院式建筑，多个院落空间层层串联，大小不一，形状多样，入口设玄关式小天井，屋顶为小青瓦重檐，高低错落，另外在马头墙、院墙石枋以及木窗、斗拱、柱头等多处有精细的雕刻装饰等。

庙宇——石浦老城内有城隍庙、真武宫、三官堂等庙宇。其中，城隍庙规模最大，历史价值最高。城隍庙始建于明代，坐北朝南，占地1600m²，平面为长方形，三进两戏台，整个建筑内雕梁画栋，藻井天花，屋脊吻兽，无不是制作精巧。

封火墙——由于城内建筑多为木结构楼房，密度极高，因而火灾成为

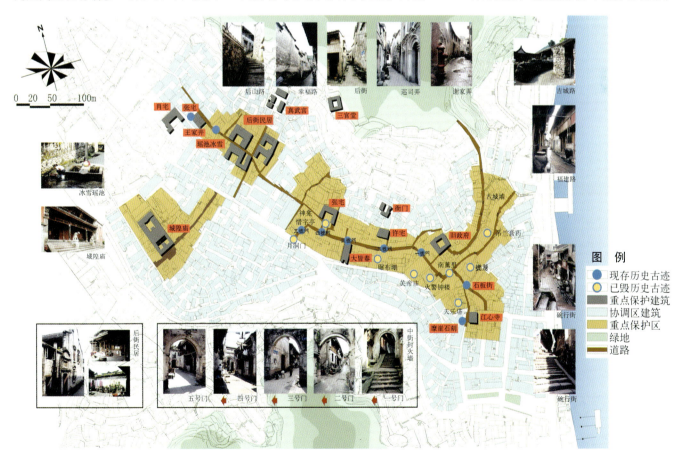

图 8.2.8-11　浙江省象山县石浦镇现状风貌及历史遗迹图

最大隐患。中街上每隔50m左右就有一座跨街而筑的月洞形"封火门",起火时以阻挡沿街的火势;以中街保存最多,现存5座。封火墙一般建于街巷交叉口处,墙沿巷、门跨街,拱门正中嵌石匾,封火墙分隔了街道空间,增加了街道内的转折变换,形成了独特的街道空间格局。

石板路——许多巷弄中还保存有清代砌筑的长条形石板路面。据载,这种石板石呈赭色,俗称蛇蟠石,巨大坚硬,不易风化,经过上百年的历史,踩踏磨擦,愈发显得光滑透亮,光可鉴人,与两旁的木结构房屋构成特有的古镇街道风貌。

古井——石浦历史文化街区内有三处遗留下来的井:牌坊井、王家井和咸水井,为居民日常取水之用,井口宽2m见方,以条石围栏,沿用至今,成为街区生活风貌的一道景观。

② 特色分析

A. 产业特色

石浦作为浙东著名的沿海港口城镇,其渔业不但发源极早,而且长期以来一直作为镇内的支柱产业、市民生活的中心内容;古时有"日间千人拜,夜间万盏灯"的渔港盛景。即至现代,石浦凭借丰富的海产资源,仍为东海渔场主要的渔货集散地、全国四大群众渔港之一。

B. 环境特色

由于特有的自然地理条件,石浦老镇形成了山、海、城一体的环境特色,山在城中,城在山上,城港相连,城海相望。镇区三面依山,一面临海,建筑在绵延起伏的山势上,依势层起层落,街巷蜿蜒曲折,一会儿沿无数台阶盘折至山顶,一览众山,一会儿又回转下落至港边,水面开阔,岛屿环立。

C. 街巷空间

街道空间狭窄、曲折多变,随地形、地势的高低变化,多有石板台阶联系。走在狭窄的巷间里,随着地势的高低变化,远处山景或远或近,时断时续,映衬得眼前木构建筑更具古朴韵味。站在街巷的制高点或是吉城路的古城墙一侧,视野顿觉开阔,层叠的建筑生长在苍翠浓郁的山坡上,只见重重青瓦,不见房屋,远处宁静海湾,点点帆樯,似将山、城一起拥入怀中。

D. 民俗文化

石浦为典型的浙江沿海渔镇,

浙江省象山县石浦镇重要保护点保护措施　　　　表8.2.8-3

	名称	位置	简介	保护措施
建筑物	城隍庙	城隍庙路34号~38号	建于明代,总建筑面积1860m², 平面布局为三进,两戏台,建筑雕刻制作精巧,色彩浓重,是渔文化的代表	恢复观音阁,修复细部
	江心寺	碗行街27号后部,南关桥路一侧	木结构一层,大空间建筑,结构宏大,墙两侧有浅浮雕造像,具有一定艺术价值	维护结构,修复立面,迁出原有单位,可改为文物陈列馆
	中街20号	中街	砖石建筑,外观一层,内天井,二层二开间、弧形窗,石库门风格	修缮局部砖饰,门窗及外墙上灯具,改造内部,可开辟旅游项目
	中街66号	中街	砖石结构,外观一层,立面封闭,仅设一门,上书"大皆春"	清理立面,恢复字号招牌,内部更新,开辟旅游项目
	中街93号、98号	中街	二层砖石结构,门洞上有面额、砖雕,价值较高	清理立面,修复细部装饰和字号
	吉城路9号	吉城路	解放前的旧政府所在,合院式,入口有玄关门洞,保存完整	修复局部及墙体细部装饰,可改为民俗展览场所
	后街2号	后街	入口有石碑雕刻,典型官宅,黑漆大门	修复立面细部,保持古旧的风格
	民丰路2号	民丰路	大的院落空间,入口有小天井,外墙有雕刻	恢复院落空间格局,对细部雕饰进行修复
	幸福路18、20号	幸福路	门上有"大夫第"的匾额,外面有二层连续的木高窗,院落保存完整,有细部装饰	恢复原有的院落格局,对外立面整修,迁出住户,改作民居展示场所
	老衙门	巡司弄	旧的巡司衙门所在	恢复院落空间格局和外观装饰,添加绿化
	紫荆弄4号	后街	民国时期石砌建筑,立面上有弧形窗	立面细部进行修复
	黄家井弄15号	黄家井弄	一进外敞院落,有大量精细木雕饰件	对细部进行恢复,立面整治
构筑物	江心寺摩崖石刻	南关桥路一侧岩石上	上有三条石刻,为"恩绩如山"、"世侯永乾"、"沧海恩波"的字迹	恢复石刻字迹,结合江心寺建绿化庭院
	1-5号封火墙	中街现存5座	街区防火设施,月洞拱门,墙上有题刻"物阜民康"、"金汤永固"、"苞桑永固"等	修补墙体砖饰,恢复墙上题额,保留墙体驳斑和绿苔
	古城墙	福建路2号、4号、6号室内,沿吉城路延伸	始建于明代,为老城外城墙,只有残存的几段	拆除遮挡的建筑,整理恢复较为完整的城墙,保持墙体斑驳痕迹
	牌坊井	位于石浦后街侧	贞节牌坊,上有"瑶池冰雪"题字,保存完整	拆除周围的建筑,恢复牌坊
	石板路	碗行街、福建街、中街一段均有	历史价值高,为蛇蟠石条形铺砌,历史久远	对碎裂的部分进行更换,保持颜色的一致,整旧如故,拆除水泥坡道

传统的民间庆典有三月三拾海螺、踏沙滩、六月六祭神庙会和七月十五的迎神赛会。现城隍庙仍作为观赏戏曲、举办民众文化活动的场所。今有政府举办的开渔节，每逢九月十五日，全镇上下举行隆重的庆祝仪式，以此宣布休渔期的结束。渔文化作为主导，与海防文化、消防文化等渗透在人们日常的生活中，经过一代代的沿袭与创造，形成了石浦独具魅力的地方文化。

(2) 保护与更新规划

在保护规划中，依据"保护优先，保护与发展相结合"、"整体保护，突出重点和特色"的原则，确保历史文化街区及周围片区的原真性、整体性和协调性，对规划区进行分区、分级保护。

① 分级保护

根据历史文化街区内历史遗迹的保存价值及历史街区的现状条件，确定重要保护点的形式和内容，将保护区分为三个等级。

A. 重要保护点

a. 重要保护点：将街区内建造历史久远，保存基本完好，细部特征具有一定历史及艺术价值，突出表现历史街区风貌的建筑物、构筑物确定为重要保护点，包括12幢建筑、8项设施和5处风貌带。

b. 保护要求：对建(构)筑物绝对保护，进行严格维护、修复等设计，迁出部分居住人口；构筑物除修复主体外，应确保局部环境的设计与恢复。重要风貌带内要求对外部环境、材质、地面、高低开合等格局进行整体保护。

B. 重点保护区

范围主要包括中街重点保护区、后街后山路保护区、城隍弄保护区，共计4hm²用地。

保护要求：严格保护传统建筑的空间布局、群体组合、结构形式、色彩、材料与门窗细部等，在维护、加固、修复、重建中必须按原风貌以"整旧如旧"的原则进行，具体内容如下：

所有古建筑一律不得拆除；

严格控制新建建筑，不得随意进行改建与加建；

对已毁或破损的古建筑及时进行恢复及修缮；

针对多户人家居住于一栋古建筑的情况，以保持建筑原有内部格局为前提，陆续迁出多余住户至外围区域；

整理、开放加以利用的部分古建筑，不得改变原有结构、材料、色彩及空间组合；

严格保护街道空间格局和风貌，采用石材修补石板道路、台阶及修复水泥砌筑部分，恢复原有风貌特色；

整治电线、天线、门牌、路灯等和户外乱堆乱挂现象，拆除户外的水泥台板和水池，使之不干扰整体景观风貌；

对近年建造的砖混结构建筑，凡妨碍景观的，能改造的予以改造；对于体量较大，层数在3层以上的原则上一律拆除，使其与古建筑群风貌协调。

C. 风貌协调区

范围是指由重点保护区向西至西门外路、向南以渔港中路为界的15hm²面积的区域(界限详见图纸)。

风貌协调区的整治要求是：

历史建筑不得拆除，少数损坏的、价值不高的经审批后可拆除。

新建建筑檐口高度应控制在12m以下，建筑色彩以灰、白、暗红色为主，立面处理应尽量采用或影射传统特色，避免大面积使用玻璃幕墙和铝板等现代装修材料，并应与周围山体环境协调。

对风貌影响严重的近现代建筑尽量拆除，不能拆除的则进行外观的改造，以取得风貌的统一。

整治建筑周围的场地和环境，增加绿化。

② 建筑高度控制

A. 为保护历史街区的山城渔镇的独特风貌和山、城、港一体的特色格局，必须对历史街区内的建筑高度进行规划控制，主要从以下三个方面进行。

a. 严格控制重点保护区的天际轮廓线：历史文化街区是集中体现古镇风貌的地区，规划严格控制，保持原有的高度，特别是老街沿街段和区片的天际轮廓线；严格控制更新建筑高度与风格形式，拆除影响风貌的超高建筑。

b. 重点保护山体边沿的轮廓：老镇建筑均应在起伏的山体上，其外部轮廓应不破坏原有的山体起伏形态，充分显现山城的特色。

c. 对景观视廊的控制：老城三面是山，一面是海，从中街高处和吉城路的一侧可眺望到海边山城的全景。为保证老镇从山上向海湾及城镇的开敞视线，控制从山顶到沿港岸线的视线通廊，显现山、海、城一体化格局。

B. 整个区域的新建、改建的建筑高度控制分为三个层次(具体界限详见建筑高度控制图)。

a. 2层控制区：指重点保护区以及风貌协调区的后岗山区域和横塘岸路区域西部，建筑高度控制在2层以下，檐口高度不超过6m。

b. 3层控制区：指城隍庙片、后

街片以北到后岗山路的区域及城隍庙片以南、西门外路以北的区域，建筑高度控制在3层以下，檐口高度不超过9m。

C. 4层控制区：指位于风貌协调区内、中街地段以南的区域，考虑到沿人民路和渔港中路等城镇主要道路，建筑高度控制在4层以下，檐口高度不超过12m。

③保护与更新方式

A. 历史街区内的建筑风貌基本分为三类。

a. 甲类：具有典型历史风貌的建筑，多为清末民初时期建筑，以木结构、灰瓦、白墙、坡顶为典型特征，其中多为2层建筑。

b. 乙类：与传统风貌建筑基本协调，砖混结构，水泥或砖石外墙，有相当多的细部，2~3层居多，以20世纪50、60年代建筑为主。

c. 丙类：建筑体量大，现代材料装饰，外观粗糙，色彩完全与老镇区传统风貌不协调，多为近期修建。

B. 按建筑质量调查也可分为三类。

a. 质量好：结构及围护材料保存完整，可以继续使用的建筑。

b. 质量中：结构基本完好，经修缮维护可以继续使用的建筑。

c. 质量差：结构及维护材料损坏、倾斜、岌岌可危的建筑。

C. 对建筑的保护与更新方式的确定是根据建筑的质量、风貌、层数以及建筑所处的不同地段的要求而进行的，分为保护、修缮、改观、拆除四个类别。

a. 保护：对建筑风貌甲类、建筑质量好或中的历史建筑采取保护的措施。保存现状，以真实反映历史遗存，对个别构件加以维修，剔除近年加建部分，恢复原有建筑和院落格局。

b. 修缮：对建筑风貌乙类、建筑质量中等的历史建筑实施修缮和恢复。保持原有建筑结构不动，更换门窗，添加细部，整饰立面；同时，重点对建筑的内部加以更新改造和结构加固，完善市政设施，提高居民生活质量。

c. 改观：对于建筑风貌较差、质量较好的3层(含3层以下)的近现代建筑实施改观。主要对其外观实施大幅度的整治和改造，进行外观重新设计，恢复古街传统风貌，并健全配套基础设施。

d. 拆除：对传统风貌影响较大并难以通过改观进行协调的现代建筑进行拆除。根据这些建筑形式、体量和位置的重要性，采取拆除重建的措施，对整体地块进行更新建设，以与传统风貌相协调。

图8.2.8-12　浙江省象山县石浦镇建筑风貌评价

图 8.2.8-13 浙江省象山县石浦镇建筑质量评价图

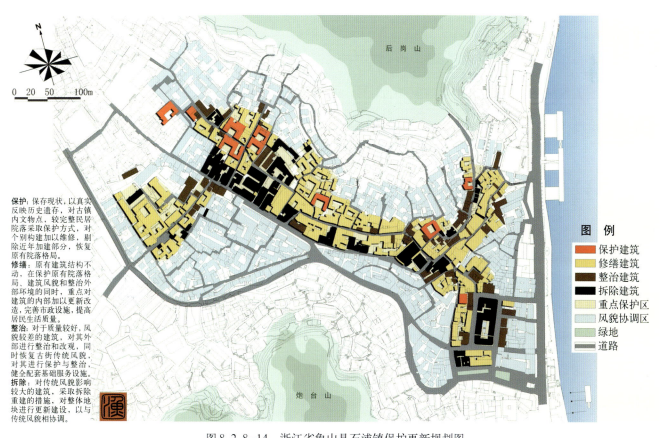

图 8.2.8-14 浙江省象山县石浦镇保护更新规划图

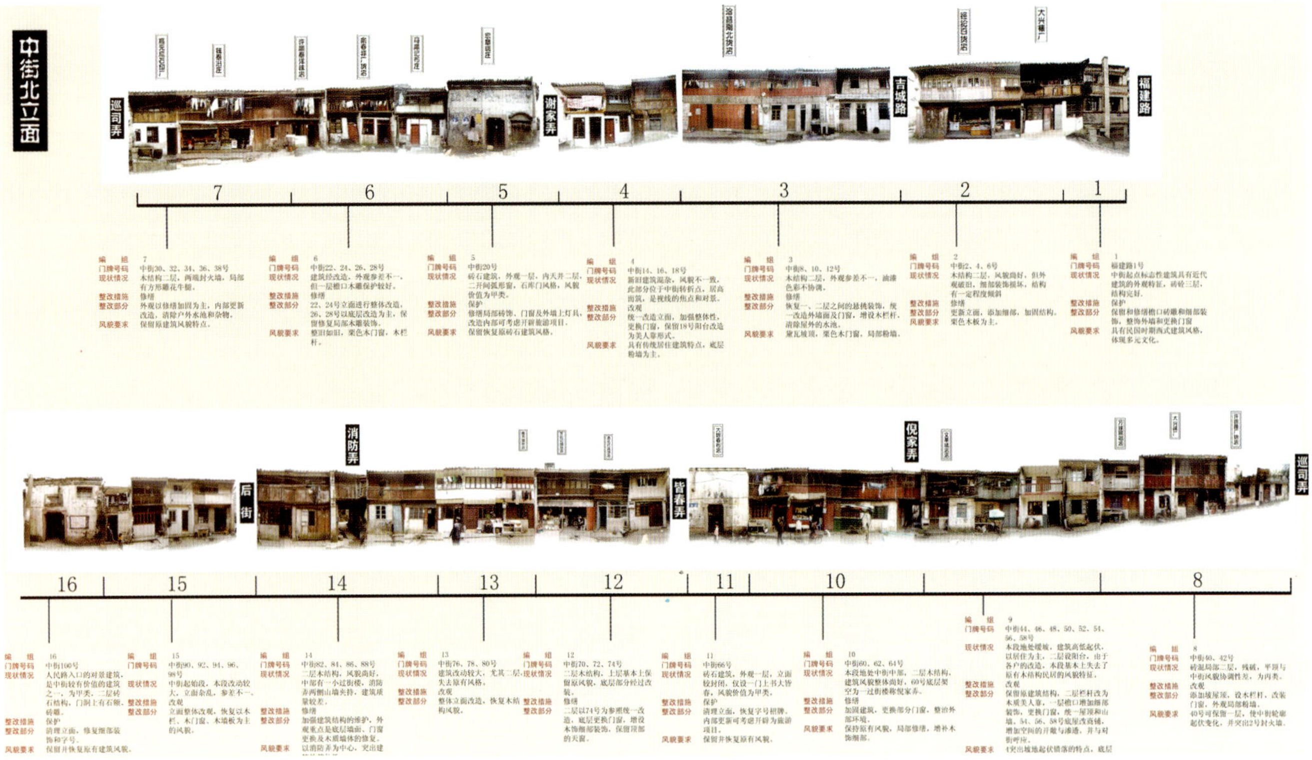

图 8.2.8-15　浙江省象山县石浦镇中街建筑风貌整改图

浙江省象山县石浦镇规划拆除建筑一览表　　　　　表 8.2.8-4

拆除建筑	层数	现状用途	原　因	新建或改建项目
入口区 8 栋建筑,位于碗行街和新浦路之间	2	综合	布局混乱,现代砖混结构,风貌不协调,不能突出老街入口区	改造成入口区渔业广场
福建路,2 号、4 号、6 号的一栋建筑	6	住宅楼	体量巨大,外墙黑磁砖,形式简陋,在老街的节点部位(原瓮城区),严重破坏景观	恢复瓮城
福建路 3 号、5 号、7 号 3 栋建筑	2	民居	较为破旧的木建筑,以石浦老城墙为室内墙体,遮挡了文物遗迹	露出古城墙
福建路 51 号	4	民居	砖式现代建筑,近年造,体量突出,严重影响福建路老街风貌和吉城路上的眺望视线	连接吉城路的台阶
中街 1 号	4	工人文化宫	4 层大体量建筑,位于中街入口处,对沿街风貌影响极大,且功能不适用,居民反应强烈	民俗剧场及恢复火警钟楼
中街 1 号东侧建筑	1	俱乐部	质量和外观差,一层棚式建筑,与中街风貌不协调	
人民路南侧的南关桥路右侧的 7 栋建筑	1~2	商业	建筑质量差,多为低层砖木结构,布局杂乱,影响人民路的沿街风貌	入口停车场
吉城路转弯处水塔边的 5 栋建筑	1	民宅	质量差,现代建筑	吉城路开敞空间
中街 39~45 号后面的两栋建筑	3~5	居住	位于中街上,体量高大,现代材料,影响中街景观风貌	恢复传统建筑
中街皆春弄一侧 63~65 号后的三栋建筑	2	居住	现代风格,影响中街风貌	恢复传统建筑
中街与人民路菜场之间的 102~110 号建筑	2	居住	质量差,个体小,杂乱,在中街入口处,风貌效果差	显露中街北入口月洞门
人民路菜场与紫荆弄之间以后街为界的成片建筑	最高 5 层	粮库和居住	后街风貌最差的一段,因火灾重建,现代材料建筑,高低形式等均不协调,布局混乱	幸福路开敞空间,衔接两个历史街区
城隍弄西门外路出口处	2~3	居住	位于西门外进入城隍庙区片的入口处,现代建筑,风貌不统一	停车场
西门外路与城西路之间,北以停车场为界	最高 5 层	综合	西门外路沿街段,底层砖房,布局杂乱,风貌不协调	改造为绿化带,露出古城墙
人民路与城东路交叉处的三角地区	2~3 层	居住	建筑质量差,混乱,影响道路景观	建街头绿地

(3)旅游发展规划

石浦镇旅游资源丰富,山、城、港一体的渔业古镇风貌,独具特色的海岛风光,历代抗倭海防遗址,渔文化风情等成为石浦开发旅游、发展经济的重要支撑点,特别是一年一度的"开渔节",吸引了众多的观光游览者。位于镇区东北四里处的皇城沙滩风景区是海滨度假的最佳去处,位于港湾不远处的北渔山岛、东门岛以及檀头山岛风景区是浏览岛屿风光、考察人文古迹的旅游景点,此外还有昌国片区的半边山风景区;这些和历史街区一起构成了石浦的风貌特色。

● 旅游规划

石浦的旅游资源众多,历史街区只是其中的一部分,在15hm²的面积内,汇集了丰富的古镇自然、历史、人文景观,得天独厚、独具特色。根据其风貌特色及现实状况分析,以旅游产业的开发来促进历史街区的保护、弘扬传统文化、促进老城的经济复苏,有利于对老镇实行积极的保护,推动社会公益事业的健全,维系良好的生态环境。依据游览景点的分布和景点价值地的评价体系,将历史文化街区内的旅游格局确定为"1条主线,2条支线,9个景区,27个景点"的总体布局。

A．1条主要游览线是指从碗行街入口上至中街经后街、由紫荆弄进入城隍庙弄的线路;该线路覆盖了重点保护区的所有范围,沿途串联有主要的历史遗迹景观点,如"渔业广场"、"拾级碗行"、"市井中街"等。

B．2条迂回的辅助支线,指由主要线路连接着的重要游览点的游览线路,主题是渔文化、海防文化:一条是碗行街连接到福建路经吉城路回到中街上的线路,主要有"渔镇旧事"、"山城海景"、"古城墙"等景点;另一条为后街至后山路,连接三官堂、真武宫、"大夫第"宅等旅游点的环路,主题是名人宅第、民俗活动。

C．9个景区,街区内按不同的观赏内容、文化内涵以及风貌特征划分为9个景区,主要有:

a．渔业广场。浓缩渔文化主题的入口广场,集游览、商业、交通于一体。

b．拾级碗行。曲折幽深,以数级陡峭的石板台阶和两旁空间收放有致的木构建筑围合成山城风貌。

c．海防瓮城。是石浦老镇的瓮城所在,通过恢复瓮城和火警钟楼,再现古镇历史上的海防和消防史话,登楼可观览到古镇的全景风貌。

d．渔镇旧事与山城海景。福建路和吉城路段。福建街作为渔业古镇最先发源的老街,蕴含了无数的传说

图8.2.8-16 浙江省象山县石浦镇总平面规划图

8 小城镇专项规划

图 8.2.8-17　浙江省象山县石浦镇旅游景区及线路规划图

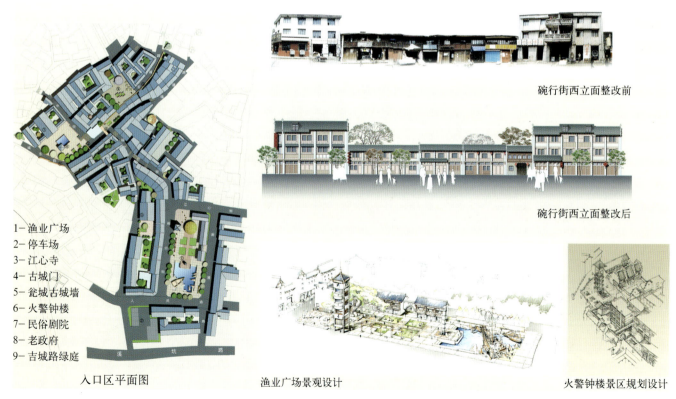

图 8.2.8-18　浙江省象山县石浦镇渔业广场规划设计图

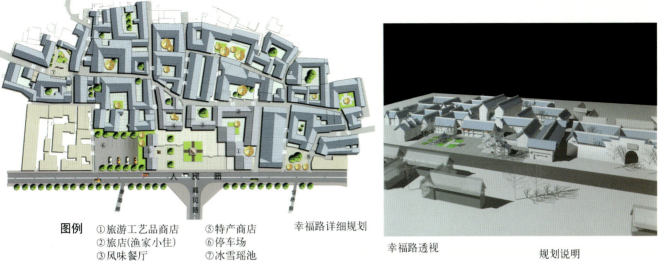

图 8.2.8-19　浙江省象山县石浦镇幸福路规划设计图

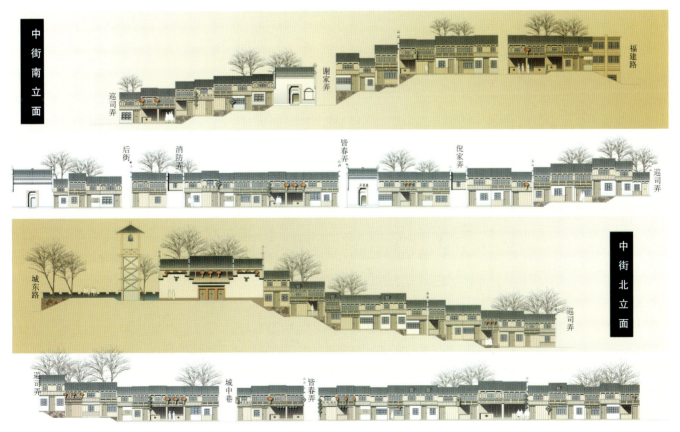

图 8.2.8-20　浙江省象山县石浦镇中街立面修复设计图

图 8.2.8-21　浙江省象山县石浦镇分期建设规划图

典故，闻名遐迩；通过陡峭台阶上至吉城路，顺古城墙漫步，山城海景，历史与今朝相会在眼前。

e. 市井中街。旧日渔镇的繁华街市、高低起伏的石板老街、两侧建筑层檐叠瓦的建筑格局、一道道跨街面筑的封火拱门、一座座老字号店铺，体现出古老商业街的特有风貌。

f. 曲径后山。依山就势，由几十级石板台阶铺砌，石砌民居错落排布，巷路幽静曲折，自成一景。

g. 后街民宅。大夫第等高墙宅院，领略昔日名人故居，引发古镇轶事。

h. 城隍弄。狭街小巷，逐级抬高，步步引入，是进入城隍庙的前奏。

i. 城隍庙。楼阁重重，雕梁画栋，体验民间艺术魅力，感受渔文化氛围。庙内品茶听戏，举办民俗文化活动，成为游览旅程的高潮。

以景点、游线、景区构成的点、线、面游览系统有机地组织在一起，从各个角度凸显出渔业古镇的历史文化底蕴、自然人文景观；另外，在一些景区节点部位设置一些旅游商店和茶饮酒楼等，展览出售地方的工艺、纪念品，完善旅游设施配套。

8.3　小城镇道路交通系统规划

8.3.1　小城镇交通特征

8.3.1.1　我国大部分小城镇规模较小，而且又都是沿交通干线逐渐发展起来的，公路既是交通运输的通道，又是镇区街道及市场。小城镇过境交通量一般与城镇规模大小有关；据有关统计，2万人以下的小城镇，过境交通往往占60%以上。

8.3.1.2　机动车与非机动车混杂行驶普遍。过境交通一般以货运交通为主，主要交通工具有卡车、拖挂车、客车、小汽车等；镇区内交通以本地居民为主，由于出行距离较短，主要交通工具除了小汽车、摩托车、拖拉机以外，还有自行车、马车等非机动车。同时，居民的出行交通方式大部分还以步行为主。由于交通混杂，相互干扰大，造成各类交通车辆通行的困难，严重影响了小城镇居民的生活环境(见表8.3.1)。

8.3.1.3　交通流向和流量在时间与空间上呈非平衡状态分布。随着商品经济和乡镇企业的发展，有许多农民进城从事各种非农业生产，造成交通流量在各个季节、一周及早、中、晚高峰时段呈钟摆式单向运动，变化较大。在一些有较大集市日活动的城镇，其集市日客流量远远大于平均日客流量。

8.3.1.4　道路交通基础设施较差，道路性质不明确、道路断面功能不分、技术标准低，人行道狭窄或被占用，造成人车混行，缺乏专用交通车站及停车场地，道路违章停车多。在道路的分布中，丁字路口、斜交路口及多条道路交叉的现象也比较多。

8.3.1.5 交通管理和交通设施不健全，普遍缺乏交通标志、交通指挥信号等设施，致使交通混乱、受阻。

8.3.2 小城镇对外交通类型及布置

小城镇对外交通的类型主要包括铁路、公路和水运三类，各种交通类型都有它各自的特点。铁路交通运输量大、安全，有较高的行车速度，连续性强，一般不受季节、气候影响，可保持常年正常的运行。公路交通机动灵活，设备简单，是适应能力较强的交通方式。水运交通运输量大，成本低，投资少，耗时长。

8.3.2.1 铁路交通及布置

铁路由铁路线路和铁路站场两部分组成。小城镇所在的铁路站大多是中间车站，客货合一，多采用横列式的布置方式。铁路站的布置往往与货场的位置有很大的关系，由于小城镇用地范围小，工业仓库也较少，为避免铁路分隔城镇、互相干扰，原则上铁路站场应布置在小城镇一侧的边缘，并将客站和货站用地布置在小城镇的同侧方向。客站宜接近小城镇生活居住用地，货站则接近工业、仓库用地。

站场用地规模取决于客、货运量及场站布置形式，并适当留有发展余地。站场用地长度主要根据站线数量及其有效长度来确定，可参见表8.3.2-1、表8.3.2-2。

场站用地宽度，根据各类车站作业要求、站线数量、站屋、站台及其他设备来确定。旅客列车到发线一般与部分货物到发线客货混用，但在计算时必须将旅客列车行车量一并列入。对各类站场的用地规模应与铁路有关部门共同研究确定。

当车站客、货部分不能在城镇一侧而必须采用客、货站对侧布置，城镇交通不可避免地跨铁路时，应保证镇区发展以一侧为主，货场和地方货源、货流同侧，以充分发挥铁路设备的运输效率，在城镇用地布局上尽量减少跨越铁路的交通量。

当铁路线路不可避免地穿越城镇时，应配合城镇规划的功能分区，把铁路线路布置在各分区的边缘、铁路两侧各分区内均应配置独立完善的生活福利和文化设施，以尽量减少跨越铁路的交通(见图8.3.2-1)。

通过城镇的铁路两侧应植树绿化，这样既可以减少铁路对城镇的噪声干扰、废气污染及保证行车的安全，还可以改善城镇小气候和城镇面貌。铁路两侧的树木不宜植成密林，不宜太近路轨，与路轨的距离最好在10m以上，以保证司机和旅客能有开阔的视线。有的城镇可利用山坡或水面等自然地形作屏蔽，也能收到良好的效果(见图8.3.2-2)。

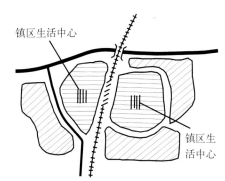

图8.3.2-1 小城镇铁路布置与城镇分区的配合

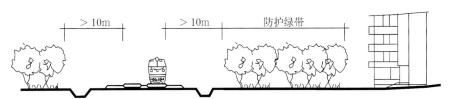

图8.3.2-2 小城镇中的铁路防护绿带

小城镇出行交通方式　　　表8.3.1

出行方式	步　行	自行车	摩托车	公共交通
比　例	50%以上	25%～35%	10%～20%	10%以下

Ⅰ、Ⅱ级铁路站坪长度　　　表8.3.2-1

车站种类	车站布置形式	按远期采用的到发线有效长度(m)							
		1050		850		750		650	
		单线	复线	单线	复线	单线	复线	单线	复线
(1)中间站	①横列式无货物线	1350	1550	1150	1350	1050	1250	950	1150
	②横列式有货物线	1500	1650	1300	1450	1200	1350	1100	1250
(2)区段站	①横列式	1850	2150	1650	1950	1550	1850	1450	1750
	②纵列式	3000	3400	2600	3000	2400	2800	2200	2600

Ⅲ级铁路站坪长度　　　表8.3.2-2

车站种类	车站布置形式	按远期采用的到发线有效长度(m)			
		850	750	650	550
(1)中间站	①无货物线	1150	1050	950	850
	②有货物线	1300	1200	1100	1000
(2)区段站		1650	1550	1450	1350

8.3.2.2 公路交通及布置

(1)公路的分类

根据公路性质和作用及其在国家公路网中所处的位置,可分为国道、省道和县、乡道三类。

①国道:由首都通向全国各省、市、自治区政治、经济中心和30万以上人口规模城市的干线公路,或通向各大道口、铁路枢纽、重要工农业产地的干线公路,以及通向重要对外口岸和开放城市、革命纪念地、名胜古迹的干线公路,有重要意义的国防公路干线。这些公路组成国家的干线公路网。

②省道:属于省内县市间联系的干道或某些大城市联系近郊城镇、休疗养区的道路。

③县、乡道:它是直接服务于城乡、工矿企业的客货运输道路,与广大人民的生产、生活有密切的联系,是短途运输中的主要网路。

(2)公路的分级

按照公路的使用性质和交通量大小,分为两类五个等级。两类指汽车专用公路与一般公路,五个等级指高速公路、一级公路、二级公路、三级公路及四级公路。汽车专用公路包括高速公路、一级公路及二级公路,一般公路包括二级公路、三级公路及四级公路。各级公路的技术特征见表8.3.2-3。

(3)各级公路主要技术指标

公路的技术标准是确保该公路达到相应等级的具体指标,不同等级的公路能够容许车辆行驶的数量、速度、载重量亦不相同。其主要技术指标,仍按现行的交通部标准《公路工程技术标准》(JTJ01-88)的规定执行(见表8.3.2-4)。

(4)不同类型机动车交通量的换算

因道路上行驶的车辆类型比较复杂,在计算混合行驶的车行道上的能力或估算交通量时,需要将各种车辆换算成同一种车。城镇道路一般换算为小汽车,公路则换算成载重汽车;由于我国城镇的交通量是以载重汽车为主体,因此村镇宜以载重汽车作为换算标准(见表8.3.2-5、表8.3.2-6)。

(5)公路在小城镇中的布置

公路线路与小城镇的联系和位置分两种情况,即公路穿越小城镇和绕过城镇。采用哪种布置方式要根据公路的等级、过境交通和入境交通的流量、城镇的性质与规模等因素来确定。

各级公路的技术特征 表8.3.2-3

公路分级		功 能	车道数	交通量(辆/年)	备 注
高速公路		专供汽车分道高速行驶并控制全部出入的公路	4~8	折合成小客车25000辆以上	具有特别重要的政治、经济意义
一级公路		专供汽车分道快速行驶并部分控制出入的公路	4	折合成小客车10000~25000辆	联系重要的政治、经济中心
汽车专用公路 二级公路		专供汽车行驶的公路	2	折合成中型载重汽车4500~7000辆	联系政治、经济中心或矿区、港口、机场
一般公路		运输量繁忙的城郊公路	2	折合成中型载重汽车2000~5000辆	联系政治、经济中心或矿区、港口、机场
三级公路		运输任务较大的一般公路	2	折合成中型载重汽车2000辆以下	沟通县以上城市
四级公路		直接为农业运输服务的公路	1~2	折合成中型载重汽车200辆以下	沟通县、乡镇、村

各级公路主要技术指标汇总 表8.3.2-4

公路等级	汽车专用公路						一 般 公 路					
	高速公路			一		二	二		三		四	
地 形	平原、浅丘	山岭、深丘	山 岭	平原、浅丘	山岭、深丘	平原、浅丘	山岭、深丘	平原、浅丘	山岭、深丘	平原、浅丘	山岭、深丘	平原、浅丘	山岭、深丘
计算行车速度(km/h)	120	100	80	60	100	60	80	40	80	40	60	30	40	20
行车道宽度(m)	2×7.5	2×7.5	2×7.5	2×7.0	2×7.5	2×7.0	8.0	7.5	9.0	7.0	7.0	6.0	3.5	
路基宽度(m) 一般值	26.0	24.5	23.0	21.5	24.5	21.5	11.0	9.0	12.0	8.5	8.5	7.5	6.5	
路基宽度(m) 变化值	24.5	23.0	21.5	20.0	23.0	20.0	12.0	—	—	—	—	—	7.0	4.5
极限最小半径(m)	650	400	250	125	400	125	250	60	250	60	125	30	60	15
停车视距(m)	210	160	110	75	160	75	110	40	110	40	75	30	40	20
最大纵坡(%)	3	4	5	5	4	6	5	7	5	7	6	8	6	9
桥涵设计车辆荷载	汽车—超20级 挂车—120				汽车—超20级 挂车—120 汽车—20级 挂车—100		汽车—20级 挂车—100		汽车—20级 挂车—100		汽车—20级 挂车—100		汽车—10级 挂车—50	

以小汽车为计算标准的换算系数表　　　表8.3.2-5

车 辆 类 型	换 算 系 数	车 辆 类 型	换 算 系 数
小汽车	1.0	5t以上货车	2.5
轻货车	1.5	中、小型公共汽车	2.5
3～5t货车	2.0	大型公共汽车、无轨电车	3.0

以载重汽车为计算标准的换算系数表　　　表8.3.2-6

车 辆 类 型	换 算 系 数
载重汽车(包括大卡车、重型汽车、三轮车、胶轮拖拉机)	1.0
带挂车的载重汽车(包括公共汽车)	1.5
小汽车(包括吉普、摩托车)	0.5

①公路穿越城镇

公路穿越城镇造成公路与城镇之间的相互干扰，但对过境公路穿越城镇也不能盲目外迁，要根据实际情况综合考虑。对交通量不大的过境公路，可以适当拓宽路面，在镇区内路段可以改造为城市型道路，做到一路两用；但要结合城镇用地布局的调整，严格控制公路两侧建设项目，尽量减少交通联系，并且不宜作为小城镇的生活性干道。

②过境公路绕过城镇

对于等级较高、交通量较大的过境公路，一般应绕城镇通过。过境公路与城镇的联系有以下两种方式：

A．将过境公路以切线方式通过城镇。这种方式通常是将现状穿越城镇中心区的过境公路改道，迁至城镇边缘绕城而过。

B．过境公路的等级越高且经过的城镇越小，通过该城镇的车流中入境的比重越小，过境公路宜远离城镇为宜，其联系可采用辅助道路引入(见图8.3.2-3)。

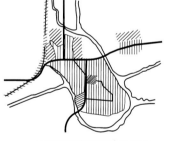
过境交通穿越城镇生活区

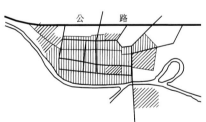
过境交通以切线通过城镇边缘

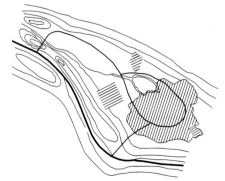
用入城干道与城镇联系

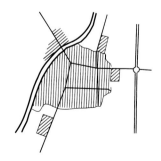
高速公路和城镇的联系

图8.3.2-3　公路线路与小城镇的联系

(6)长途汽车站

一般可分为客运站、货运站、混合站三类。其位置和用地规模应结合城镇特点及城镇干道系统规划统一考虑；布置的原则是既满足使用功能，又不对城镇产生干扰，并与城镇中的铁路站场、水运码头等其他交通设施有较好的联系，组织联运。

客运站的布置要解决好与镇区内干道系统和对外交通的联系，一般可布置在入城干道与对外公路交汇的地点或城镇边缘，同时可以设置相应的公共服务设施，这样可以避免不必要的车流和人流进入镇区，减少对镇区的交通干扰。对于较大的城镇，为方便旅客乘车，客运站也可以考虑布置在城镇中心区的边缘地段，通过交通性干道来联系。

货运站的布置与货物的性质有关：供应城镇居民的日常生活用品的货运站，应布置在城镇中心区的边缘地段，与镇区内仓库有较为直接的联系；以供应工业区的原料或运输工业产品或以中转货物为主的货运站，可布置在仓库区，亦可布置在铁路货运站及货运码头附近，以便组织联运，同时货运站宜通过城镇交通性干道对外联系。

一般小城镇由于规模不大、车辆不多，为便于管理，往往客运站与货运站合并布置。

规划客运站场的用地规模，应根据远期预测的客运量，推算出适站客运量(简称适站量)，并据此确定站场各种用地规模。城(集)镇客运站用地规模一般在0.3～1.0hm²。

技术站和汽车保养修理场的用地规模，取决于保养检修汽车的技术等级和汽车数量。

公路汽车站场分类及其位置选择 表8.3.2-7

分类	位置选择要求
客运站	客运站首先是最大限度的方便旅客，因此，要解决好与城(集)镇干道和对外交通的衔接，规模较大城(集)镇的客运站多设在城(集)镇中心区外围，并与其他形式的对外交通有便捷联系；一般车站前设有广场，便于旅客疏散和车辆调度。站场设计同广场周围的建筑同时考虑，形成一个完整协调的空间
货运站	城(集)镇单独设置货运站的情况较少，一般有铁路或码头货运的城(集)镇单独设置，单独设置的货运站位置与货流方向和货物性质有关。若以供应居民的日常生活用品为主，则可布置在城(集)镇中心区边缘；若以中转货物为主，应布置在铁路货运站及货运码头附近，以便组织联运，其原则是避免大运量的重复运输和空驶里程
技术站	技术站主要对汽车进行清洗、检修(保养)等工作，用地要求较大，对居民有一定的干扰。城(集)镇一般不设技术站；若设置，则一般单独设置在城(集)镇外围靠公路线附近，与客货站有方便的联系
客货混合站	大多镇(乡)的城(集)镇规模较小，公路汽车站一般以混合站为主，位置一般宜选择在城(集)镇对外联系的主方向和主通道边上

8.3.2.3 水运交通及布置

沿江河湖泊的小城镇，在规划时要根据深水深用、浅水浅用的原则，综合小城镇用地的功能组织，对岸线作全面的安排。为发展水运优势，应将适宜于航运的城镇岸线在规划时明确规定下来，在用地上要保证有一定的纵深陆域，用以布置仓库、堆场及陆地上的有关设施。同时，还要留出满足城镇居民游憩生活需要的生活岸线。

(1) 内河

① 航道等级。内河航道共分为7个等级，其航道分级与航道尺度见表8.3.2-8。

内河航道分级与航道尺度 表8.3.2-8

航道等级	驳船吨级(t)	船型尺度(m)(总长×型宽×设计吃水)	船队尺度(m)(长×宽×吃水)	天然及渠化河流 水深	单线宽度	双线宽度	限制性航道 水深	宽度	弯曲半径
Ⅰ	3000	75×16.2×3.5	(1)350×64.8×3.5	3.5~4.0	120	245			1050
			(2)271×48.6×3.5		100	190			810
			(3)267×32.4×3.5		75	145			800
			(4)192×32.4×3.5		70	130	5.5	130	580
Ⅱ	2000	67.5×10.8×3.4	(1)316×32.4×3.4	3.4~3.8	80	150			950
			(2)245×32.4×3.4		75	145			740
		75×14×2.6	(3)180×14×2.6	2.6~3.0	35	70	4.0	65	540
Ⅲ	1000	67.5×10.8×2.0	(1)243×32.4×2.0	2.0~2.4	80	150			730
			(2)328×21.6×2.0		55	110			720
			(3)167×21.6×2.0		45	90	3.2	85	500
			(4)160×10.8×2.0		30	60	3.2	50	480
Ⅳ	500	45×10.8×1.6	(1)160×21.6×1.6	1.6~1.9	45	90			480
			(2)112×21.6×1.6		40	80	2.5	80	340
			(3)109×10.8×1.6		30	50	2.5	45	330
Ⅴ	300	35×9.2×1.3	(1)125×18.4×1.3	1.3~1.6	40	75			380
			(2)89×18.4×1.3		35	70	2.0	75	270
			(3)87×9.2×1.3		22	40	2.5~2.0	40	260
Ⅵ	100	26×5.2×1.8	(1)361×5.5×2.0	1.0~1.2			2.5	18~22	105
		32×7×1.0	(2)154×14.6×1.0		25	45			130
		32×6.2×1.0	(3)65×6.5×1.0		15	30	1.5	25	200
		30×6.4(7.5)×1.0	(4)74×6.4(7.5)×1.0		15	30	1.5	28	220
Ⅶ	50	21×4.5×1.75	(1)273×4.8×1.75	0.7~1.0			2.2	18	85
		23×5.4×0.8	(2)200×5.4×0.8		10	20	1.2	20	90
		30×6.2×0.7	60×6.5×0.7		13	25	1.2	26	180

内河航道船闸有效尺度（单位：m）　　　　表 8.3.2-9

航道等级	长(L_K)	宽(B_K)	门槛水深(H_K)	航道等级	长(L_K)	宽(B_K)	门槛水深(H_K)
Ⅰ-(1)				Ⅳ-(2)	120	23	2.5~3.0
Ⅰ-(2)				Ⅳ-(3)	120	12	2.5~3.0
Ⅰ-(3)	280	34	5.5	Ⅴ-(1)	140	23	2.0~2.5
Ⅰ-(4)				Ⅴ-(2)	100	23	2.0~2.5
Ⅱ-(1)				Ⅴ-(3)	100	12	2.5~3.0 / 2.0~2.5
Ⅱ-(2)	280	34	5.5	Ⅵ-(1)	190	12	2.5~3.0
Ⅱ-(3)	195	16	4.0	Ⅵ-(2)	160	16	1.5
Ⅲ-(1)				Ⅵ-(3)	80	8	1.5
Ⅲ-(2)	260	23	3.0~3.5	Ⅵ-(4)	80	8	1.5
Ⅲ-(3)	180	23	3.0~3.5	Ⅶ-(1)	140	12	2.5
Ⅲ-(4)	180	12	3.0~3.5	Ⅶ-(2)	110	12	1.2
Ⅳ-(1)	180	23	2.5~3.0	Ⅶ-(3)	70	8	1.2

水上过河建筑物通航净空尺度（单位：m）　　　　表 8.3.2-10

航道等级	天然及渠化河流				限制性航道			
	净高 H_M	净宽 B_M	上底宽 b	侧高 h	净高 H_M	净宽 B_M	上底宽 b	侧高 h
Ⅰ-(1)	24	160	120	7.0				
Ⅰ-(2)		125	95	7.0				
Ⅰ-(3)	18	95	70	7.0				
Ⅰ-(4)		85	65	8.0	18	130	100	7.0
Ⅱ-(1)	18	105	80	6.0				
Ⅱ-(2)		90	70	8.0				
Ⅱ-(3)	10	50	40	6.0	10	65	50	6.0
Ⅲ-(1)								
Ⅲ-(2)		70	55	6.0				
Ⅲ-(3)	10	60	45	6.0	10	85	65	6.0
Ⅲ-(4)		40	30	6.0	10	50	40	6.0
Ⅳ-(1)		60	50	4.0				
Ⅳ-(2)	8	50	41	4.0	8	80	66	3.5
Ⅳ-(3)		35	29	5.0	8	45	37	4.0
Ⅴ-(1)		46	38	4.0				
Ⅴ-(2)	8	38	31	4.5	8	75~77	62	3.5
Ⅴ-(3)	8、5	28~30	25	5.5、3.5	8、5	38	32	5.0、3.5
Ⅵ-(1)					4.5	18~22	14~17	3.4
Ⅵ-(2)	4.5	22	17	3.4				
Ⅳ-(3)	6	18	14	4.0	6	25~30	19	3.6
Ⅵ-(4)		18	14	4.0	6	28~30	21	3.4
Ⅶ-(1)					3.5	18	14	2.8
Ⅶ-(2)	3.5	14	11	2.8	3.5	18	14	2.8
Ⅶ-(3)	4.5	18	14	2.8	4.5	25~30	19	2.8

注：1. 在平原河网地区建桥遇特殊困难时，可按具体条件研究确定。
2. 桥墩（或墩柱）侧如有显著的素流，则通航桥墩（或墩柱）间的净宽值应为本表的通航净宽加两侧素流区的宽度。
3. 当不得已将水上建筑物建在航行条件较差或弯曲的河段上时，其净宽应在表列数值基础上根据船舶航行安全的需要适当放宽。

② 船闸

③ 水上过河建筑物。从内河航道上面跨越的桥梁、渡槽、管道等水上过河建筑物的通航净空尺度应按所通过的最大船舶(队)的高度和航行技术要求确定，但不得小于表 8.3.2-10 中的尺度。

天然河流设计最高通航水位的洪水重现期
　　　　表 8.3.2-11

航道等级	洪水重现期(年)
Ⅰ~Ⅲ	20
Ⅳ、Ⅴ	10
Ⅵ、Ⅶ	5

注：对出现高于设计最高通航水位历时很短的山区性河流，Ⅲ级航道的洪水重现期可降低为10年一遇；Ⅳ、Ⅴ级可降低为5年一遇；Ⅵ、Ⅶ级可按2~3年一遇执行。

④ 通航水位。天然河流的设计最高通航水位应采用下表各级洪水重现期的水位。

(2) 河港

随着公路运输的发展，根据水运的特点，镇(乡)域河港目前以货运港和渔港为主，水上客运在逐渐减少，或转向以旅游服务为主。

① 河港分类

河港分类　　　　表 8.3.2-12

分类	名称
按装卸货物种类分	综合港、货运港、客运港、其他港（如军港、渔港）等
按修建形式分	顺岸式港口、挖入式港口、混合式港口

② 河港组成

河港组成　　　　表 8.3.2-13

区域	组　成
水域	水域是船舶航行、运转、锚泊和停泊装卸的场所，包括航道、码头前水域港池和锚地
陆域	陆域包括码头及用来布置各种设备的陆地，供旅客上下船、货物装卸、堆存和转载之用

③河港位置选择

河港位置选择　　　　表8.3.2-14

因　素	要　求
1. 与城(集)镇总体规划相协调	通常布置在城(集)镇生活居住区的下游、下风，避免对生活区产生干扰，并给将来港口发展留有余地
2. 水域条件	要对各种河流、各个河段分别进行分析，选择地质好、河床稳定、水流平顺、有较宽水域和足够水深的河段
3. 岸线长度和陆域面积	应有足够的岸线长度和一定的陆域面积，且便于与铁路、公路、城(集)镇道路相连接，并有方便的水、电供应
4. 避开有关建筑物	避开贮木场、桥梁、闸坝及其他水上构筑物或贮存危险品的建筑物
5. 远离电线电缆	港区内不得跨越架空电线和埋设水下电缆，两者均应距港至少100m，并设置信号标志
6. 特殊情况	对封冻河流的河港的选址，除按冰冻河流要求选择位置外，应注意避开经常发生冰坝区段及其上游附近区段

8.3.3　小城镇镇区交通规划

8.3.3.1　小城镇镇区交通规划的阶段与内容

(1) 道路交通量、OD调查

主要有居民出行调查、货物流量调查、路况调查、车辆调查、对外交通调查、交通事故调查等。

(2) 道路交通预测

根据城镇规划发展的人口、用地规模、经济发展水平，从调查的数据出发，预测道路交通的增长情况，主要内容包括：

①出行产生：预测居民和车辆出行发生总量。

②出行分布：预测出行量在各发生区和吸收区的分布。

③交通方式划分：将预测的出行量按合理比例分配给不同道路、不同的交通方式，计算其所承担的交通量。

④交通工具与交通设施的增减。

(3) 规划编制

根据预测交通流量流向编制道路网及客、货运交通规划。

8.3.3.2　小城镇自行车交通

(1) 在自行车出行率较高的小城镇，可由单独设置的自行车专用道、干道两侧的自行车道、支路和住宅区道路共同组成一个能保证自行车连续通行的网络。

(2) 自行车专用道应按设计速度20km/h的要求进行道路线型设计。自行车道路的交通环境应设置安全、照明、遮阴等设施。

(3) 为适应小城镇自行车交通的不断发展，还应考虑自行车停车条件；对小城镇而言，重点是解决好城镇中心区及车站的自行车停车问题。

8.3.3.3　小城镇步行交通

小城镇步行交通系统规划应以步行人流的流量和流向为基本依据，因地制宜地采用各种措施，科学合理地进行人行道、人行横道、商业步行街、滨河步道或林阴道的规划，并应与居住区、车站广场、中心区广场等步行系统紧密结合，构成完整的城镇步行交通系统。

步行交通设施应符合无障碍交通要求。

(1) 人行道

沿人行道设置行道树、车辆停靠站、公用电话亭、垃圾箱等设施时，应不妨碍行人的正常通行。人行道布置如图8.3.3-1。

(2) 人行横道

在城镇的主要路段上，应设置人行横道或过街通道，其宽度不小于2m，间距宜为250~300m。当道路宽度超过4条机动车道路或人行横道长度大于15m时，人行横道应在车行道中间分隔带设置行人安全岛，最小宽度1.25m，最小面积5m²。

(3) 商业步行街

小城镇设置商业步行街，必须根据具体情况，对步行街与城镇的相互

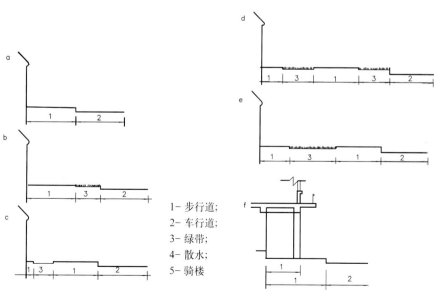

1-步行道；
2-车行道；
3-绿带；
4-散水；
5-骑楼

图8.3.3-1　小城镇人行道的布置

关系作必要的研究；在此基础上，结合具体交通系统分析，合理组织交通及停车设施布局，从而达到改善小城镇的交通环境、增加步行空间、繁荣商业经济的目的。

商业步行街要满足送货车、清扫车、消防车及救护车通行的要求，道路宽度可采用10~15m，其间可配置小型广场。道路与广场面积可按0.8~1.0人/m²计算。街区的紧急安全疏散出口间隔距离不得大于160m。路口处应设置机动车和非机动车停车场地，距步行街进出口距离不宜超过100m。

8.3.3.4 小城镇货运交通

小城镇的机动车交通通常以货运车辆为主，货运交通的规划是在预测小城镇货运交通流量、流向的基础上选择货运组织方式，安排货运交通路线，确定主要货流所行经的交通干道网，选定货运站场、仓库、堆场位置及交通管理设施。

货运交通规划受工业企业、仓库、专业市场及车站、码头等用地布置的影响很大，规划中要妥善地安排好这些货流形成点，尽量按交通流发生点或吸引点间交通量的大小及它们的相关程度规划好它们之间的位置，切忌主要交通流的绕行、越行和迂回，尽量减少交通流的重叠和过境交通流穿越镇区。

同时，还要考虑静态交通设施，应根据车辆增长预测，合理地布置公共停车场(库)的位置。停车场的容量根据小城镇交通规划作出预测。人、车流较集中的公共建筑、商业街(区)，应留出足够的停车场(库)位置，在规划居住区和单位庭院时应考虑停车泊位。

8.3.4 小城镇道路系统规划

小城镇道路系统规划应根据其道路现状及规划布局的要求，按照道路的功能性质进行合理布置。

8.3.4.1 小城镇道路系统规划的基本要求

(1)应满足交通流畅、安全和迅速的要求

①在规划小城镇道路系统时，其选线位置要合理，主次分明，功能明确。过境公路或与过境公路联系的对外道路，连接工厂、仓库、码头、货场等的交通性干道应避免穿越城镇中心地段。

②干道网的密度要适当，应与小城镇交通相适应，一般在小城镇中心地区向镇郊逐渐递减，以适应居民出行流量分布变化的规律。但往往有些老城镇中心地区密度过高、路幅又窄，应注意适当放宽路幅或禁止机动车通行或改为单行车道。同时，要尽量避免锐角交叉口，两条干道相交的夹角宜大于45°。

③位于商业服务、文化娱乐等大型公共建筑前的道路，应设置必要的人流集散场地、绿地和停车场地。在以上大型公共建筑集中的路段，可以布置为商业步行街，禁止机动车穿越，路口处应设停车场地。

(2)规划干道路网骨架，要结合小城镇用地布局规划结构，形成完整的干道路网系统

①要满足作为合理划分小城镇分区、片区、组团、街坊等用地的界线要求。

②要满足小城镇对外交通联系的通道及小城镇各分区、片区、组团、街坊相互之间交通联系通道的要求。

(3)充分结合地形、地质、水文条件合理规划道路走向

①对于平原地区的小城镇，按交通运输的要求，道路线形宜平而直；对不合理的局部路段，可以采取"裁弯取直"或拓宽路面的措施予以改造。

②对于山区的小城镇，特别是地形起伏较大的地段，一般宜沿较缓的山地或结合等高线自由布置道路。

③在选择道路标高时，要考虑水文地质条件对道路的影响，特别是地下水对路面、路基的破坏作用；一般路面标高至少应距地下水最高水位0.7~1.0m的距离。

(4)有利于改善小城镇环境

①要避免或减少汽车对小城镇居住的影响，一般应合理地确定干道系统密度，以保证居住与干道有足够的消声距离。限制过境车辆穿越镇区，对于已在过境公路两侧形成的建设用地，应进行必要的调整。道路两侧应有一定的宽度布置绿地或防护绿地。

②小城镇主干路走向应有利于建筑取得良好的朝向。南方小城镇干道走向一般应平行夏季主导风向；临海临江的道路需临水，并留出必要的生活岸线，布置一些垂直岸线的街道；北方小城镇严寒且多风沙、大雪，道路布置应与大风的主导方向成直角或一定的斜角；山地小城镇的道路走向要有利于组织山谷风。

(5)应有利于组织小城镇景观

①小城镇街道要与沿街建筑群体、广场、绿地、自然环境、各种公用设施有机协调。

②小城镇街道的走向应注意运用对景和借景的手法把自然景色(山峰、江河、绿地)、宝塔、纪念碑、古迹及现代建筑等贯通起来，并与绿地、广场、建筑及小品等相配合，形成小城镇的景观骨架，体现小城镇的个性特色和艺术风貌。

(6)有利于各种工程管线的布置

小城镇道路的纵坡要有利于地面排水,并应根据小城镇公共事业和市政工程管线规划,留有足够的空间和用地。小城镇道路系统规划还应与人防工程、防洪工程、消防工程等防灾工程规划密切配合。

8.3.4.2 小城镇道路系统的形式

小城镇干道系统可分为四种形式:方格网式(棋盘式)、环形放射式、自由式和混合式。见图8.3.4。

8.3.4.3 小城镇道路的功能分工

小城镇道路按其功能一般可以分为交通性道路和生活性道路。这两类道路既相对独立又有机联系,也可能是部分重合。

(1)交通性道路

要求行车快速畅通,避免非机动车及行人频繁过街造成的干扰。交通性道路还必须与公路及工业、仓库、交通运输等用地有方便的联系,同时与居住、公共建筑等用地有较好的隔离,道路线型应顺直,并形成网络。

(2)生活性道路

要求的行车速度相对低一些,不受交通性车辆的干扰,同居民区有方便的联系,同时对道路又有一定的景观效果要求。生活性道路一般由两部分组成:一部分为联系城镇各分区(组团)的生活性干道,另一部分是分区(组团)内部的道路。

生活性道路的人行道比较宽,并要考虑有较好的绿化环境,在规划时要因地制宜、结合地形地貌特点,采用活泼的道路线形,在组织好小城镇居民生活的同时,也要组织好小城镇的景观,以体现各地不同的小城镇特色和风貌。

8.3.4.4 小城镇道路交通用地分类及标准

(1)用地分类

小城镇道路交通用地主要包括对外交通用地及道路广场用地。

对外交通用地是指小城镇对外交通的各种设施用地,它又分为公路交通用地(即公路站场及规划范围内的路段、附属设施等用地)、其他交通用地(即铁路、水运及其他对外交通的路段和设施等用地)。

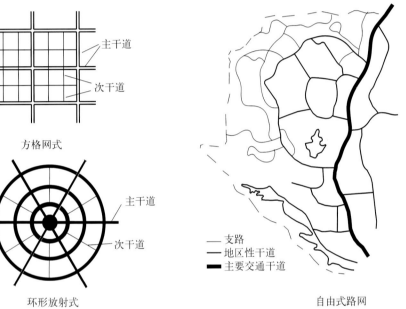

图8.3.4 小城镇道路系统形式

小城镇道路网形式及比较分析 表8.3.4-1

形式分类	特 征	优 点	缺 点
方格网式	道路以直线型为主,呈方格网状。平原地区适用	街坊排列整齐,有利于建筑物的布置和方向识别,车流分布均匀,不会造成对小城镇中心区的交通压力	交通分散,不能明显地划分主干路,限制了主、次干路的明确分工,对角方向的交通联系不便,行驶距离较长,曲线系数可高达1.2~1.41
环形放射	由放射干道和环形干道组合形成,放射干道担负对外交通联系,环形干道担负各区间的交通联系。平原地区适用	对外对内交通联系便捷,线形易于结合自然地形和现状,曲线系数不大,一般在1.10左右,利于形成强烈的小城镇景观	易造成城镇中心区交通拥堵,交通机动性差,在小城镇中心区易造成不规则的小区和街坊
自由式	一般依地形而布置,路线弯曲自然。山区适用	充分结合自然地形布置小城镇干道,节约建设投资,街道景观丰富多变	路线弯曲,方向多变,曲线系数较大,易形成许多不规则的街坊,影响工程管线的布置
混合式	前几种形式组合而成。适用于各类地形	可以有效地考虑自然条件和历史条件,吸取各种形式的优点,因地制宜地组织好小城镇交通	

国内部分小城镇对外交通用地及道路广场用地指标　　　　表8.3.4-2

城镇名称	占建设用地比例(%)				人均建设用地指标(m²/人)			
	对外交通用地		道路广场用地		对外交通用地		道路广场用地	
	现状	规划	现状	规划	现状	规划	现状	规划
吉林省延吉市三道湾镇		1.59		14.10		2.38		21.14
江苏省武进县遥观镇	2.33	1.09	12.84	11.17	3.11	1.31	17.21	13.38
江西省进贤县文港镇	2.81	2.02	16.34	17.93	2.26	2.00	13.12	17.79
江西省永新县澧田镇	2.75	5.25	8.21	15.54	2.10	4.43	6.25	13.10
江西省婺源县清华镇	7.08	2.98	3.11	15.61	5.98	2.76	2.62	14.44
江西省德兴市泗洲镇	4.29	3.90	6.46	12.8	3.77	3.90	5.66	12.78
广西区扈宁县苏圩镇	2.68	2.22	6.61	15.97	2.34	2.23	5.78	16.05
广西区合浦县山口镇	0.34	1.09	9.07	19.04	0.32	1.19	8.46	20.86
湖北省应城市长江埠城区	12.26	6.54	6.36	11.14	12.29	6.91	6.38	11.78
湖北省黄梅县小池镇	1.90	2.10	16.8	12.10	1.80	2.20	16.30	12.50
湖北省嘉鱼县潘家湾镇	1.80	2.70	6.70	15.70	1.67	2.57	6.35	14.88
天津市津南区葛沽镇	4.56	0.51	7.75	21.17	4.61	0.41	7.86	16.95
安徽省肥西县三河镇	0.70	4.80	15.0	11.30	0.58	5.21	11.84	12.27
广西区灵山县陆屋镇	10.50	6.50	24.0	17.10	10.20	6.38	23.20	16.90
广西区灵山县石塘镇	3.20	2.00	18.10	17.80	2.00	2.00	11.30	17.80
广西区横县云表镇	3.89	3.74	13.08	16.34	3.76	4.00	12.62	17.47

注：表中资料所列规划年限一般为15~20年。

道路广场用地是指规划范围内的道路、广场、停车场等设施用地，它又分为道路用地（即规划范围内宽度等于和大于3.5m的各种道路及交叉口等用地）、广场用地（即公共活动广场）、停车场用地（不包括各类用地内部的停车场地）。

(2)用地构成比例及人均用地指标

小城镇规划道路广场用地占建设用地的比例，一般为：中心镇11%~19%，一般镇10%~17%，中心村9%~16%；规划人均道路广场用地指标一般为7~15m²/人。

8.3.4.5　小城镇道路系统规划指标及规定

(1)小城镇道路系统分级

根据国家《村镇规划标准》规定，村镇道路按使用功能和通行能力划分为四级。根据国家《城市道路交通规划设计规范》规定，小城市道路可划

小城镇道路分级标准　　　　表8.3.4-3

道路等级	功能特征	红线宽度(m)	断面形式
一级路	小城镇商业居住中心的主要交通汇集线，是沟通小城镇各功能区之间的主要联系通道	24~32	一般为一块板式，个别大镇可以设三块板
二级路	次于一级路的干道	16~24	一般为一块板
三级路	次于二级路，是方便居民出行、交通疏散，满足消防、救护等要求的道路	10~14	
四级路	联系村落住宅与主要交通路线的道路	4~6	

村镇道路系统分级　　　　表8.3.4-4

村镇层次	规划人口规模(人)	道路分级			
		一	二	三	四
中心镇	大型(10001以上)	●	●	●	●
	中型(3001~10000)	△	●	●	●
	小型(3000以下)		●	●	●
一般镇	大型(3001以上)		●	●	●
	中型(1001~3000)		●	●	●
	小型(1000以下)		△	●	●
中心村	大型(1001以上)		△	●	●
	中型(301~1000)			●	●
	小型(300以下)			●	●
基层村	大型(301以上)			●	●
	中型(101~300)			△	●
	小型(100以下)				●

注：1．●——应设的级别，△——可设的级别。
　　2．当中心镇规划人口大于30000人时，其主要道路红线宽度可大于32m。

分为干路及支路二级。

不同规模的村镇道路系统的组成见表8.3.4-4。

(2) 小城镇道路网密度

小城镇道路网密度应满足道路系统规划的基本要求。小城镇道路由于机动车流量不大、车速较低，居民出行主要依靠自行车和步行，因此，其干道网和道路网(含支路、巷路)的密度可以略高，道路网密度可达 8 ~ 13km/km^2，道路间距为150 ~ 250m。干道网密度可达 5 ~ 6.7km/km^2，干道间距可为 300 ~ 400m。

(3) 小城镇道路规划技术指标

按照国家《村镇规划标准》，村镇道路规划技术指标是根据村镇不同等级的道路，对其各项指标内容作出的相应规定要求(见表8.3.4-5)。

小城市的道路分为两级，其规划指标见表8.3.4-6。

8.3.5 小城镇道路交通系统规划实例

村镇道路规划技术指标　　表8.3.4-5

规划技术指标	村镇道路级别			
	一	二	三	四
计算行车速度(km/h)	40	30	20	—
道路红线宽度(m)	24 ~ 32	16 ~ 24	10 ~ 14	—
车行道宽度(m)	14 ~ 20	10 ~ 14	6 ~ 7	3.5
每侧人行道宽度(m)	4 ~ 6	3 ~ 5	0 ~ 2	0
道路间距(m)	≥ 500	250 ~ 500	120 ~ 300	60 ~ 150
最大纵坡(%)	4	5	6	6
不设超高最小平曲线半径(m)	250	150	100	50
停车视距(m)	50	30	20	

注：表中一、二、三级道路用地按红线宽度计算、四级道路按车行道宽度计算。

小城市道路网规划指标　　表8.3.4-6

项　　目	城市人口(万人)	干　路	支　路
机动车设计速度(km/h)	> 5	40	20
	1 ~ 5	40	20
	< 1	40	20
道路网密度(km/km^2)	> 5	3 ~ 4	3 ~ 5
	1 ~ 5	4 ~ 5	4 ~ 6
	< 1	5 ~ 6	6 ~ 8
道路中机动车车道条数(条)	> 5	2 ~ 4	2
	1 ~ 5	2 ~ 4	2
	< 1	2 ~ 3	2
道路宽度(m)	> 5	25 ~ 35	12 ~ 15
	1 ~ 5	25 ~ 35	12 ~ 15
	< 1	25 ~ 30	12 ~ 15

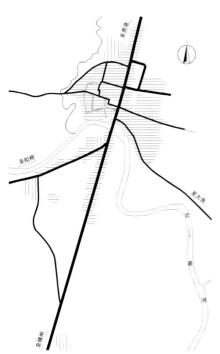

图 8.3.5-1　广西自治区横县云表镇道路系统现状

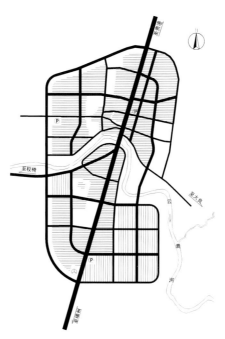

图 8.3.5-2　广西自治区横县云表镇道路系统规划

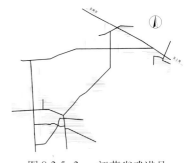

图 8.3.5-3　江苏省武进县瑶观镇道路体系现状

图 8.3.5-4　江苏省武进县瑶观镇道路体系规划

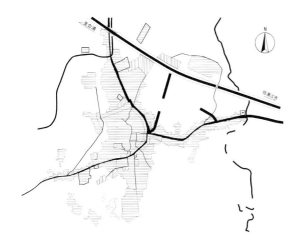

图 8.3.5-5 广西自治区合浦县山口镇道路系统现状

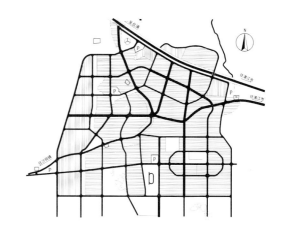

图 8.3.5-6 广西自治区合浦县山口镇道路规划

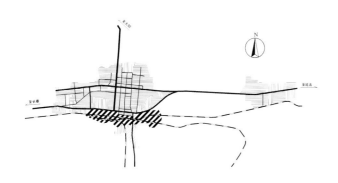

图 8.3.5-7 吉林省延吉市朝阳川镇道路系统现状

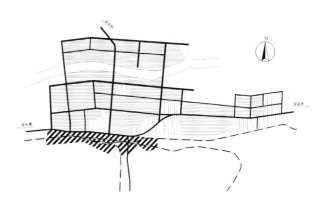

图 8.3.5-8 吉林省延吉市朝阳川镇道路系统规划

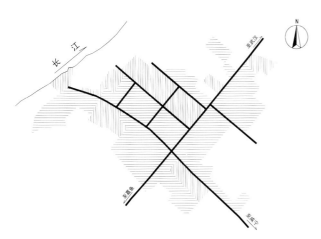

图 8.3.5-9 湖北省嘉鱼县潘家湾镇道路系统现状

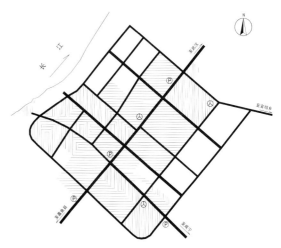

图 8.3.5-10 湖北省嘉鱼县潘家湾镇道路系统规划

8 小城镇专项规划

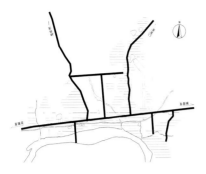

图 8.3.5-11　江西省永新县澧田镇道路系统现状

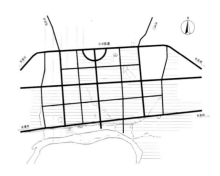

图 8.3.5-12　江西省永新县澧田镇道路系统规划

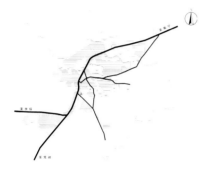

图 8.3.5-13　广西自治区扈宁县苏圩镇道路系统现状

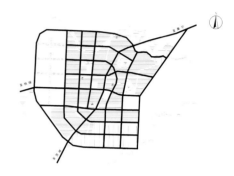

图 8.3.5-14　广西自治区扈宁县苏圩镇道路系统规划

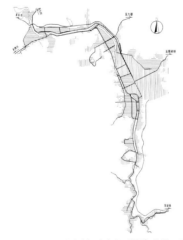

图 8.3.5-15　江西省德兴市泗洲镇道路系统现状

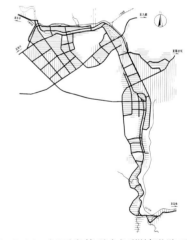

图 8.3.5-16　江西省德兴市泗洲镇道路系统规划

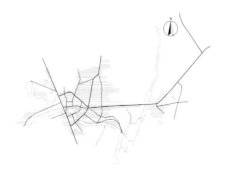

图 8.3.5-17　江西省进贤县文港镇道路系统现状

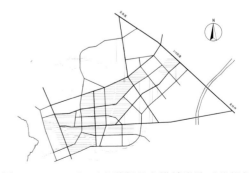

图 8.3.5-18　江西省进贤县文港镇道路系统规划

8.4 小城镇市政工程规划

8.4.1 小城镇给水工程规划

8.4.1.1 小城镇用水量预测

集中式给水的用水量应包括：生活、生产、消防、浇洒道路和绿化、管网漏水量和未预见水量。乡村居民点用水量基本上为生活用水量。农业用水量包括引水灌溉、养畜、水产养殖和放牧用水量等。

(1) 小城镇生活用水量

① 居住建筑的生活用水量：按表 8.4.1-1 计算。

② 公共建筑的用水量：可按居住建筑用水量的 8%～25% 进行估算，或按表 8.4.1-2 计算。

③ 综合生活用水量：小城镇给水工程统一供给的综合生活用水量宜采用表 8.4.1-3 的指标预测，并应结合小城镇地理位置、水资源状况、气候条件、小城镇经济社会发展与公共设施水平、居民经济收入、居住生活水平、生活习惯，经综合分析与比较后选定相应的指标。

(2) 小城镇生产用水量

① 乡镇工业用水量：一般按小城镇总用水量的 50%～70% 计算，或按规划经济增长率和规划年限估算，或按单位产品用水量计算和采用万元产值用水量估算，如表 8.4.1-4 和表 8.4.1-5。

② 主要畜禽饲养用水量：可按表 8.4.1-6 进行计算。

③ 农业机械用水量：可按表 8.4.1-7 进行计算。

④ 水田用水量：一般为 400～600 m^3/年·亩，随着农业灌溉技术的提高，用水量标准会有所下降。

(3) 小城镇消防用水量

小城镇居住建筑用水量指标 表 8.4.1-1

供水方式	最高日用水量 (l/人·日)	平均日用水量 (l/人·日)	时变化系数	备注
集中龙头供水	20～60	15～40	3.5～2.0	此表适用于连续供水方式；如采用定时供水，时变化系数值应取 3～5
供水到户	40～90	20～70	3.0～1.8	
供水到户、设水厕	85～130	55～100	2.5～1.5	
户内设水厕、淋浴、洗衣设备	130～190	90～160	2.0～1.4	

小城镇公共建筑用水量 表 8.4.1-2

建筑物名称		单位	用水量标准 (最高日, l)	时变化系数
集体宿舍	有盥洗室	每人每日	50～75	2.5
	有盥洗室和浴室	每人每日	75～100	2.5
旅馆	有盥洗室	每床每日	50～100	2.5～2.0
	有盥洗室和浴室	每床每日	100～120	2.0
	25% 及以下的房号有浴盆	每床每日	150～200	2.0
	26%～75% 的房号有浴盆	每床每日	200～250	2.0
	76%～100% 的房号有浴盆	每床每日	250～300	2.0～1.5
医院	有盥洗室和浴室	每床每日	100～200	2.5～2.0
	有盥洗室和浴室、部分房间有浴盆	每床每日	200～300	2.0
	所有房号有浴盆	每床每日	300～400	2.0
	有泥浴、水疗设备及浴室	每床每日	400～600	2.0～1.5
门诊部、诊所		每人次	15～20	2.5
公共浴室设有淋浴器、浴盆、理发室		每人次	80～170	2.0～1.5
理发室		每人次	10～25	2.0～1.5
洗衣房		每千克干衣	40～60	1.5～1.0
公共食堂、营业食堂		每人次	15～20	2.0～1.5
工业企业、机关、学校和居民食堂		每人次	10～25	2.0～1.5
幼儿园 托儿所	有住宿	每人每日	50～100	2.5～2.0
	无住宿	每人每日	25～50	2.5～2.0
办公楼		每人每班	10～25	2.5～2.0
中小学校(无住宿)		每人每日	10～25	2.0～1.5
中等学校(有住宿)		每人每日	100～150	2.0～1.5
电影院		每人每场	3～8	2.5～2.0
剧院		每人每场	10～20	2.5～2.0
体育场	运动员淋浴	每人次	50	2.0
	观众	每人次	3	2.0
游泳池	游泳池补充水	每日占水池容积	15%	
	运动员淋浴	每人每场	60	2.0
	观众	每人每场	3	2.0

注：医疗、疗养院和休养所的每一床每日的生活用水量标准均包括了食堂、洗衣房的用水量，各类学校的用水量包括了校内职工家属用水。

小城镇人均综合生活用水量指标（l/人·日） 表8.4.1-3

地区区划	小城镇规模分级					
	一		二		三	
	近期	远期	近期	远期	近期	远期
一 区	190~370	220~450	180~400	200~400	150~300	170~350
二 区	150~280	170~350	160~310	160~310	120~210	140~260
三 区	130~240	150~300	140~260	140~260	100~160	120~200

注：1. 一区包括贵州、四川、湖北、湖南、江西、浙江、福建、广东、广西、海南、上海、云南、江苏、安徽、重庆；二区包括黑龙江、吉林、辽宁、北京、天津、河北、山西、河南、山东、宁夏、陕西、内蒙古河套以东和甘肃黄河以东的地区；三区包括新疆、青海、西藏、内蒙古河套以西和甘肃黄河以西的地区（下同）。
2. 用水人口为小城镇总体规划确定的规划人口数（下同）。
3. 综合生活用水为小城镇居民日常生活用水与公共建筑用水之和，不包括浇洒道路、绿地、市政用水和管网漏失水量。
4. 指标为规划期内最高日用水量指标（下同）。
5. 特殊情况的小城镇，其用水量指标应根据实际情况酌情增减（下同）。

乡镇工业部分单位产品参考用水量 表8.4.1-4

工业项目	单位	用水量(m³)	工业项目	单位	用水量(m³)
水泥	t	1~3	酿酒	t	20~50
水泥制品	t	60~80	啤酒	t	20~25
制砖	万块	7~12	榨油	t	6~30
造纸	t	500~800	榨糖	t	15~30
纺织	万m	100~150	制茶	t	0.1~0.3
印染	万m	180~300	罐头	t	10~40
塑料制品	t	100~220	豆制品加工	t	5~15
屠宰	头	0.8~1.5	食品	t	10~40
制革 猪皮	张	0.15~0.3	果脯加工	t	30~35
制革 牛皮	张	1~2	农副产品加工	t	5~30

乡镇工业万元产值参考用水量 表8.4.1-5

工业类别	用水量(m³/万元)	工业类别	用水量(m³/万元)	备注
冶金	120~180	食品	150~180	表内万元产值系按1985年价格计算。
电力	160~180	纺织	100~130	
石油	500~600	缝纫	15~30	
化学、医药	200~400	皮革	60~90	
机械	80~100	造纸	600~1000	
建材	180~300	文化用品、印刷	60~120	
木材加工	90~120	其他	100~150	

主要畜禽饲养用水量 表8.4.1-6

畜禽类别	单位	用水量	畜禽类别	单位	用水量
马	l/头·日	40~60	羊	l/头·日	5~10
成牛或肥牛	l/头·日	30~60	鸡	l/头·日	0.5~1
牛	l/头·日	60~90	鸭	l/头·日	1~2
猪	l/头·日	20~80			

主要农业机械用水量 表8.4.1-7

机械类别	单位	用水量
柴油机	l/马力·小时	30~50
汽车	l/辆·日	100~120
拖拉机或联合收割机	l/台·日	100~150
农机小修厂机床	l/台·日	35
汽车、拖拉机修理	l/台·日	1500

应符合现行的《村镇建筑设计防火规范》的有关规定。可参照表8.4.1-8确定。

（4）小城镇浇洒道路和绿地用水量

可根据当地路面、绿化、气候和土壤条件确定。浇洒道路用水量一般为2~3次/日，1~1.5l/m²·次；浇洒绿地用水量采用1.5~2.0l/m²·日。

（5）小城镇管网漏失水量及未预见用水量

可按最高日用水量的15%~25%计算，或按总用水量的10%~20%计算。

8.4.1.2 小城镇给水水源选择与水源保护

（1）小城镇给水水源选择

给水水源分为地下水和地表水两大类。小城镇生活饮用水源一般应首先考虑采用地下水。其水源的选择应符合下列要求：

① 水量充足可靠，水源水质符合要求。

② 水源卫生条件好，便于卫生防护。水源的卫生防护按现行的《生活饮用水卫生标准》的规定执行。水源地一级保护区应符合现行的《地面水环境质量标准》(GB3838)中规定的Ⅱ类标准。

③ 取水、净水、输配水设施安全经济，具备施工条件。

④ 选择地下水作为给水水源时，应有确切可靠的水文地质资料，且不得超量开采；选择地表水作为给水水源时，应保证枯水期的供水需要，其保证率不得低于90%。

⑤ 当小城镇之间使用同一水源或水源在规划区以外时，应进行区域或流域范围内的水资源供需平衡分析，并根据水资源平衡分析，提出保持平衡的对策。

⑥ 水资源不足的小城镇，宜将

雨、污水处理后用作工业用水、生活杂用水及河湖环境用水、农业灌溉用水等，其水质应符合相应标准的规定。靠近中心城市的小城镇，应考虑以中心城市水厂作为给水水源。

⑦选择湖泊或水库作为水源时，应选在藻类含量较低、水较深和水域较开阔的位置，并符合现行的《含藻水给水处理设计规范》(CJJ32)的规定。

(2)小城镇给水水源保护

①地面水取水点周围半径100m的水域内严禁捕捞、停靠船只、游泳和从事有可能污染水源的任何活动。

②取水点上游1000m，下游100m的水域不得排入工业废水和生活污水；其沿岸防护范围内不得堆放废渣，不得设置有害化学物品仓库或设立装卸垃圾、粪便、有毒物品的码头。

③供生活饮用的水库和湖泊，应将其取水点周围部分水域或整个水域及其沿岸划为卫生防护地带。

④以河流为给水水源的集中式给水，必须把其取水点上游1000m以外一定范围的河段划为水源保护区，严格控制污染物排放量。

⑤以地下水为水源、采取分散式取水时，水井周围30m范围内不得设置渗水厕所、渗水坑、粪坑、垃圾堆、废渣堆等污染源；在井群影响半径范围内，不得使用工业废水和生活污水进行农业灌溉和施用剧毒农药。

8.4.1.3 小城镇给水水质

生活饮用水的水质应按现行的《生活饮用水卫生标准》的规定执行。供水水质不能满足要求时，应采用适宜的净水构筑物和净水工艺流程进行处理。

8.4.1.4 小城镇给水水厂、泵站

(1)小城镇的水厂设置应以小城镇总体规划和县(市)域城镇体系规划为

地下水水源选择要求 表8.4.1-8

因　素	要　求
取水地点	应与村镇规划的要求相适应
水　量	水量充沛可靠，水量保证率要求在95%以上，不但满足规划水量要求，且留有余地
水　质	水质良好，原水水质符合饮用水水质要求
用水地区	应尽可能靠近主要用水地区
综合利用	应注意综合开发利用水资源，同时须考虑农业、水利的需求
施工与运行	应考虑取水、输水、净化设施的施工、运转、维护管理方便、安全、经济，不占或少占农田

地面水水源选择要求 表8.4.1-9

因　素	要　求
规划要求	取水地点应与村镇规划要求相适应，尽可能靠近用水地区以节约输水投资
水量、水质	水量充沛可靠，不被泥砂淤积和堵塞，水质良好
避砂洲	在有砂洲的河段应离开砂洲有足够的距离(500m外)，砂洲有向取水点移动趋势时，还应加大距离
地　段	宜在水质良好地段，在村镇上游，防止污染，防止潮汐影响。选择湖泊、水库为水源时，应有足够水深。远离支流汇入处，靠近湖水出口或水库堤坝，在常年主导风向的上风向
洪水、结冰	应设在洪水季节不受冲刷和淹没处，无底冰和浮水的河段
人工构筑物	须考虑人工构筑物，如桥梁、码头、丁坝、拦河坝等对河流特性所引起变化的影响，以防对取水构筑物造成危害
给水系统	取水点位置与给水厂、输配水管网一起统筹考虑协调布置

小城镇水厂位置选择要求 表8.4.1-10

因　素	要　求
布　局	有利于给水系统布局合理
地　形	不受洪水威胁，充分利用地形地势，有较好的废水排除条件
地　质	有良好的工程地质条件
卫　生	有良好的卫生环境，便于设立卫生防护地带
用　地	少拆迁，不占或少占良田
运　行	施工、运行和维护方便

依据；较集中分布的小城镇应统筹规划区域水厂，不单独设水厂的小城镇可酌情设配水厂。

(2)小城镇水源地应设在水量、水质有保证且易于实施水源环境保护的地段。地表水水厂的位置应根据给水系统的布局确定，宜选择在给水半径合理、交通方便、供电安全、生产废水处置方便、周围无污染企业，在设计的小城镇防洪排涝标准下不被淹没、不形成内涝的地方，且靠近取水点；地下水水厂的位置应根据水源地的地点和不同的取水方式确定，宜选择在取水构筑物附近。

(3)小城镇水厂用地应按规划期给水规模来确定，用地控制指标应按表8.4.1-11，并结合小城镇实际情况选定；水厂厂区周围应设置宽度不小于10m的绿化地带。新建水厂的绿化占地面积不宜少于总面积的20%。

(4)小城镇的水厂应不占或少占良田好地。

小城镇水厂综合用地控制指标 （m²·d/m³）　　表8.4.1-11

建设规模(万m³/d)	地表水水厂		地下水水厂
	沉淀净化	过滤净化	除铁净化
0.5~1	1.0~1.3	1.3~1.9	0.4~0.7
1~2	0.5~1.0	0.8~1.4	0.3~0.4
2~5	0.4~0.8	0.6~1.1	
2~6			0.3~0.4
5~10	0.35~0.6	0.5~0.8	0.3~0.4

注：1. 指标未包括厂区周围绿化地带用地；
　　2. 当小城镇需水量小于0.5万m³/d时，可考虑采用一体化净水装置，其用地可小于常规处理工艺所需的用地面积。

(5)当小城镇配水系统需设置加压泵站时，其位置宜靠近用水集中的地区；泵站用地应按规划期给水规模确定，用地控制指标按《城市给水工程项目建设标准》的规定，结合实际情况选定；泵站周围应设置不小于10m的绿化地带，并宜与小城镇绿化用地相结合。

8.4.1.5　小城镇给水管网布置

(1)小城镇给水管网布置形式

给水管网系统应根据现状条件，相应选择树枝状、环状或混合式的布置形式。

(2)小城镇给水管网布置原则

①给水干管布置的方向应与供水的主要流向一致，并以最短距离向用水大户送水。

②给水干管最不利点的最小服务水头，单层建筑物可按5~10m计算，建筑物每增加一层应增压3m。

③管网应分布在整个给水区内，且能在水量和水压方面满足用户要求。小城镇中心区的配水管宜呈环状布置；周边地区近期宜布置成树枝状，远期应留有连接成环状管网的可能性。

④保证给水的安全可靠。当个别管线发生故障时，断水的范围应减少到最小程度。

⑤尽量少穿越铁路、公路；无法避免时，应选择经济合理的线路。宜沿现有或规划道路铺设，但应避开交通主干道。管线在道路中的埋设位置应符合现行的《城市工程管线综合规划规范》(GB50289)的规定。

⑥选择适当的水管材料。

⑦应结合小城镇建设的长远需要，为给水管网的分期发展留有余地。

⑧小城镇输水管原则上应有2条，其管径应满足规划期给水规模和近期建设要求。小城镇一般不设中途加压站。

(3)小城镇给水管径简易估算

小城镇给水管网系统的供水管径简易估算可参照表8.4.1-12、表8.4.1-13进行。

给水管径简易估算表　　表8.4.1-12

管径(mm)	估计流量(l/s)	使用人口数(人)						
		用水标准=50 l/人·日 (K=2.0)	用水标准=60 l/人·日 (K=1.8)	用水标准=80 l/人·日 (K=1.7)	用水标准=100 l/人·日 (K=1.6)	用水标准=120 l/人·日 (K=1.5)	用水标准=150 l/人·日 (K=1.4)	用水标准=200 l/人·日 (K=1.3)
50	1.3	1120	1040	830	700	620	530	430
75	1.3~3.0	1120~2400	1040~2400	830~1900	700~1600	620~1400	530~1200	430~1000
100	3.0~5.8	2400~5000	2400~6400	1900~3700	1600~3100	1400~2800	1200~2400	1000~1900
125	5.8~10.25	5000~8900	6400~8200	3700~6500	3100~5500	2800~4900	2400~4200	1900~3400
150	10.25~17.5	8900~15000	8200~14000	6500~11000	5500~9500	4900~8400	4200~7200	3400~5800
200	17.5~31.0	15000~27000	14000~25000	11000~20000	9500~17000	8400~15000	7200~12700	5800~10300
250	31.0~48.5	27000~41000	25000~38000	20000~30000	17000~26000	15000~23000	12700~20000	10300~16000
300	48.5~71.0	41000~61000	38000~57000	30000~45000	26000~28000	23000~34000	20000~29000	16000~24000
350	71.0~111	61000~96000	57000~88000	45000~70000	28000~60000	34000~58000	29000~45000	24000~37000
400	111~159	96000~145000	88000~135000	70000~107000	60000~91000	58000~81000	45000~70000	37000~56000
450	159~196	145000~170000	135000~157000	107000~125000	91000~106000	81000~94000	70000~81000	56000~65000
500	196~284	170000~246000	157000~228000	125000~181000	106000~154000	94000~137000	81000~117000	65000~95000

注：1. 本表可根据用水人口数以及用水量标准查得管径，亦可根据已知管径、用水量标准查得可供多少人使用，亦可根据设计流量查得管径。
　　2. 本表适用于铸铁管。如用混凝土管供水，供水人口数减少10%~20%；如用钢管供水，供水人口数增加10%~20%。
　　3. 本表仅适用于计算生活用水量。

给水铸造铁管管径－流量－流速－水力坡降简表 表8.4.1-13

管径(mm)	流量		流速(m/s)	水力坡降i (‰)	管径(mm)	流量		流速(m/s)	水力坡降i (‰)
	m³/h	l/s				m³/h	l/s		
100	19.44	5.4	0.70	11.6	300	228.60	64.5	0.90	4.29
150	46.80	13.0	0.75	7.6	400	432.00	120.0	0.95	3.32
200	90.00	25.0	0.80	5.98	500	705.60	196.0	1.00	2.70
250	149.40	41.5	0.85	4.98					

注：钢管和预应力钢筋混凝土管的各项参数与本表相近，塑料类管材在相同流量下管径可小一个等级。

8.4.1.6 小城镇给水工程设施防灾要求

(1)小城镇给水工程设施不应设置在容易发生滑坡、泥石流、塌陷等不良地质地区及洪水淹没和内涝低洼地区，工程设施的防洪及排涝等级不应低于小城镇防洪排涝所采用的等级。

(2)小城镇给水工程设施应按国家现行标准《室外给水排水和煤气热力工程抗震设计规范》(TJ32)及《室外给水排水工程设施抗震鉴定标准》(GBJ43)进行抗震设防。

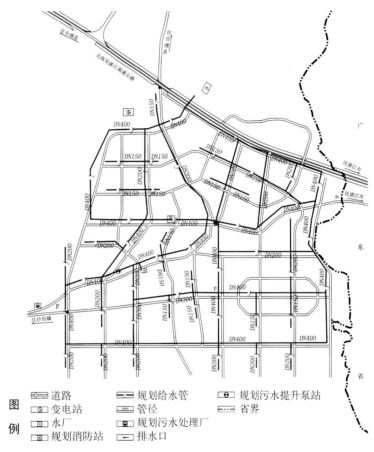

图8.4.1-1 广西自治区合浦县山口镇给水工程规划

注：山口镇位于北部湾北部，规划近期(2005年)人口2.3万人，远期(2015年)人口4万人，综合用水量指标为0.4万m³/万人·日。近期用水量1.0万m³/d，以地下水为水源；远期为1.6万m³/d，以水库水为水源。现状给水为树枝状管网，规划为环状与枝状相结合，并逐渐向环状管网发展。

图8.4.1-2 江西省婺源县清华镇给水工程规划

注：清华镇距婺源县城34km，1999年镇区人口为0.73万人。规划近期(2005年)人口1万人，远期(2015年)为1.5万人。里江河绕镇流过，水厂以里江为水源，位于镇区中心上游。规划管网为环状与枝状相结合。

8.4.2 小城镇排水工程规划

8.4.2.1 小城镇排水量计算

(1)小城镇污水量计算

污水量应包括生活污水量和生产污水量。

①生活污水量：可按生活用水量的75%~90%进行估算，或按表8.4.2-1、表8.4.2-2确定。农村居民点的生活污水量按当地用水定额的60%~80%计算。

②生产污水量及其时变化系数：应按产品种类、生产工艺特点和用水量确定，也可按生产用水量的70%~90%计算。

(2)小城镇雨水量计算

根据《室外给排水设计规范》，雨水量(Q)用降雨强度(q)、径流系数(Ψ)和汇水面积(F)等3个因素的乘积估算。其中，暴雨强度亦可按邻近城市的暴雨强度公式计算，各类面积径流系数可参考表8.4.2-3、表8.4.2-4。

8.4.2.2 小城镇排水体制

(1)排水体制宜选择雨污水分流制；条件不具备的小城镇可选择合流制，但在污水排入排水系统之前，应采用化粪池、生活污水净化沼气池等方法进行预处理；经济发展一般或欠发达地区的小城镇近期或远期可采用不完全分流制，有条件时宜过渡到完全分流制。

(2)新建镇区宜采用分流制，旧镇区暂时保留合流制，并逐步改造。

8.4.2.3 小城镇排水管渠布置

排水管渠的布置，可采用贯穿式、低边式或截流式。雨水应充分利用地面径流和沟渠排除；污水通过管道或暗渠排放；雨、污水均应尽量考虑自流排水。

(1)小城镇排水管渠管径(断面)

①小城镇排水管渠最大允许充满度应满足表8.4.2-6要求。

小城镇生活污水量标准 表8.4.2-1

供水情况	污水量标准(l/日·人)	供水情况	污水量标准(l/日·人)
集中龙头供水	10~25	室内设水冲厕所	45~85
几户合用龙头供水	20~35	室内设水冲厕所及淋浴设备	75~125
龙头供水到户	25~55		

注：该污水量标准已考虑小城镇居民饲养少量畜禽污水量。

小城镇生活污水量时变化系数 表8.4.2-2

污水平均流量(l/s)	5	15	40	70	100	200	500	1000	>1000
时变化系数(K)	2.3	2.0	1.8	1.7	1.6	1.5	1.4	1.3	1.2

小城镇综合径流系数 表8.4.2-3

不透水覆盖面积情况	综合径流系数ψ
建筑稠密的中心区(不透水覆盖面积>70%)	0.6~0.8
建筑较密的居住区(不透水覆盖面积为50%~70%)	0.5~0.7
建筑较稀的居住区(不透水覆盖面积30%~50%)	0.4~0.6
建筑很稀的居住区(不透水覆盖面积<30%)	0.3~0.5

各类地面径流系数表 表8.4.2-4

地 面 种 类	径流系数ψ
各种屋面、混凝土和沥青路面	0.9
块石铺砌路面	0.6
级配碎石路面	0.45
干砌砖石、碎石路面	0.4
非砌石土路面	0.3
公园和绿地	0.15

排水体制分类 表8.4.2-5

分流制	指用不同管渠分别收纳污水和雨水的排水方式		
合流制	指用同一管渠收纳生活污水、工业废水和雨水的排水方式	直泻式	是将管渠系统就近坡向水体，分若干个排出口，混合的污水未经处理直接泻入水体
		截流式	是将混合污水一起排向沿水体的截流干管，晴天时污水全部送到污水处理厂；雨天时，混合水量超过一定数量，其超出部分通过溢流井泄入水体

排水管渠最大允许设计充满度 表8.4.2-6

管径或渠高(mm)	最大设计充满度(h/D)
200~300	0.60
350~450	0.70
500~900	0.75
>1000	0.80

注：明渠内水面和渠顶间的高度(称为超高)不应小于0.2m。

② 小城镇排水管渠设计流速

A．污水管道最小设计流速：当管径≤500mm 时为 0.7m/s，当管径＞500mm 时为 0.8m/s；明渠为 0.4m/s。

B．污水管道最大允许流速：当采用金属管道时，最大允许流速为 10m/s，非金属管为 5m/s；明渠最大允许流速可按表 8.4.2-7 选用。

C．排水管渠流速计算

$$V = \frac{1}{n} R^{2/3} I^{1/2}$$

式中，V 为流速(m/s)，n 为粗糙系数，R 为水力半径(m)，I 为水力坡降，管渠粗糙系数按表 8.4.2-8 选用。

③ 小城镇排水管渠的最小尺寸

A．建筑物出户管直径为 125mm，街坊内和单位大院内为 150mm，街道下为 200mm。

B．排水渠道最小底宽不得小于 0.3m。

④ 小城镇排水管渠的最小坡度

当充满度为 0.5 时，排水管道应满足表 8.4.2-9 规定的最小坡度。

(2) 小城镇排水管渠布置的原则

① 应布置在排水区域内地势较低，便于雨、污水汇集地带。

② 宜沿规划道路敷设，并与道路中心线平行。

③ 在道路下的埋设位置应符合《城市工程管线综合规划规范》(GB50289) 的规定。

④ 穿越河流、铁路、高速公路、地下建(构)筑物或其他障碍物时，应选择经济合理路线。

⑤ 截流式合流制的截流干管宜沿受纳水体岸边布置。

⑥ 排水管渠的布置要顺直，水流不要绕弯。

(3) 检查井

明渠最大允许流速　　　　　表 8.4.2-7

明渠构造	最大允许流速(m/s)	明渠构造	最大允许流速(m/s)
粗砂及贫砂质黏土	0.8	干砌石块	2.0
砂质黏土	1.0	浆砌石块	4.0
黏土	1.2	浆砌砖	3.0
石灰岩或中砂岩	4.0	混凝土	4.0
草皮护面	1.6		

注：1．本表仅适用于水深为 0.4～1.0m 的明渠。
2．当水深小于 0.4m 或超过 1.0m 时，表中流速应乘以下列系数：$h<0.4m$ 时为 0.85；$h\geq 1.0m$ 时为 1.25；$h\geq 2.0m$ 时为 1.40。

管渠粗糙系数　　　　　表 8.4.2-8

管渠类别	粗糙系数 n	管渠类别	粗糙系数 n
石棉水泥管、钢管	0.012	浆砌块石渠道	0.017
陶土管、铸铁管	0.013	干砌块石渠道	0.020～0.025
混凝土管、水泥砂浆抹面渠道	0.013～0.014	土明渠(包括带草皮)	0.025～0.030
浆砌砖渠道	0.015	塑料管、玻璃钢管	0.0084

不同管径的最小坡度表　　　　　表 8.4.2-9

直径(mm)	最小坡度	直径(mm)	最小坡度
125	0.001	400	0.0025
150	0.007	500	0.002
200	0.004	600	0.0016
250	0.0035	700	0.0015
300	0.003	800	0.0012

检查井直线最大距离　　　　　表 8.4.2-10

管渠类别	管径或暗渠净高(mm)	最大间距(m)
污水管道	<700	50
	700～1500	75
	>1500	120
雨水管渠和合流管渠	<700	75
	700～1500	125
	?1500	200

在排水管渠上必须设置检查井。检查井在直线管渠上的最大间距应按表 8.4.2-10 确定。

8.4.2.4　小城镇污水排放

(1) 污水排放应符合现行的国家标准《污水综合排放标准》的有关规定。污水用于农田灌溉时应符合现行的国家标准《农田灌溉用水水质标准》的有关规定。

(2) 污水排放系统布置要确定污水厂、出水口、泵站及主要管道的位置。雨水排放系统的布置要确定雨水管渠、排洪沟和出水口的位置，雨水应充分利用地面径流和沟渠排放。污水、雨水的管渠均应按重力流设计。

(3) 排水泵站应单独设置，周边设置≥10m 的绿化隔离带，其面积应按市政工程投资估算的相关指标计算。

8.4.2.5 小城镇污水处理

(1)分散式与合流制中的污水，宜采用净化沼气池、双层沉淀池或化粪池等进行处理；集中式生活污水宜采用活性污泥法、生物膜法等技术处理。生产污水的处理设施，应与生产设施建设同步进行。

(2)污水是采用集中处理时，污水处理厂的位置应选在小城镇的下游和盛行风向的下风位处，并靠近受纳水体或农田灌溉区，但与居住小区或公共建筑应有一定的卫生防护地带；卫生防护地带宽度一般为300m，处理污水用于农田灌溉时宜采用500~1000m。

(3)污水处理厂(站)不宜设置在不良地质地段和洪水淹没、内涝低洼地区；否则应采取可靠的防护措施，其设防标准不应低于所在小城镇的设防等级。

(4)污水处理厂的用地面积应按表8.4.2-12给定的范围，结合当地实际情况加以选取，并尽可能少占或不占农田。

(5)污水处理厂(站)址宜选在无滑坡、无塌方，地下水位低，土壤承载力较好(一般要求在15kg/cm²以上)的地方。

8.4.2.6 小城镇排水泵站

排水泵站建设用地按泵站规模、性质确定，其用地指标可根据表8.4.2-13来确定。

8.4.2.7 小城镇排水受纳体

(1)小城镇排水受纳体应包括江、河、湖、海和水库、运河等受纳水体，和荒废地、劣质地、湿地、坑塘、洼地以及受纳农业灌溉用水的农田等受纳土地。

(2)污水受纳水体应满足其水域功

污水处理厂位置选择要求　　　　　　表8.4.2-11

因素	要求
排放	(1)宜在城(集)镇水体的下游，与城(集)镇工业区、居住区保持300m以上的距离 (2)宜选在水体和公路附近，便于处理后污水能就近排入水体，减少排放渠道长度，以及便于运输污泥
气象	在城(集)镇夏季最小频率风向的上风侧
地形	(1)宜选在城(集)镇低处，以使主干管沿途不设或少设提升泵站，但不宜设在雨季时容易被污水淹没的低洼之处 (2)靠近水体的污水处理厂，厂址标高一般应在20年一遇洪水位以上，不受洪水威胁 (3)用地地形最好有适当坡度，以满足污水在处理流程上的自流要求，用地形状宜长条形，以利于按污水处理流程布置构筑物
用地	尽可能少占用或不占用农田
分期	考虑到远、近期结合，使厂址近期离城(集)镇不太远，远期又有扩建的可能
地质	有良好的工程地质条件。厂址宜选在无滑坡、无塌方、地下水位低、土壤承载力较好(一般要求在1.5kg/cm²以上)的地方

小城镇污水处理厂用地估算面积　(m²·d/m³)　表8.4.2-12

处理水量(万m³/d)	一级处理	二级处理(一)	二级处理(二)
0.5~1	1.0~1.6	2.0~2.5	
1~2	0.6~1.4	1.0~2.0	4.0~6.0
2~5	0.6~1.0	1.0~1.5	2.5~4.0
5~10	0.5~0.8	0.8~1.2	1.0~2.5

注：1.一级处理工艺流程大体为泵房、沉砂、沉淀及污泥浓缩、干化处理等；二级处理(一)工艺流程大体为泵房、沉砂、初次沉淀、曝气、二次沉淀及污泥浓缩、干化处理等；二级处理(二)工艺流程大体为泵房、沉砂、初次沉淀、曝气、二次沉淀、消毒及污泥提升、浓缩、消化、脱水及沼气利用等。
2.该用地指标指生产运行所必须的土地面积，不包括厂区周围的绿化带。

小城镇排水泵站用地指标　(m²·s/l)　表8.4.2-13

用地指标　规模 泵站性质	雨水流量(l/s)		污水流量(l/s)		
	1000~5000	5000~10000	100~300	300~600	600~1000
雨水泵站	0.8~1.1	0.6~0.8			
污水泵站			4.0~7.0	3.0~6.0	2.5~5.0

注：该用地指标指生产运行所必须的土地面积，不包括站区周围绿化带用地。

图8.4.2-1　江西省婺源县清华镇排水工程规划

注：镇区沿里江而建，排水管沿街道铺设。规划采用截流式合流制，暴雨时雨水经溢流井进入里江河；污水厂在镇区下游。

8 小城镇专项规划

图 8.4.2-2　广东省深圳市布吉镇南岭村污水工程规划

注：南岭村规划人口 2.4 万人（其中单身人口为 1.2 万人），规划用地 308.2hm²，规划采用分流制，污水经污水管网收集后就近进入深圳市污水管网送往污水处理厂，雨水经雨水管网收集后进入深圳市雨水管网。

能类别的环境保护要求，且有足够的环境容量；雨水受纳水体应有足够的排泄能力或容量。雨、污水受纳土地应具有足够的环境容量，且符合环境保护和农业生产的要求。

(3) 当雨水管道、合流管道出口有可能受纳水体高水位顶托时，应根据地区重要性和积水可能造成的后果考虑设置防潮门、闸门或排水泵站等设施。

8.4.3　小城镇供电工程规划

8.4.3.1　小城镇用电负荷计算
(1) 镇区用电负荷计算
① 分项预测法
小城镇所辖地域范围用电负荷的计算，应包括生活用电、乡镇企业用电和农业用电的负荷，可按以下标准计算。

A. 生活用电负荷为：1kW/户。

B. 乡镇企业用电量为：重工业每万元产值用电量为 3000~4000kW·h；轻工业每万元产值用电量为 1200~1600kW·h；

C. 农业用电负荷为：每亩 15kW。

② 人均指标预测法

当采用人均市政、生活用电指标法预测用电量时，应结合小城镇的地理位置、经济社会发展与城镇建设水平、人口规模、居民经济收入、生活水平、能源消费构成、气候条件、生活习惯、节能措施等因素，对照表 8.4.3-1 的指标幅值选定。

③ 负荷密度法

当采用负荷密度法进行小城镇用电负荷预测时，其居住建筑、公共建筑、工业建筑三大类建设用地的规划单位建设用地负荷指标的选取，应根据其具体构成分类及负荷特征，结合现状水平和不同小城镇的实际情况，按表 8.4.3-2 经分析、比较而选定。

④ 单位建筑面积用电负荷指标法

当采用单位建筑面积用电负荷指标法进行小城镇详细规划用电负荷预测时，其居住建筑、公共建筑、工业建筑的规划单位建筑面积负荷指标的选取，应根据三大类建筑的具体构成分类及其用电设备配置，结合当地各类建筑单位建筑面积负荷的现状水平，按表 8.4.3-3 经分析、比较后选定。

小城镇规划人均市政、生活用电指标　(kW·h/人·年)　表 8.4.3-1

小城镇规模分级	经济发达地区			经济发展一般地区			经济欠发达地区		
	一	二	三	一	二	三	一	二	三
近期	560~630	510~580	430~510	440~520	420~480	340~420	360~440	310~360	230~310
远期	1960~2200	1790~2060	1510~1790	1650~1880	1530~1740	1250~1530	1400~1720	1230~1400	910~1230

小城镇规划单位建设用地负荷指标　　　　表8.4.3-2

建设用地分类	居住用地	公共设施用地	工业用地
单位建设用地负荷指标(kW/hm²)	80~280	300~550	200~500

注：表外其他类建设用地的规划单位建设用地负荷指标的选取，可根据小城镇的实际情况，经调查分析后确定。

小城镇规划单位建筑面积用电负荷指标　　　　表8.4.3-3

建设用地分类	居住用地	公共建筑	工业建筑
单位建筑面积负荷指标(W/m²)	15~40W/m²（每户1~4kW）	30~80	20~80

注：表外其他类建筑的规划单位建筑面积用电负荷指标的选取，可根据小城镇的实际情况，经调查分析后确定。

(2)镇域农业用电负荷计算

①需用系数法

$$P_{max} = Kx \sum P_n$$
$$A = P_{max} \cdot T_{max}$$

式中，P_{max}为最大用电负荷(kW)，Kx为需用系数，$\sum P_n$为各类设备额定容量总和(kW)，A为年用电量(kW·h)，T_{max}为最大负荷利用小时(h)。

有关农业用电的需用系数和最大负荷利用小时数见表8.4.3-4。

②增长率法

在各种用电规划资料暂缺的情况下可采用增长率法。该法也适用于小城镇综合用电负荷计算和工业用电负荷计算，计算公式为：

$$A_n = A(1+K)^n$$

式中：A_n为规划地区几年后的用电量(kW·h)，A为规划地区最后统计年度的用电量(kW·h)，K为年平均增长率，n为预测年数。

③单耗法

指生产某一单位产品或单位效益所耗用的电量，称为用电单耗。

A. 年用电量计算：

$$A = \sum_{i=1}^{n} A_i = \sum C_i D_i$$

式中，A为规划区全年总用电量，A_i为第i类产品全年用电量(kW·h)，C_i为第i类产品计划年产量或效益总量(t，hm²等)，D_i为第i类产品用电量单耗(kW·h/t，kW·h/hm²)。

B. 最大负荷计算

$$P_{max} = \sum_{i=1}^{n} \frac{A_i}{T_{i\,max}}$$

式中，P_{max}为最大负荷(kW)，$P_{i\,max}$为第i类产品年最大负荷利用小时数(h)。

对于产品用电单耗，可以收集同类地区、同类产品的数值，进行综合分析，得出每种产品的单位耗电量。

8.4.3.2 小城镇电源规划

(1)小城镇的供电电源在条件许可时，应优先选择区域电力系统供电；对规划期内区域电力系统电能不能经济、合理供到的地区的小城镇，应因地制宜地建设适宜规模的发电厂(站)作为电源。小城镇内不宜设置区域变电站。

(2)供电电源和变电站站址的选择应以县(市)域供电规划为依据，并符合建站的建设条件，且线路进出方便和接近负荷中心，不占或少占农田。变压器的位置应设在负荷中心，尽量靠近负荷量大的地方；配电变压器的供电半径以控制在500m内为宜。

(3)变电站选址应交通方便，但与道路应有一定的间隔，且不受积水浸淹，避免干扰通信设施；其占地面积应考虑最终规模要求。

(4)应根据负荷预测(适当考虑备用容量)和现状电源变电所、发电厂的供电能力及供电方案，进行电力、电量平衡，测算规划期内电力、电量的余缺，提出规划期内需增加的电源变电所和发电厂的装机总容量。

(5)小城镇220kV电网的变电容载比一般为1.6~1.9，35kV~110kV电网的变电容载比为1.8~2.1。

8.4.3.3 小城镇电压等级与电网规划

(1)小城镇电压等级宜为国家标称电压220kV、110kV、66kV、35kV、10kV和380/220V中的3~4级，3个变压层次，并结合所在地区规定的电压标准选定。限制发展非标称电压。

农村用电需用系数Kx与最大负荷利用小时参考指标　　　　表8.4.3-4

项目	最大负荷利用小时数(h)	需用系数 一个变电站的规模	需用系数 一个镇区的范围
灌溉用电	750~1000	0.5~0.75	0.5~0.6
水田	1000~1500	0.7~0.8	0.6~0.7
旱田及园艺作物	500~1000	0.5~0.7	0.4~0.5
排涝用电	300~500	0.8~0.9	0.7~0.8
农副加工用电	1000~1500	0.65~0.7	0.6~0.65
谷物脱粒用电	300~500	0.65~0.7	0.6~0.7
乡镇企业用电	1000~5000	0.6~0.7	0.5~0.7
农机修配用电	1500~3500	0.6~0.7	0.4~0.5
农村生活用电	1800~2000	0.8~0.9	0.75~0.85
其他用电	1500~3500	0.7~0.8	0.6~0.7
农村综合用电	2000~3500		0.2~0.45

(2) 小城镇电网中的最高一级电压，应根据其电网远期规划的负荷量和其电网与地区电力系统的连接方式确定。

(3) 小城镇电网各电压层、网容量之间，应按一定的变电容载比配置，容载比应符合《城市电力网规划设计导则》及其他有关规定。

(4) 小城镇电网规划应贯彻分层分区原则，各分层分区应有明确的供电范围，避免重叠、交错。

(5) 小城镇电网的过电压水平应不超过允许值，不超过允许的短路电流水平。

8.4.3.4 小城镇供电线路输送容量及距离

各级电压、供电线路输送容量和输送距离应符合表8.4.3-5的规定。

8.4.3.5 小城镇主要供电设施

(1) 小城镇35kV、110kV变电所一般宜采用布置紧凑、占地较少的全户外或半户外式结构，其选址应符合接近负荷中心、不占或少占农田、地质条件好、交通运输方便、不受积水淹浸，便于各级电力线路的引入与引出等有关要求；小城镇35～110kV变电所应按其最终规模预留用地，并应结合所在小城镇的实际用地条件，按表8.4.3-6经分析比较选定相应指标。220kV区域变电所用地按《城市电力规划规范》的有关规定预留，详见表8.4.3-7。

(2) 小城镇变电所主变压器安装台(组)数宜为2～3台(组)，单台(组)的主变压器容量应标准化、系列化；35～220kV主变压器单台(组)的容量选择应符合国家有关规定，220kV主变器容量不大于180MV·A、110kV主变容量不大于63MV·A、35kV主变容量不大于20MV·A。

小城镇不同电压的输送容量和输送距离 表8.4.3-5

电压(kV)	输送功率(kW)	输送距离(km)
0.22	100以下	0.2以下
0.38	100以下	0.6以下
6	200～1200	4～5
10	200～2000	6～20
35	1000～1000	20～70
110	10000～50000	50～150

小城镇35～110kV变电所规划用地面积控制指标 （m²） 表8.4.3-6

变压等级(kV) 半户外式用地面积	主变压器容量(MVA/台(组))	变电所类型为全户外式时的用地面积	变电所类型为半户外式时的用地面积	变电所类型为户内式时的用地面积
110(66)/10	20～63/2-3	3500～5500	1500～3000	800～1500
35/10	5.6～31.5/2	2000～3500	1000～2000	500～1000
10/0.4	1台	16×13		

小城镇220kV变电所规划用地面积控制指标 （m²） 表8.4.3-7

变压等级(kV)	主变压器容量(MV·A/台(组))	变电所结构形式	用地面积
220/110(66,35)及220/10	90～180/2～3	户外式	1200～3000
220/10(66,35)	90～180/2～3	户外式	8000～20000
220/110(66,35)	90～180/2～3	半户外式	5000～8000
220/110(66,35)	90～180/2～3	户内式	2000～4500

小城镇变电所供电半径 表8.4.3-8

变电所电压等级(kV)	变电所二次侧电压(kV)	合理供电半径(km)
35	6, 10	5～10
110	35, 6, 10	15～20
220	110, 6, 10	50～100

(3) 小城镇公用配电所的位置应接近负荷中心，其配电变压器的安装台数宜为两台；居住区单台容量一般可选630kV·A以下，工业区单台容量不宜超过1000kV·A。

(4) 小城镇变电所供电半径见表8.4.3-8。

8.4.3.6 小城镇供电线路布置

供电线路的布置应符合以下规定：

(1) 便于检修，减少拆迁，少占农田，尽量沿公路、道路布置；

(2) 为减少占地和投资，宜采用同杆并架的架设方式；

(3) 线路走廊不应穿越村镇中心住宅、森林、危险品仓库等地段，避开不良地形、地质和洪水淹没地段；

(4) 配电线路一般布置在道路的同一侧，既减少交叉、跨越，又避免对弱电的干扰；

(5) 变电站出线宜将工业线路和农业线路分开设置；

(6) 线路走向尽可能短捷、顺直，节约投资，减少电压损失(要求自变电所始端到用户末端的电压损失不超过10%)。

8.4.3.7 小城镇供电变压器容

量选择

供电变压器的容量选择应根据生活用电、乡镇企业用电和农业用电的负荷确定。

(1)生活用电负荷的估算标准

①无家用电器时为每户100～200W；

②少量家用电器时为每户400～1000W；

③较多家用电器时为每户1000～1600W。

(2)乡镇企业用电负荷应根据乡镇工业性质及规模进行估算。

(3)农业用电负荷估算标准为每亩10～15W。

(4)小城镇重要公用设施、医疗单位或用电大户应单独设置变压设备或供电电源。

8.4.3.8 小城镇高压线走廊

对10kV以上的高压线走廊，其宽度可按表8.4.3-9确定。

8.4.3.9 小城镇电力线路的各种距离标准

按表8.4.3-10确定。

小城镇高压走廊宽度　　表8.4.3-9

电压等级(kV)		35	110	220
标准杆(塔)高(m)		15	15	23
走廊宽度(m)	无建筑物	17	18	26
	已受建筑物限制	8	11	14

注：若需考虑高压线侧杆的危险，则高压线走廊宽度应大于杆高的两倍。

电力线路的各种距离标准　　表8.4.3-10

项目	距离标准(m) / 电力线路类别	配电线路		送电线路			附加条件
		1kV以下	1～10kV	35～110kV	154～220kV	330kV	
与地面最小距离	居民区	6	6.5	7	7.5	8.5	
	非居民区	5	5.5	6	6.5	7.5	
	交通困难区	4	4.5	5	5.5	6.5	
与山坡峭壁最小距离	步行可到达的山坡	3	4.5	5	5.5	6.5	
	步行不能到达的山坡	1	1.5	5	4	5	
与建筑物	最小垂直距离	2.5	3	4～5	6	7	
	最小距离	1	1.5	3～4	5	6	
与甲类易燃厂房、仓库距离		不小于杆高的1.5倍，且需大于30m					
与行道树	最小垂直距离	1	1.5	3	3.5	4.5	送电线路应架在上方
	最小水平距离	1	2	3.5	4	5	
与铁路	至轨顶最小垂直距离	7.5(窄轨6.0)		7.5(7.5)	8.5(7.5)	9.5(8.5)	
	杆塔外沿至轨道中心最小水平距离	交叉5.0m 平行杆加3m		交叉5.0m，平行时杆加3m			
与道路	至路面最小垂直距离	6	7	7	8	9	
	杆柱距路基边缘最小水平距离	0.5		与公路交叉时8.0m，公路平行用最高杆			
与通航河道	至50年一遇洪水位最小垂直距离	6	6	6	7	8	
	边导线至斜坡上缘最小水平距离	最高杆高		最高杆高			
与弱电线路	一级弱电线路	大于45		大于45			
	二级弱电线路	大于30		大于30			
	三级弱电线路	不限		不限			
	至被跨越级最小垂直距离	1	2	3	4	5	
	与边导线间最小水平距离	1	2	最高杆高路径受限制时按6			电压高的线路一般在上方
电力线路之间	1kV以下	1	2	3	4	5	
	1～10kV	2	2	3	4	5	
	平行时最小水平距离	2.5	2.5				

8.4.3.10 小城镇电力线路导线截面选择

(1)小城镇各级电压送电线路选用导线截面

(2)小城镇高、低压配电线路导线截面

(3)小城镇各种电压选用电缆截面

小城镇各级电压送电线路选用导线截面　　表8.4.3-11

电压(kV)	导线截面面积(按钢芯铝绞线考虑)(mm²)			
35	185	150	120	95
66	300	240	185	150
110	300	240	185	150
220	400	300	240	

注：必要时采用2mm×400mm、2mm×300mm及分裂导线布置。

小城镇高、低压配电线路选用导线截面　　表8.4.3-12

电压等级		导线截面(按铝绞线考虑)(mm²)		
380/220V(主干线)		150	120	95
10kV	主干线	240	185	150
	次干线	150	120	95
	分支线	不小于50		

小城镇各种电压选用电缆截面　　表8.4.3-13

电压	电缆铝芯截面(mm²)			
380/220(V)	240	185	150	120
10(kV)	300	240	185	150
35(kV)	300	240	185	150

8.4.4 小城镇通信工程规划

8.4.4.1 小城镇电信用户预测

(1)小城镇有线电话用户预测

小城镇电信规划用户预测，在总体规划阶段以宏观预测为主，宜采用时间序列法、相关分析法、增长率法、普及率法、分类普及率法等方法进行预测；在详细规划阶段以小区预测、微观预测为主，宜采用分类建筑面积用户指标、分类单位用户指标预测，也可采用计算机辅助预测。电信规划用户预测应以两种以上方法预测，其中以一种方法为主，另一种方法作为校验。

①电话普及率法

A．电话普及率常采用综合普及率，宜采用局号普及率，并应用"局线／百人"表示。

B．当采用普及率法作预测和预测校验时，采用的普及率应结合小城镇的规模、性质、地位作用、经济社会发展水平、平均家庭生活水平及其收入增长规律、第三产业和新部门增长发展规律，进行综合分析，并按表8.4.4-1给定的指标范围进行比较选定，或作适当调整。

②单位建筑面积分类用户指标法

当采用单位建筑面积分类用户指标进行用户预测时，其指标选取可结合小城镇的规模、性质、地位作用、经济社会发展水平、居民平均生活水平及其收入增长规律、公共设施建设水

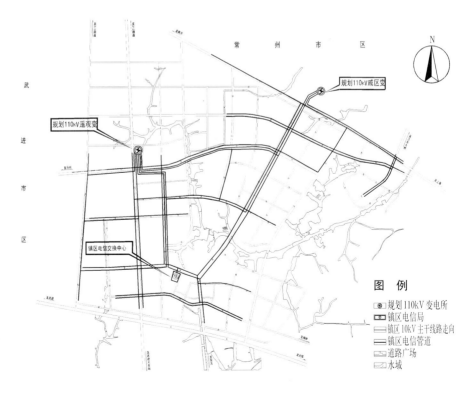

图8.4.3-1　江苏省武进市电力工程规划图

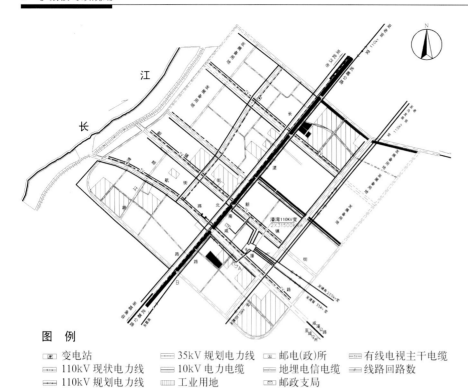

图 8.4.3-2 湖北省嘉鱼县潘家湾镇电力电信工程规划图

平和第三产业发展水平等因素，进行综合分析，并按表8.4.4-2给定的指标范围选取。

(2) 小城镇交换机容量预测

按电话用户数的1.2～1.5倍估算。

8.4.4.2 小城镇电信局所与移动通信规划

(1) 局所规划

① 小城镇电话网，近期多数应属所在中等城市或地区(所属地级市或地区)或直辖市本地电话网，少数宜属所在县(市)本地电话网；但发展趋势应属所在中等城市或地区本地电话网。

② 属中等城市本地网的小城镇局所规划，其中县驻地镇规划C4一级端局，其他镇规划C5一级端局(或模块局)；中、远期从接入网规划考虑，应以光纤终端设备OLT(局端设备)或光纤网络单元ONU(接入设备)代替模块局。

③ 属所在中等城市本地网的小城镇长途通信规划在所属中等城市本地网的长途通信规划中统一规划。

④ 属县(市)本地电话网的小城镇局所规划应以县(市)总体规划的电信规划为依据；其县(市)驻地镇的局所规划，可以长话、市话、农话合设或分设。

⑤ 小城镇电信局所规划选址应遵循环境安全、服务方便、技术合理和经济实用的原则，宜靠近上一级电信局来线一侧，并接近计算的线路网中心，营业区域通常不大于5km；避开靠近110kV以上变电站和线路地点，火车站、汽车停车场及有害气体、有粉尘、多烟雾及较强噪声的工业企业，以及地质、防灾、环保不利的地段。局所预留用地可结合当地实际情况，考虑发展余地，按表8.4.4-3给定的指标经分析、比较加以选定，注意节约用地、不占或少占农田。

(2) 小城镇移动通信规划

小城镇移动通信规划应主要预测

小城镇电话普及率预测水平 (线/百人)　　表8.4.4-1

小城镇规模分级	经济发达地区			经济发展一般地区			经济欠发达地区		
	一	二	三	一	二	三	一	二	三
近期	38～43	32～38	27～34	30～36	27～32	20～28	20～28	20～25	15～20
远期	70～78	64～75	50～68	60～70	54～64	54～64	45～56	45～55	35～45

按单位建筑面积测算小城镇电话需求用户指标 (线/m²)　　表8.4.4-2

建筑用户地区分类	写字楼办公楼	商店	商场	旅馆	宾馆	医院	工业厂房	住宅楼房	别墅、高级住宅	中学	小学
经济发达地区	1/25～35	1/25～50	1/70～120	1/30～35	1/20～25	1/100～140	1/100～180	1线/户面积	1.2～2/200～300	4～8线/校	3～4线/校
经济一般地区	1/30～40	0.7～0.9/25～50	0.8～0.9/70～120	0.7～0.9/30～35	1/25～35	0.8～0.9/100～140	1/120～200	0.8～0.9线/户面积		3～5线/校	2～3线/校
经济欠发达地区	1/35～45	0.5～0.7/25～50	0.5～0.7/70～120	0.5～0.7/30～35	1/30～40	0.7～0.8/100～140	1/150～250	0.5～0.7线/户面积		2～3线/校	1～2线/校

小城镇电信局所预留用地 表8.4.4-3

局所规模(门)	≤2000	3000~5000	5000~10000	30000	60000	10000
预留用地面积(m²)	1000~2000	2000~3000	4500~5000	6000~6500	8000~9000	

注：1. 用地面积同时考虑兼营业点用地。
2. 当局所为电信枢纽局(长途交换局、市话汇接局)时，2~3万路端用地为15000~17000m²。
3. 表中所列规模之间的局所预留用地，可经比较后酌情预留。

移动通信用户需求，并具体规划落实移动通信网涉及的移动交换局(端局)、基站等设施；有关的移动通信网规划一般宜在省、市区域范围内统一规划。

(3)小城镇中远期应考虑电信新技术、新业务的大发展，电信网规划应考虑向综合业务数字网ISDN的逐步过渡和信息网的统筹规划。

8.4.4.3 小城镇通信线路与管道规划

(1)通信线路敷设方式

应符合表8.4.4-4 要求。

(2)通信管道规划

应按30~50年考虑，规划管孔数应同时考虑计算机互联网、数据通信、非话业务、电缆电视及备用等需要。

小城镇通信线路敷设方式 表8.4.4-4

敷设方式	经济发达地区						经济发展一般地区						经济欠发达地区					
	一		二		三		一		二		三		一		二		三	
	近期	远期	近期	远期	近期	远期	近期	远期	近期	远期	近期	远期	近期	远期	近期	远期	近期	远期
架空电缆											○		○		○		○	
埋地管道电缆	△	●	△	●	部分	●	部分	●	部分	●	△	●	部分	●	△	●		部分

注：表中○——可设，△——宜设，●——应设。

小城镇通信线路的隔距标准 表8.4.4-5

隔距标准		最小距离(m)	隔距标准	最小隔距(m)
线路离地面最小距离	一般地区	3	跨越公路、乡村大路、村镇道路时导线与路面距离	5.5
	村镇(人行道上)	4.5	跨越村镇胡同(小巷道)、土路	5
	在高产作物地区	3.5	两个电信路交越，上面与下面导线最小隔距	0.6
线路经过树林时导线离树距离	在村镇水平距离	1.25	电信导线穿越电力线路时应在电力线下方通过，两线间最小距离(其中电力线压为下面表格中数据)	1~10kV	2(4)
	在村镇垂直距离	1.5		20~110kV	3(5)
	在野外	2		154~220kV	4(6)
导线跨越房屋时，导线距离房顶的高度		1.5	电杆位于铁路旁与轨道隔距	1.3杆高
跨越铁路时导线与轨距离		7.5		

注：表内带括号数字系在电力线路无防雷保护装置时的最小距离。

小城镇架空通信线路与其他电气设备距离 表8.4.4-6

电气设备名称	垂直距离或最小间距(m)	备 注
供电线路接户线	0.6	
霓虹灯及其铁架	1.6	
有轨电车及无轨电车滑接线及其吊线	1.25	通信线到滑接线或吊线之间距
电气铁道馈电线	2.0	

(3)通信线路布置

①应避开易受洪水淹没、河岸塌陷、土坡塌方、流砂、翻浆以及有杂散电流(电蚀)或化学腐蚀或严重污染的地区，不应敷设在预留用地或规划未定的场所或穿过建筑物，也尽量不要占用良田耕地。

②应便于线路及设施的敷设、巡察和检修，尽量减少与其他管线等障碍物的交叉跨越。

③宜敷设在电力线走向的道路的另一侧，且尽可能布置在人行道上(下)；如受条件限制，可规划在慢车道下。

④通信管道的中心线原则上应平行于道路中心线或建筑红线，应尽量短直。

⑤架空通信线路的隔距标准按表8.4.4-5 确定。

⑥架空通信线路与其他电气设备距离按表8.4.4-6 确定。

8.4.4.4 小城镇邮政、广播、电视规划

(1)小城镇广播、电视规划

①小城镇的广播、电视线路路由宜与电信线路路由统筹规划，并可同杆、同管道敷设，但电视电缆、广播电缆不宜与通信电缆共管孔敷设。有线电视台和有线广播站址应尽量设在用户负荷中心，远离产生强磁场、强电场的地方。

②县(城)总体规划的通信规划应在县驻地镇设电视发射台(转播台)和广播、电视微波站，其选址应符合相关技术要求。无线电台台址中心距离重要军事设施、机场、大型桥梁不小于5km，天线场地边缘距主干线铁路不小于1km；短波发射台、天线设备与有关设施的最小距离详见表8.4.4-7、8.4.4-8、8.4.4-9、8.4.4-10 。

小城镇短波发信台到居民集中区边缘的最小距离

表 8.4.4-7

发射电力(kW)	最小距离(km)
0.1~5	2
10	4
25	7
120	10
>120	>10

小城镇短波发信台技术区边缘距离收信台技术区边缘的最小距离

表 8.4.4-8

发射电力(kW)	最小距离(km)
0.2~5	4
10	8
25	14
120	20
>120	>20

小城镇收信台与干扰源的最小距离　　　表 8.4.4-9

干扰源名称	最小距离(km)	干扰源名称	最小距离(km)
汽车行驶繁忙的公路	1.0	其他方向的架空通信线	0.2
电气化铁路电车道	2.0	35kV 以下的输电线	1.0
工业企业、大型汽车场、汽车修理厂	3.0	35~110kV 的输电线	1.0~2.0
拖拉机站、有 X 光设备的医院		>110kV 的输电线	>2.0
接收方面的架空通信线	1.0	有高频电炉设备的工厂	>5.0

小城镇邮电支局预留用地面积 （m²）　　表 8.4.4-10

用地面积 \ 支局级别 \ 支局名称	一等局(业务收入 1000万元以上)	二等局(业务收入 500~1000万元)	三等局(业务收入 100~500万元)
邮电支局	3700~4500	2800~3300	2170~2500
邮电营业所	2800~3300	2170~2500	1700~2000

小城镇邮政服务网点设置参考值　　表 8.4.4-11

小城镇人口密度(万人/km²)	服务半径(km)	小城镇人口密度(万人/km²)	服务半径(km)
>2.5	0.5	0.5	0.81~1.0
2	0.51~0.6	0.1	1.01~2.0
1.5	0.61~0.7	0.05	2.01~3.0
1	0.71~0.8		

图 8.4.4-1　江西省婺源县清华镇电力电信工程规划图

(2)小城镇邮政局所规划

①县(城)总体规划的通信规划,其邮政局所规划主要是邮政局和邮政通信枢纽局(邮件处理中心)规划,其他镇邮政局所规划主要是邮政支局(或邮电支局)和邮件转运站规划。

②县(城)邮政通信枢纽局址除应符合通信局所一般原则外,在邮件主要依靠铁路运输情况下,应优先在客运火车站附近选址,并应符合有关技术要求;在主要靠公路和水路运输时,可在长途汽车站或港口码头附近选址。其预留用地面积应按设计要求或类似比较来确定。

③一般集镇设 1 处邮政处理中心;规模较大的小城镇最少设 2 处,一处设在小城镇中心,另一处设置在对外交通设施附近。

④邮政局所设置应按方便居民用邮和服务人口数、服务半径、业务收入来确定。

⑤小城镇邮电支局的预留用地面积应结合当地实际情况,按表 8.4.4-10 经分析、比较选定。

⑥小城镇邮政服务网点设置参考表 8.4.4-11。

(3)小城镇微波通信规划

①微波中继途中不允许有高大建筑物、雷达站、调频广播电台和其他干扰源。

②微波站的土建结构要有屏蔽性能。

③距微波站 10km 以内,建筑于两微波站通信方位上的房屋和其他建筑物,应低于天线高度的 20~30m。

(4)小城镇卫星通信地球站规划

①与地面通信系统的互相干扰要小到技术要求的范围内。

②选择强风袭击可能性小、人为噪声及航线影响小的地段。

③尽可能在小城镇的收信区范围内,且划分保护区。

8 小城镇专项规划

图 8.4.4-2 广东省从化市电力工程规划图

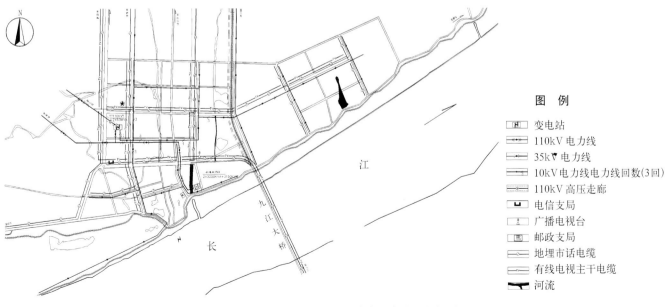

图 8.4.4-3 湖北省黄梅县小池镇电力电信工程规划图

8 小城镇专项规划

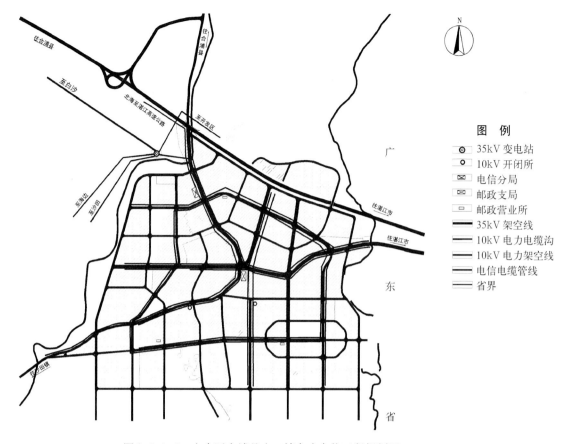

图 8.4.4-4 文本区合浦县山口镇电力电信工程规划图

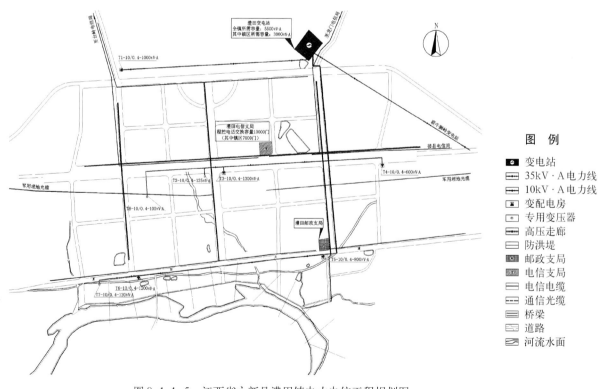

图 8.4.4-5 江西省永新县澧田镇电力电信工程规划图

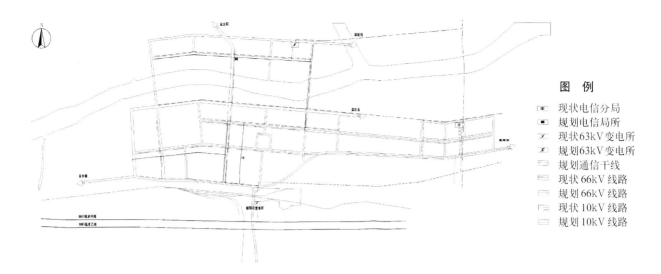

图 8.4.4-6 吉林省朝阳川镇电力电信工程规划图

8.4.5 小城镇燃气工程规划

8.4.5.1 小城镇燃气负荷预测

(1)小城镇燃气总用量计算

①分项相加法：

$$Q = Q_1 + Q_2 + Q_3 + Q_4$$

式中，Q_1 为居民生活用气量，Q_2 为公共建筑用气量。Q_3 为工业企业生产用气量，Q_4 为未预见用气量。其中，Q_1、Q_2 应分别按表 8.4.5-1、8.4.5-2 中提供的指标进行计算；工业企业用气量按民用气的 2/3 计算，亦可与当地有关部门共同调查和协商后确定；未预见用气量按总用气量的 5% 计算。

②比例估算法：通过预测未来居民生活与公建用气在总气量中所含比例得出小城镇总的用气负荷。

$$Q = Q_S / p$$

式中，Q 为总用气量，Q_S 为居民生活与公建用气量，p 为居民生活与公建用气量占总用气量的比例。

(2)小城镇燃气的计算月平均日用气量计算

$$Q = \frac{QaKm}{365} + \frac{Qa(1/p-1)}{365}$$

小城镇居民生活用气量指标 [MJ/人·年(1.0 × 10⁴kcal/人·年)]　表 8.4.5-1

小城镇所属地区	有集中采暖的用户	无集中采暖的用户
东北地区	2303 ~ 2721(55 ~ 65)	1884 ~ 2303(45 ~ 55)
华东、中南地区		2093 ~ 2302(50 ~ 55)
北京	2721 ~ 3140(65 ~ 75)	2512 ~ 2931(60 ~ 70)
成都		2512 ~ 2931(60 ~ 70)

注：1. 本表指一户装有一个燃气表的居民用户在住宅内做饭和热水的用气量，不适用于瓶装液化石油气居民用户。
2. "采暖"系指非燃气采暖。
3. 燃气热值按低热值计算。

小城镇公共建筑用气量指标　表 8.4.5-2

类　别		单　位	用气量指标
职工食堂		1.0 × 10⁴kJ/kg 粮食	0.84 ~ 1.05
幼儿园、托儿所	全托	1.0 × 10⁴kJ/座位·年	167.47 ~ 209.34
	半托	1.0 × 10⁴kJ/人·年	62.80 ~ 104.67
医　院		1.0 × 10⁴kJ/床位·年	272.14 ~ 355.87
旅馆(无餐厅)		1.0 × 10⁴kJ/座位·年	66.98 ~ 83.73
理发店		1.0 × 10⁴kJ/人·次	0.33 ~ 0.42
饮食业		1.0 × 10⁴kJ/座位·年	795.49 ~ 921.09

注：1. 职工食堂的用气量指标包括做副食和热水在内。
2. 燃气热值按低热值计算。

式中，Q 为计算月平均日用气量(m^3 或 kg)，Qa 为居民生活年用气量(m^3 或 kg)，p 为居民生活用气量占总用气量比例(%)，Km 为月高峰系数(1.1 ~ 1.3)。由 Q 可以确定城市燃气的总供应规模(即小城镇燃气的总负荷)。

(3)小城镇燃气的高峰小时用气量

$$Q' = \frac{Q}{24} kd \cdot kh$$

式中，Q' 为燃气高峰小时最大用气量(m^3)，Q 为燃气计算月平均日用气量(m^3)，kd 为日高峰系数(1.05 ~ 1.2)，

kh 小时高峰系数(2.2～3.2)。Q' 可用于计算小城镇燃气输配管网的管径。

8.4.5.2 小城镇供气气源选择

(1)小城镇燃气气源类型

①天然气：分为气田气、油田伴生气、凝析气田气、矿井气等4种。

②人工气：主要有煤制气(煤气)和油制气等。

③液化石油气。

(2)小城镇气源选择原则

①遵照国家的能源政策和本地燃料的资源状况，按照技术上可靠、经济上合理的原则，慎重地选择小城镇燃气的气源。

②合理利用本地现有气源，做到物尽其用，如充分利用附近钢铁厂、炼油厂、化工厂等的可燃气体副产品。目前发展液化石油气一般比发展油制气或煤制气经济。

③小城镇自建气源要有足够的制气原料供应和化工产品的销路。

④在确定基本气源时，应考虑机动气源和供高峰时调节用的调峰气源。

(3)当确定自建气源时，其厂址选择要求：

①在满足环境保护和安全防火要求的前提下，气源厂应尽量靠近制气原料中心。

②厂址应位于小城镇的下风向，做好环境评价，尽量避免烟尘、废气、废水的污染，并应与镇区留出必要的卫生防护地带。

③厂址选择除了满足用地地质、水文等工程方面的要求外，同时应满足供电、供水和供气管道出厂条件等要求，要有便捷的交通(铁路、公路)条件。

④厂址应符合建筑防火规范的相关规定。

(4)小城镇供气规模论证

①根据需要与可能、综合平衡、环境保护、投资能力和技术经济比较来确定小城镇燃气供应规模。

②小城镇燃气首先应考虑居民生活用气，其次是满足公共福利事业用气，在可能的条件下才满足那些工业上需要、用量不大又靠近燃气管网的工业企业用气。

8.4.5.3 小城镇燃气输配管网形制选择

(1)小城镇燃气输配管网压力级别

小城镇燃气输配管网系统压力级别一般分为单级系统、两级系统、三级系统和多级系统。其压力分级为：低压≤0.005(Mpa)，中压0.005＜p≤0.15(Mpa)，次高压0.15＜p≤0.3(MPa)，高压0.3＜p≤0.8(MPa)。

(2)小城镇燃气输配管网系统选择可采用中、低压的两级系统。

(3)小城镇燃气输配管网布置

①干管靠近大用户，主干线逐步连成环状。

②尽量避开主要交通干线和繁华街道，禁止在建筑物下、堆场、高压电力线走廊、电缆沟道、易燃易爆和腐蚀性液体堆场下及与其他管道平行重叠敷设。

③沿街道设管道时，可单侧布置，也可双侧布置。低压干管宜在小区内部道路下敷设。

④穿越河流或大型渠道时，可随桥(木桥除外)架设，或用倒虹吸管由河底通过，也可架设管桥。

⑤管道应尽量少穿公路、铁路、沟道和其他大型构筑物，并应有一定的防护措施。

(4)小城镇郊外输气干线布置

①结合小城镇总体规划，避开规划的建筑物。

②少占良田，尽量靠近现有公路或沿规划的公路敷设。

③尽量避免穿越大型河流、湖泊、水库和水网地区。

④与工矿企业、高压输电线路保持一定的距离。

(5)小城镇燃气管道、输气主干线的安全距离

①小城镇燃气管道与建(构)筑物基础及相邻管之间的水平净距按表8.4.5-3执行。

②输气干线与架空高压输电线(或电气线)平行敷设时的安全、防火距离参考表8.4.5-4。

8.4.5.4 小城镇燃气输配设施

小城镇地下燃气管道与建(构)筑物基础及相邻管道间的水平净距　　表8.4.5-3

序号	项目	水平净距(m)	
		P≤0.005MPa	0.005MPa＜P＜0.2MPa
1	建(构)筑物基础	0.7	1.5
2	给水管	0.5	0.5
3	排水管	1.0	1.2
4	电力、电缆	0.5	0.5
5	通信电(在导管内)	1.0、0.4	1.0、0.4
6	其他燃气管 D≤300mm，D＞300mm	0.5、1.0	0.5、1.0
7	通信、照明电杆	1.2	1.2
8	行道树(至树中心)	5.0	5.0
9	铁路钢轨	1.0	1.0
10	输电杆(塔)基础(≤33kV)(＞33kV)	5.0	5.0

规划

(1)燃气储配站

应符合防火规范要求,具有较好的交通、供电、供水和供热条件,应布置在镇区边缘。

(2)调压站

①一般设置在单独的建筑物内,中低压燃气管道当条件受限时可设置在地下。

②尽量布置在负荷中心或接近大用户。

③尽可能避开繁华地段,可设在居民区的街坊内、广场和公园等地。

④调压站为二级防火建筑,应保证其防火安全距离,更应躲开明火。

⑤其供气半径以0.5~1km为宜。

(3)液化石油气瓶装供应站

①一般设在居民区内,服务半径为0.5km,供应5000~7000户,居民耗气量可取13~15kg/户·月。

②应有便于运瓶汽车出入口的道路。

③其气瓶库与站外建筑物或道路之间的防火距离不应小于表8.4.5-6、表8.4.5-7的规定。

④供应站的瓶库与站外建、构筑物的防火间距不小于表8.4.5-8的规定。

小城镇输气干线与架空高压输电线(或电信线)平行敷设时的安全、防火距离
表8.4.5-4

架空高压输电线或电信线名称	与输气管最小间距(m)
≥110kV 电力线	100
≥35kV 电力线	50
≥10kV 电力线	15
Ⅰ、Ⅱ线电信线	25

小城镇埋地输气干线中心线至各类建(构)筑物的最小允许安全、防火距离(m)
表8.4.5-5

建构筑物的安全、防火类别	建(构)筑物名称	输气管公称压力P(kg/cm²)							
		p≤16			16<p<40			p≥40		
		D≤200	p=225~450	D≥500	D≤200	p=225~450	D≥500	D≤200	p=225~450	D≥500
Ⅰ	特殊的建(构)筑物、特殊的防护地带(如大型地下构筑物及其防护区)、炸药及爆炸危险品仓库、军事设施	大于200m,并与有关单位协商确定								
Ⅱ	城镇,公建(如学校、医院),重要工厂,车站,港口码头,重要水工建筑,易燃及重要物资仓库(如大型粮食、重要器材仓库),铁路干线和省、市级、战备公路的桥梁	25	50	75	50	100	150	50	150	200
Ⅲ	与输气管线平行的铁路干线、铁路专用线和县级、企业公路的桥梁	10	25	50	25	75	100	25	100	150
Ⅳ	与输气管线平行的铁路专用线,与输气管线平行的省、市、县级、战备公路及重要的企业专用公路	>10m 或与有关单位协商确定								

注:1.城镇——从规划建筑线算起。
2.铁路、公路——从路基底边算起。
3.桥梁——从桥墩底边算起。本表所列桥梁中:铁路桥梁为桥长80m或单孔跨距23.8m或桥高30~50m以上者;公路桥梁为桥长100m或桥墩高40m以上者。如桥梁规格小于以上值,则按一般铁路或公路对待。
4.输气管线平行的铁路或公路指相互连续平行500m以上者。
5.除上述以外,其他建构筑物从其外边线算起。
6.表列钢管D≤200指无缝钢管,D>200指有缝钢管;钢管均由抗拉强度36~52kg/m²的钢材所制成。

设有总容积≤10m³的贮罐的独立建筑物的外墙与相邻厂房外墙之间的防火间距
表8.4.5-6

相邻厂房的耐火等级	一、二级	三 级	四 级
防火间距	10	12	14

液化石油气储罐与铁路、公路的防火间距(m) 表8.4.5-7

项 目	厂外铁路线(中心线)	厂内铁路线(中心线)	厂外道路(路边)	厂内道路间距	
				主 要	次 要
液化石油气储罐	45	35	25	15	10

注:液化石油气储罐与架空电力线的防火间距,不应小于电杆高度的一倍半。

小城镇瓶装供应站的瓶库与站外建、构筑物的防火间距(m) 表8.4.5-8

项目	总存瓶容积(m³) ≤10	>10
明火、散发火花地点	30	35
民用建筑	10	15
重要公用建筑	20	25
主要道路	10	10
次要道路	5	5

8 小城镇专项规划

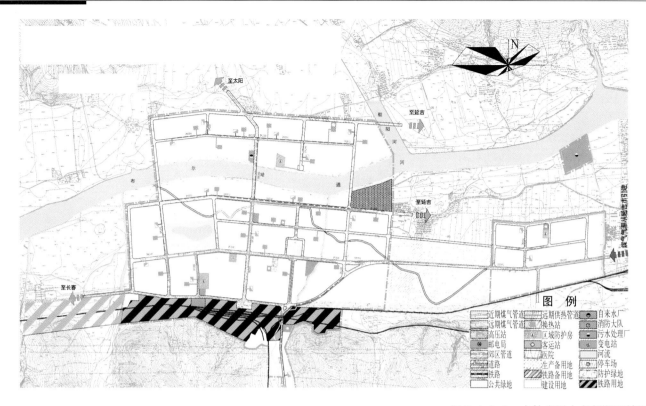

图 8.4.5-1 吉林省延吉市朝阳川镇燃气供热工程规划

注：朝阳川镇现状人口 2 万人。规划近期 (2005年) 人口 3.5 万人，气化率 35%；远期 (2020年) 为 5.9 万人，气化率 90%。居民用气定额 1.1Nm³/户·日 (按 3.5 人/户计)。燃气气源为延吉市液化石油气储配站。规划中心镇区中、低压两级输配气、混合气以 0.05～0.1MPa 压力送入中压管，经调压站调压后进入低压管网供应用户。

图 8.4.5-2 广东省深圳市布吉镇南岭村燃气工程规划

注：南岭村规划人口 2.4 万人（其中 1.2 万人计为单身人口）。村内现无燃气管道，由附近液化石油气瓶装站供气。规划近期 (2005年) 气源为液化石油气，气化后管道供应；远期 (2015年) 气源以天然气为主，液化石油气为辅。管网气源为深圳市沙湾区域气化站及布吉天然气高、中压调站。管网起点压力：气态石油气 0.03MPa，天燃气 0.15MPa。居住耗热定额：住户 3135MJ/年·人，单身 2926MJ/年·人。居民及公建用气气化率 100%，管道气化率 90%。近期在南岭村片区内设"沙湾瓶装供应站"一座，供应户数 5000 户。

8.4.6 小城镇供热工程规划

8.4.6.1 小城镇热负荷计算

(1)计算法

① 采暖热负荷计算

$$Q = q \cdot A \cdot 10^{-3}$$

式中，Q 为采暖热负荷(MW)，q 为采暖热指标(W/m^2，取 60～67W/m^2)，A 为采暖建筑面积(m^2)。

② 通风热负荷计算

$$Q_T = KQ_n$$

式中，Q_T 为通风热负荷(MW)，K 为加热系数(一般取 0.3～0.5)，Q_n 为采暖热负荷(MW)。

③ 生活热水热负荷计算

$$Q_W = Kq_wF$$

式中，Q_W 为生活热水热负荷(W)，K 为小时变化系数，q_w 为平均热水热负荷指标(W/m^2)，F 为总用地面积(m^2)。当住宅无热水供应、仅向公建供应热水时，q_w 取 2.5～3W/m^2；当住宅供应洗浴用热水时，q_w 取 15～20W/m^2。

④ 空调冷负荷计算

$$Q_C = \beta q_c A 10^{-3}$$

式中，Q_C 为空调冷负荷(MW)，β 为修正系数，q_c 为冷负荷指标(一般为 70～90W/m^2)，A 为建筑面积(m^2)。对不同建筑而言，β 的值不同，详见表8.4.6-1。

⑤ 生产工艺热负荷计算

对规划的工厂可采用设计热负荷资料或根据相同企业的实际热负荷资料进行估算。该项热负荷通常应由工艺设计人员提供。

⑥ 供热总负荷计算

将上述各类负荷的计算结果相加，进行适当的校核处理后即得供热总负荷，但总负荷中的采暖、通风热负荷与空调冷负荷实际上是同一类负荷，在相加时应取两者中较大的一个进行计算。

(2)概算指标法

对民用热负荷，亦可采用综合热指标进行概算。

① 民用建筑供热面积热指标概算值详见表8.4.6-2。

② 对居住小区而言，包括住宅与公建在内，其采暖热指标建议取值为 60～67W/m^2。

8.4.6.2 小城镇集中供热热源选择

(1)热源种类选择

① 一般情况下，小城镇应以区域锅炉房作为其供热主热源。

② 在有一定的常年工业热负荷而电力供应紧张的小城镇地区亦可应建设热电厂。

(2)热源规模选择

小城镇主热源的规模应能基本满足供暖平均负荷的需要。我国黄河以北的小城镇供暖平均负荷可按供暖设计计算负荷的 60%～70% 计。

8.4.6.3 小城镇集中供热热源选址

(1)小城镇热电厂选址原则

① 应符合小城镇总体规划要求，并征得规划部门和电力、环保、水利、消防等有关部门的同意。

② 应尽量靠近热负荷中心，热电厂蒸气的输送距离一般为 3～4km。

③ 要有方便的水陆交通条件。

④ 要有良好的供水条件和保证率。

⑤ 要有妥善解决排灰的条件。

⑥ 要有方便的出线条件。

⑦ 要有一定的防护距离。

⑧ 应尽量占用荒地、次地和低产田，不占或少占良田。

⑨ 应避开滑坡、溶洞、塌方、断裂带、淤泥等不良地质地段。

⑩ 应同时考虑职工居住和上下班等因素。

⑪ 小型热电厂的占地面积可根据表8.4.6-3 计算。

(2)小城镇热水锅炉选址原则

① 靠近热负荷较集中的地区。

② 便于引出管道，并使室外管道

小城镇建筑冷负荷指标　　　　　　　　　　　　　表 8.4.6-1

建筑类型	旅馆	住宅	办公楼	商店	体育馆	影剧院	医院
冷负荷指标 βq_c	1.0 q_c	1.0 q_c	1.2 q_c	0.5 q_c	1.5 q_c	1.2～1.6 q_c	0.8～1.0 q_c

注：当建筑面积 < 5000m^2 时，取上限；建筑面积 > 10000m^2 时，取下限。

小城镇民用建筑供暖面积热指标概算值　　　　　　　表 8.4.6-2

建筑物类型	单位面积热指标(W/m^2)	建筑物类型	单位面积热指标(W/m^2)
住宅	58～64	商店	64～87
办公楼、学校	58～87	单层住宅	81～105
医院、幼儿园	64～81	食堂餐厅	116～140
旅馆	58～70	影剧院	93～116
图书馆	47～76	大礼堂、体育馆	116～163

注：1. 总建筑面积大，外围护结构热工性能好，窗户面积小，可采用表中较小的数值；反之，则采用表中较大的数值。
2. 上表推荐值中，已包括了热网损失在内(约6%)。

小城镇小型热电厂占地参考值　　　　　　　　　　表 8.4.6-3

规模(kW)	2×1500	2×3000	2×6000	2×12000
厂区占地面积(hm^2)	21.5	2.0～2.8	3.5～4.5	5.5～7

的布置在技术、经济上合理。

③便于燃料贮运和灰渣排除，并宜使人流和煤、灰、车流分开。

④有利于自然通风。

⑤位于地质条件较好的地区。

⑥有利于减少烟尘和有害气体对居住区和主要环境保护区的影响。全年运行的锅炉房宜位于居住小区和主要环境保护区的全年最小频率风向的上风侧；季节性运行的锅炉房宜位于该季节盛行风向的下风侧。

⑦应根据远期规划在锅炉房扩建端留有余地，不同规模热水锅炉的用地面积可参考表8.4.6-4进行计算。

8.4.6.4 小城镇供热管网形制选择

（1）热水热力网宜采用闭式双管制。

（2）以热电厂为热源的热水热力网，同时有生产工艺、采暖、通风、空调、生活热水多种热负荷，在生产工艺热负荷与采暖热负荷所需供热介质参数相差较大，或季节性热负荷占总热负荷比例较大，且技术经济合理时，可采用闭式多管制。

（3）热水热力网满足下列条件，且技术经济合理时，可采用开式热力网。

①具有水处理费用较低的补给水源。

②具有与生活热水热负荷相适应的廉价低位能热源。

（4）蒸汽热力网的蒸汽管道，宜采用单管制。

当符合下列情况时可采用双管制或多管制。

①当多用户所需蒸汽参数相差较大或季节性热负荷占总热负荷比例较大，且技术经济合理时，可采用双管或多管制。

②当用户按规划分期建设时可采用双管或多管制，随热负荷发展分期建设。

8.4.6.5 小城镇供热管网布置

(1)小城镇供热管网平面布置原则

①其主要干管应力求短直并靠近大用户和热负荷集中的地段，避免长距离穿越没有热负荷的地段。

②尽量避开主要交通干道和繁华街道。

③宜平行于道路中心线，通常敷设在道路的一边，或者是敷设在人行道下面。尽量少敷设横穿街道的引入管，尽可能使相邻的建筑物的供热管道相互连接。如果道路是有很厚的混凝土层的现代新式路网，则采用在街坊内敷设管线的方法。

④当供热管道穿越河流或大型渠道时，可随桥架或单独设置管桥，也可采用虹吸管由河底（或渠道）通过。具体采用何种方式，应与城市规划等部门协商并根据市容要求、经济能力进行统一考虑后确定。

⑤和其他管线并行敷设或交叉时，为保证各种管道均能方便地敷设、运行和维修，热网和其他管线之间应有必要的距离。

⑥技术上应安全可靠，避开土质松软地区和地震断裂带、滑坡及地下水位高的地区。

(2)小城镇供热管网的竖向布置

①一般地沟管线敷设深度最好浅一些，以减少土方工程量。为避免地沟盖受汽车等动荷重的直接压力，地沟的埋深自地面到沟盖顶面不小于0.5～1.0m；特殊情况下，如地下水位高或其他地下管线相交情况极其复杂时，允许采用较小的埋深，但不小于0.3m。

②热力管道埋设在绿化地带时，其埋深应大于0.3m。热力管道土建结构顶面至铁路轨基底间最小净距应大于1.0m；与电车路基底为0.75m；与公路路面基础为0.7m；跨越有永久路面的公路时，热力管道应敷设在通行或半通行的地沟中。

③热力管道与其他地下设备交叉时，应在不同的水平面上互相通过。

④地上热力管道与街道或铁路交叉时，管道与地面之间应保留足够的距离；此距离应根据不同运输类型所需高度尺寸来确定：汽车运输时为3.5m，电车时为4.5m，火车时为6.0m。

⑤热力管道地下敷设时，其沟底的标高应高于近30年来最高地下水位0.2m，在没有准确地下水位资料时应高于已知最高地下水位0.5m以上；否则，地沟要进行防水处理。

⑥热力管道和电缆之间的最小净距为0.5m。如电缆地带和土壤受热的附加温度在任何季节都不大于10℃，且热力管道有专门的保温层，则可减小此净距。

⑦热力管道横过河流时，目前广泛采用悬吊式人行桥梁和河底管沟方式。

小城镇热水锅炉房参考用地面积 表8.4.6-4

锅炉房总容量(MW)(Mkcal/h)	用地面积(hm²)	锅炉房总容量(MW)(Mkcal/h)	用地面积(hm²)
5.8～11.6(5～10)	0.3～0.5	58.0～11.6(50.1～100)	1.6～2.5
11～35(10.1～30)	0.6～1.0	116.1～232(100.1～200)	2.6～3.5
35.1～58(30.1～50)	1.1～1.5	232.1～350(200.1～300)	4～5

小城镇热力网管道与建筑物、构筑物、其他管线的最小距离　　　表8.4.6-5

建筑物、构筑物或管线名称	与热力网管道最小水平净距(m)	与热力网管道最小垂直净距(m)
建筑基础与DN≤250热力管沟	0.5	
建筑基础与DN≥300的直埋敷设闭式热力管道	2.5	
建筑基础直埋敷设开式热力管道	3.0	
铁路钢轨	铁路外侧3.0	轨底1.2
电车钢轨	铁路外侧2.0	轨底1.0
铁路、公路路基边坡底脚或边沟的边缘	1.0	
通讯、照明或10kV以下电力线路的电杆	1.0	
桥墩(高架桥、栈桥)边缘	2.0	
架空管道支架基础边缘	1.5	
35~66kV高压输电线铁塔基础边缘	2.0	
110~220kV高压输电线铁塔基础边缘	3.0	
通讯电缆管线	1.0	0.15
通讯电缆(直埋)	1.0	0.15
35kV以下电力电缆和控制电缆	2.0	0.5
110kV电力电缆和控制电缆	2.0	1.0
P<150kPa的燃气管道与热力管沟	1.0	0.15
P为150~300kPa的燃气管道与热力管沟	1.5	0.15
P>800kPa的燃气管道与热力管沟	4.0	0.15
P在300~800kPa的燃气管道与热力管沟	2.0	0.15
P<300kPa的燃气管道与直埋热力管道	1.0	0.15
P<800kPa的燃气管道与直埋热力管道	1.5	0.15
P>800kPa的燃气管道与直埋热力管道	2.0	0.15
给水管道	1.5	0.15
排水管道	1.5	0.15
地铁	5.0	0.8
电气铁路接触网电杆基础	3.0	
乔木(中心)	1.5	
灌木(中心)	1.5	
道路路面		0.7
铁路钢轨	轨外侧3.0	轨顶一般5.5,电气铁路6.55
电车钢轨	轨外侧2.0	
公路路面边缘或边沟边缘	轨外侧0.5	
1kV以下的架空输电线路	导线最大风偏时1.5	热力管道在下面交叉通过,导线最大垂度时1.0
1~10kV下的架空输电线路	导线最大风偏时2.0	热力管道在下面交叉通过,导线最大垂度时2.0
35~110kV下的架空输电线路	导线最大风偏时4.0	热力管道在下面交叉通过,导线最大垂度时4.0
220kV下的架空输电线路	导线最大风偏时5.0	热力管道在下面交叉通过,导线最大垂度时5.0
330kV下的架空输电线路	导线最大风偏时6.0	热力管道在下面交叉通过,导线最大垂度时6.0
500kV下的架空输电线路	导线最大风偏时6.5	热力管道在下面交叉通过,导线最大垂度时6.5
树冠	0.5(到树中不小于2.0)	
公路路面		4.5

注：1.当热力管道埋深大于建构筑物基础深度时，最小水平净距应按土壤内摩擦角计算确定。
2.当热力管道与电缆平行敷设时，电缆处的土壤温度与月平均土壤自然温度比较，全年任何时候对于10kV电力电缆不高出10℃、对35~110kV电缆不高出5℃时，可减少表中所列距离。
3.在不同深度并列敷设各种管道时，各管道间的水平净距不小于其深度差。
4.热力管道检查塞、"门"型补偿器壁龛与燃气管道最小水平净距亦应符合表中规定。
5.条件不允许时，经有关单位同意，可减少表中规定的距离。

8.4.6.6 小城镇热力管管径确定

(1)热水热力管管径

不同供、回水温差条件下热水管径可按表8.4.6-6采用。

(2)蒸汽热力管管径

蒸汽管道管径的确定与该管段内的蒸汽平均压力密切相关,可按表8.4.6-7估算。

(3)凝结水热力管管径

凝结水水温按100℃以下考虑,其密度取值为1000kg/m³,其管径可按表8.4.6-8估算。

8.4.6.7 小城镇热力站与制冷站的设置

(1)小城镇热力站的设置原则

① 应位于小区热负荷中心;但工业热力站应尽量利用原有锅炉房的用地。

② 单独设置的热力站,其尺寸视供热规模、设备种类和二次热网类型而定。二次热网为开式热网的热力站,其最小尺寸为长4.0m、宽2.0m和高2.5m;二次热网为闭式热网的热力站,其最小尺寸为长7.0m、宽4.0m和高2.8m。

③ 一座供热面积10万m²的热力点,其建筑面积约为300m²;若同时供应生活热水,则建筑面积要增加50m²左右。对居住小区而言,一个小区一般设一个热力站。

(2)小城镇制冷站的设置原则

① 小容量制冷机用于建筑空调,位于建筑内部;大容量制冷机可用于区域供冷或供暖,设于冷暖站内。

② 冷暖站的供热(冷)面积宜在10万m²范围之内。

小城镇热水管网管径估算表　　　　表8.4.6-6

热负荷(MW)	供、回水温差(℃)									
	20		30		40(110~70)		60(130~70)		80(150~70)	
	流量(t/h)	管径(mm)	流量(t/h)	管径(mm)	流量(t/h)	管径(mm)	流量(t/h)	管径(mm)	流量(t/h)	管径(mm)
6.98	300	300	200	250	150	250	100	200	75	200
13.96	600	400	400	350	300	300	200	250	150	250
20.93	900	450	600	400	450	350	300	300	225	300
27.91	1200	600	800	450	600	400	400	350	300	300
34.89	1500	600	1000	500	750	450	500	400	375	350
41.87	1800	600	1200	600	900	450	600	400	450	350
48.85	2100	700	1400	600	1050	500	700	450	525	400
55.02	2400	700	1600	600	1200	600	800	450	600	400

饱和蒸汽管道管径估算表　　　　表8.4.6-7

蒸汽压力(Mpa) 管径(mm) 蒸汽流量(t/h)	0.3	0.5	0.8	1.0	蒸汽压力(Mpa) 管径(mm) 蒸汽流量(t/h)	0.3	0.5	0.8	1.0
5	200	175	150	150	70	500	450	400	400
10	250	200	200	175	80		500	500	450
20	300	250	250	250	90			500	450
30	350	300	300	250	100			600	500
40	400	350	350	300	120			600	600
50	400	400	350	350	150			600	600
60	450	400	400	350	200			700	700

注:1.过热蒸汽的管径也可按此表估算;
　　2.流量或压力与表中不符时,可以用内插法求管径。

凝结水管径估算表　　　　表8.4.6-8

凝结水流量(t/h)	5	10	20	30	40	50	60	70	80	90	100	120	150
管径(mm)	70	80	100	125	150	150	175	175	200	200	200	250	250

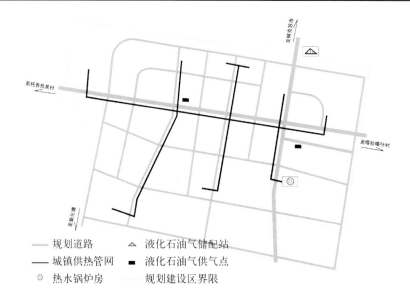

图8.4.6-1　新疆自治区阿克苏市喀拉塔勒镇供热燃气工程规划

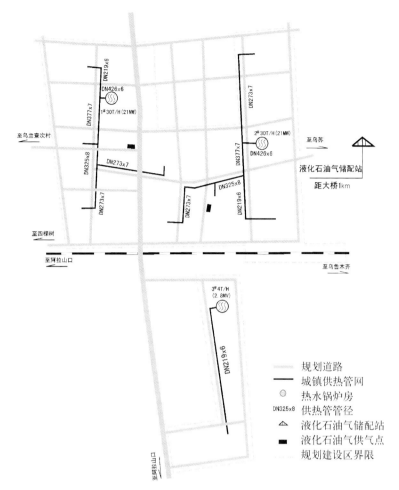

图 8.4.6-2 新疆自治区哈布呼镇供热燃气规划工程

8.5 小城镇环保环卫规划

8.5.1 小城镇环境保护规划

8.5.1.1 小城镇水体环境保护

(1)小城镇水源地保护

①从保护水资源的角度来安排城镇用地布局，特别是污染工业的用地布局。

②在确定小城镇的产业结构时应充分考虑水资源条件。

(2)小城镇污水处理

①应按不同经济发展地区、不同规模的不同发展阶段的小城镇，确定相应的污水管网普及率和污水处理率。

②小城镇污水管网系统的建设应优先于污水处理设施的建设，即规划建设和完善污水管网收集系统，避免污水随意排放而造成水体多点污染以及"有厂无水"现象。

③小城镇污水处理方式应根据污水水量和水质、当地自然条件、受纳水体功能、环境容量、城镇经济社会条件和环境要求等要素综合选择。规模较小的城镇不宜单独采用基建投资大、处理成本较高的常规生物活性污泥法，而应选择工艺简单、成本较低、运行管理方便的污水处理技术。在自然条件和土地条件许可的情况下，优先选择投资省、运行费用低、净化效果高的自然生物处理法。

④小城镇的污水处理应分期分级进行。对近期采用简单处理工艺的城镇，远期要为污水处理工艺的升级留有余地。

⑤在规划建设小城镇污水管网和处理设施时，应突出工程设施的共享，避免重复建设。在城镇化程度较高、乡镇分布密集、经济发展和城镇建设同步性强的地区，可在大的区域内统一进行污水工程规划，统筹安排、合理配置污水工程设施，通过建造区域性污水收集系统和集中处理设施来控制城镇群的污染问题。

⑥提高节水意识，减少污水排放量，并积极推广污水回用技术和措施，特别是在农业方面的回用。

8.5.1.2 小城镇大气环境保护

(1)小城镇大气环境质量控制指标

①小城镇大气环境质量主要控制指标为SO_2、总悬浮颗粒物(TSP)和氮氧化物；以建材业为主导产业的城镇还应把氟化物作为主要控制指标。

②小城镇大气环境质量的控制标准整体上应高于大中型城市。大部分小城镇的空气质量应达到国家大气环境空气质量一级标准，有些小城镇应满足大气环境质量的二级标准。

(2)小城镇大气环境保护措施

①优化调整乡镇企业的工业结构，积极引进和发展低能耗、低污染、资源节约型的产业，严格控制主要大气污染源如电厂、水泥厂、化肥厂、造纸厂等项目的建设，并加快对现有重点大气污染源的治理，对大气环境敏感地区划定烟尘控制区。

②根据当地的能源结构、大气环境质量和居民的消费能力等因素，选择适宜的居民燃料。城镇居民的炊事和供热除鼓励使用(固硫)型煤外，有条件的城镇应推广燃气供气、电能或其他清洁燃料。

③应采取有效措施提高汽车尾气达标率。控制汽车尾气排放量，积极推广使用高质量的油品和清洁燃料，

如液化石油气、无铅汽油和低含硫量的柴油等。

④应充分发挥自然植物和城镇绿地的净化功能,根据当地条件和大气污染物的排放特点,合理选择植物种类,通过植物来净化空气、吸滞粉尘,防止扬尘污染。

8.5.1.3 小城镇噪声环境规划

(1)小城镇的主要噪声源为交通噪声、工业噪声、建筑施工噪声、社会生活噪声等;小城镇的主要噪声规划控制指标为区域环境噪声和交通干线噪声。

(2)为避免噪声对居民的日常生活造成不利影响,在进行小城镇规划时应合理安排小城镇用地布局,解决工业用地与居住用地混杂现象,把噪声污染严重的工厂与居民住宅、文教区分隔开;在非工业区内一般不得新建、扩建工厂企业。工厂与居民区之间采用公共建筑或植被作为噪声缓冲带,也可利用天然地形如山岗、土坡等来阻断或屏蔽噪声的传播。

(3)严格控制生产经营活动噪声和建筑施工噪声,减轻噪声扰民现象。施工作业时间应避开居民的正常休息时间;在居民稠密区施工作业时,应尽可能使用噪声低的施工机械和作业方式。

(4)小城镇不宜沿国道、省道与交通性主干道两侧发展,把过境公路逐步从镇区中迁出,减少过境车辆对镇区的噪声污染,同时避免或减轻小城镇对交通干线的干扰。对经过居民文教区的道路,采取限速、禁止鸣笛及限制行车时间等措施来降低噪声;高噪声车辆不得在镇区内行驶。

8.5.1.4 小城镇固体废弃物规划

(1)应重视小城镇环境卫生公共设施和环卫工程设施的规划建设,加大对环卫设施的投入,对城镇产生的垃圾及时清运。

(2)应根据小城镇的实际情况来确定垃圾处理方式,应突出垃圾的最大资源化;在对垃圾进行处理时,应充分考虑垃圾处理设施的共享,避免重复建设。

8.5.1.5 小城镇建设与环境保护

(1)大力发展小城镇,使人口和乡镇企业向小城镇有序集中,减轻水土流失区现有耕地的压力,达到还田于林、还田于植被的目的。

(2)保护和合理利用水资源、矿产资源、生物资源和旅游资源,尽量多保留一些天然水体、森林、草地、湿地等,为城镇发展提供充足的环境容量。

(3)在确定人口规模和城镇发展方向时,要充分考虑环境容量、资源能源等自然条件,从而保证城镇建设在满足经济目标的同时满足环境保护的目标。

(4)在工业项目引进中,乡镇企业要更多地依靠技术进步求得发展,避免高污染行业向小城镇转移,特别是在环境容量已很小的地区应更多地考虑无污染和低污染、节地、节水和节能型产业。

8.5.2 小城镇环境卫生规划

8.5.2.1 小城镇生活垃圾量、固体废物量预测

(1)小城镇固体废物应包括生活垃圾、建筑垃圾、工业固体废物、危险固体废物。

(2)小城镇生活垃圾量预测主要采用人均指标法和增长率法;工业固体废物量预测主要采用增长率法和工业万元产值法。

(3)当采用人均指标法预测小城镇生活垃圾量时,生活垃圾规划预测人均指标可按0.9~1.4kg/人·日,并结合当地燃料结构、居民生活水平、消费习惯和消费结构及其变化、经济发展水平、季节和地域情况进行分析、比较后选定。

(4)当采用增长率法预测小城镇生活垃圾量时,应根据垃圾量增长的规律和相关调查、分析,按不同时间段确定不同的增长率。

8.5.2.2 小城镇垃圾收运、处理与综合利用

(1)小城镇应逐步实现生活垃圾清运容器化、密闭化、机械化和处理无害化的环境卫生目标。

(2)小城镇垃圾在主要采用垃圾收集容器和垃圾车收集的同时,采用袋装收集方式,并符合日产日清的要求;其垃圾收集方式应分非分类收集和分类收集,宜按表8.5.2-1,结合小城镇相关条件和实际情况分析、比较后选定。

(3)小城镇生活垃圾处理应主要采用卫生填埋方法处理,有条件的小城镇经可行性论证也可因地制宜、采用堆肥方法处理;乡镇工业固体废物应根据不同类型特点来考虑处理方法,尽可能地综合利用,其中有害废物应采用安全土地填埋,并不得进入垃圾填埋场;危险废物根据有关部门要求,采用焚烧、深埋等特殊处理方法。

(4)小城镇环境卫生规划的垃圾污染控制目标可按表8.5.2-2的指标,结合小城镇实际情况制定。

8.5.2.3 小城镇环境卫生公共设施规划

(1)小城镇环境卫生公共设施规划应对公共厕所、化粪池、粪便蓄运站、废物箱、垃圾容器(垃圾压缩站、垃圾转运站、(垃圾码头)、卫生填埋场、(堆肥厂)、环境卫生专用车辆配置及其车辆通道和环境卫生基地建设的布局、建设和管理提出要求。

小城镇垃圾收集方式选择　　　　　　　　表 8.5.2-1

		经济发达地区						经济发展一般地区						经济欠发达地区					
		小城镇规模分级																	
		一		二		三		一		二		三		一		二		三	
		近期	远期	近期	远期	近期	远期	近期	远期	近期	远期	近期	远期	近期	远期	近期	远期	近期	远期
垃圾收集方式	非分类收集					●	●			●	●	●	●	●	●	●	●	●	●
	分类收集	△	●	△	●			△	●						△		△			

注：表中 △——宜设，●——应设。

小城镇垃圾污染控制和环境卫生评估指标　　　表 8.5.2-2

	经济发达地区						经济发展一般地区						经济欠发达地区					
	小城镇规模分级																	
	一		二		三		一		二		三		一		二		三	
	近期	远期	近期	远期	近期	远期	近期	远期	近期	远期	近期	远期	近期	远期	近期	远期	近期	远期
固体垃圾有效收集率(%)	65~70	≥98	60~65	≥95	55~60	95	60	95	55~60	90	45~55	90	45~50	90	40~45	85	30~40	80
垃圾无害化处理率(%)	≥40	≥90	35~40	85~90	25~35	75~85	≥35	85	30~35	80~85	20~30	70~80	30	75	≥25	70~75	15~25	60~70
资源回收利用率(%)	30	50	25~30	45~50	20~25	35~45	25	50	20~25	40~45	15~20	30~40	20	45	15~20	35~40	10~15	25~35

注：资源回收利用包括工矿业固体废物的回收利用，以及结合污水处理和改善能源结构，粪便、垃圾生产沼气，回收其中的有用物质等。

(2) 小城镇环境卫生公共设施规划应符合统筹规划、合理布局、美化环境、方便使用、整洁卫生、有利排运的原则。

(3) 小城镇公共厕所设置的一般要求：镇区主要繁华街道公共厕所之间距宜为 400~500m，一般街道宜为 800~1000m，新建的居民小区宜为 450~550m，并宜建在商业网点附近；旱厕应逐步改造为水厕。没有卫生设施的住宅街道内，按服务半径 70~150m 设置 1 座。

(4) 小城镇废物箱应根据人流密度合理设置，镇区繁华街道设置距离宜为 35~50m，交通干道每 50~80m 设置 1 个，一般道路为 80~100m；在采用垃圾袋固定收集堆放的地区，生活垃圾收集点服务半径一般不应超过 70m，居住小区多层住宅一般每 4 幢设一个垃圾收集点。

(5) 小城镇宜考虑小型垃圾转运站，其选址应在靠近服务区域中心、交通便利、不影响镇容的地方，并按 0.7~1.0km² 的标准设置 1 座，与周围建筑间距不小于 5m，规划用地面积宜为 100~1000m²/座。临水的小城镇可考虑设垃圾粪便码头，规划专用岸线及陆上作业用地，其岸线长度参照《城市环卫设施设置标准》。

(6) 小城镇卫生填埋场的选址应最大限度地减少对环境和城镇布局的影响，减少投资费用，并符合其他有关要求；宜规划在城市弃置地上，并规划卫生防护区。卫生填埋最终处理场应选择在地质条件较好的远郊。填埋场的合理使用年限应在 10 年以上，特殊情况下不应低于 8 年，且宜根据填埋场建设的条件考虑分期建设。

(7) 小城镇环境卫生车辆和环境卫生管理机构等应按有关规定配置完善。小城镇环卫专用机动车数量可按小城镇人口每万人 2 辆配备；环卫职工人数可按小城镇人口的 1.5~2.5‰ 配备。环卫车专用车道宽不小于 4m，通往工作点倒车距离不大于 20m，回车场 12m×12m。

(8) 小城镇洒水车供水器可设在街道两旁的给水管上，每隔 600~1500m 设置 1 个。

(9) 小城镇居住小区的道路规划应考虑环境卫生车辆通道的要求，新建小区和旧镇区改建时的相关道路应满足 5t 载重车通行。

8.5.2.4　小城镇环卫设施面积指标

(1) 小城镇公厕建筑面积指标

小城镇公共厕所建筑面积指标可按表 8.5.2-3 执行。

小城镇公共厕所建筑面积指标　　　表 8.5.2-3

分　类	建筑面积指标(m²/千人)
居住小区	6~10
车站、码头、体育场(馆)	15~25
广场、街道	2~4
商业大街、购物中心	10~20

(2) 小城镇垃圾粪便无害化处理场用地指标

处理场用地面积可根据处理量、处理工艺按表 8.5.2-4 确定。

小城镇垃圾粪便无害化处理场用地指标　　　表 8.5.2-4

垃圾处理方式	用地指标(m³/t)	粪便处理方式	用地指标(m²/t)
静态堆肥	200~330	高温厌氧	20
动态堆肥	150~200	厌氧——好氧	12
焚烧	90~120	稀释——好氧	25

(3) 小城镇基层环卫机构用地指标

(4) 小城镇环卫工人作息点规划指标

根据作业区大小和环卫工人的数量按表8.5.2-6确定。

小城镇基层环卫机构用地指标　　　表8.5.2-5

基层机构设置(个/万人)	用地指标(m²/万人)		
	用地规模	建设面积	修理工棚面积
1/1~5	310~470	160~240	120~170

小城镇环卫工人作息点规划指标　　　表8.5.2-6

作息场所设置数量(个/万人)	环卫清扫、保洁工人平均占有建筑面积(m²/人)	每处空地面积(m²/个)
1/0.8~1.2	3~4	20~30

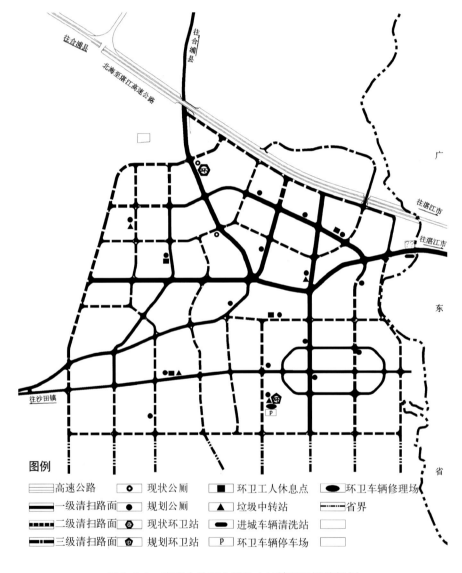

图8.5.2 广西自治区合浦县山口镇环卫设施规划

注：山口镇近期(2005年)规划人口2.3万人，远期(2015年)人口4.0万人。现有环卫站一处，人工清扫街道，拖拉机运至垃圾填埋场。规划在中心区东侧再设一环卫站，占地1.56hm²，按镇区人口每万人2辆配备环卫车。规划设垃圾中转站4处，均临近公厕，每座服务半径300~500m。扩建垃圾填埋场，远期建成无害化垃圾处理场。

8.6 小城镇防灾规划

8.6.1 小城镇防洪规划

8.6.1.1 小城镇防洪规划依据与原则

(1) 小城镇防洪工程规划必须以小城镇总体规划和所在江河流域防洪规划为依据。

(2) 编制小城镇防洪工程规划除应向水利部门调查分析相关的基础资料外，还应结合小城镇现状与规划，了解与分析设计洪水位、设计潮位的计算和历史洪水和暴雨的调查考证。

(3) 小城镇防洪工程规划应遵循统筹兼顾、全面规划、综合治理、因地制宜、因害设防、防治结合、以防为主的原则。

(4) 小城镇防洪工程规划应结合其处于不同水体位置的防洪特点，制定防洪工程规划方案和防洪措施。

8.6.1.2 小城镇防洪、排涝标准

(1) 小城镇防洪标准

① 小城镇防洪标准应按照表8.6.1-1与现行国标《城市防洪工程设计规范》相关规定的范围，综合考虑小城镇的人口规模、经济社会发展、受灾后造成的影响、经济损失、抢险难易，以及投资的可能性，因地制宜地合理选定。小城镇设计洪水位频率采用2%~5%，相应的洪水位重现期为20~50年，经充分论证和上级有关部门批准可以提高一级。对经济发展前景较好的重要小城镇，可分别提出近、远期防洪标准。

② 沿江河湖泊小城镇的防洪标准，应不低于其所处江河流域的防洪标准。

③ 邻近大型工矿企业、交通运输设施、文物古迹和风景区等防护对象

小城镇防洪标准 表8.6.1-1

	河(江)洪、海潮	山洪
防洪规划(重现期/年)	20～50	5～10

的小城镇防洪规划，当不能分别进行防护时，应按就高不就低的原则，执行其中高的防洪标准。

④涉及江河流域、工矿企业、交通运输设施、文物古迹和风景区等的防洪标准，应根据国标《防洪标准》等相关规定进行确定。

(2)小城镇排涝标准

小城镇排涝设计标准一般应以镇区发生一定重现期的暴雨时不受涝为前提，一般采用P=1～2年。

8.6.1.3 小城镇防洪方案选择

(1)位于江河湖泊沿岸小城镇的防洪规划，上游应以蓄水分洪为主，中游应加固堤防以防为主，下游应增强河道的排泄能力以排为主。

(2)位于河网地区的小城镇防洪规划，根据镇区被河网分割的情况，防洪工程宜采取分片封闭形式，镇区与外部江河湖泊相通的主河道应设防洪闸控制水位。

(3)位于山洪区的小城镇防洪规划，宜按水流形态和沟槽发育规划对山洪沟进行分段治理；山洪沟上游的集水坡地治理应以水土保持措施为主，中流沟应以小型拦蓄工程为主。

(4)沿海小城镇防洪规划，应以堤防防洪为主，同时规划应作出风暴潮、海啸及海浪的防治对策。

(5)同时位于以上两种或三种水体位置情况的小城镇，要考虑在河、海高水位时山洪的排出问题及可能产生的内涝治理问题；位于河口的沿海小城镇要分析研究河洪水位、天文潮位及风暴潮增高水位的最不利组合问题。

(6)沿江滨湖洪水重灾区小城镇一般应按国家"平垸行洪、退田还湖、移民建镇"的防洪抗灾指导原则和根治水患相结合的灾后重建规划来考虑防洪规划。

(7)地震区的小城镇防洪规划要充分估计地震对防洪工程的影响。

8.6.1.4 小城镇防洪、排涝设施与措施

(1)小城镇防洪、防涝设施应主要由蓄洪滞洪水库、堤防、排洪沟渠、防洪闸和排涝设施组成。

(2)小城镇防洪规划应注意避免或减少对水流流态、泥沙运动、河岸、海岸产生不利影响；防洪设施选线应适应防洪现状和天然岸线走向，与小城镇总体规划的岸线规划相协调，以合理利用岸线。

(3)小城镇防洪措施应包括工程防洪措施和非工程防洪措施。

(4)位于蓄滞洪区的村镇，当根据防洪规划需要修建围村埝(保庄圩)、安全庄台、避水台等就地避洪安全设施时，其位置应避开分洪口、主流顶冲和深水区，其安全超高应符合表8.6.1-2的规定。

(5)堤线布置必须统筹兼顾上下游和左右岸，沿地势较高、房屋拆迁工作量较少的地方布置，并结合排涝工程、排污工程、交通闸、港口码头统一考虑，还应注意路堤结合、防汛抢险交通及城镇绿化美化的需要。堤线与岸边的距离以堤防工程外坡脚的距岸边不小于10m为宜，且要求顺直。

(6)对河道中阻碍行洪的障碍物应提出清障对策和措施。

(7)因地制宜地采取排、截、抽等排涝工程措施，正确处理排与截、自排与抽排等关系，合理确定各项排涝工程的作用与任务。小城镇的排涝泵站可与雨水泵站相结合，以排放自流排放困难地区的雨水。

8.6.2 小城镇抗震防灾规划

8.6.2.1 小城镇抗震防灾规划成果要求

小城镇应按丙类模式编制抗震防灾规划，其主要内容为：

(1)总说明：包括小城镇抗震防灾的现状及防灾能力分析。

(2)根据小城镇建筑物、工程设施和人口分布状况，阐明遭遇防御目标地震影响时可能出现的主要灾害、小城镇抗震防灾的主要薄弱环节和急待解决的主要问题。

(3)减轻地震灾害的主要对策和措施。

8.6.2.2 小城镇抗震防灾措施

(1)在地震设防区进行小城镇规划时，应根据国家和省有关地震设防规定和工程地质的有关资料，对小城镇

小城镇就地避洪安全设施的安全超高 表8.6.1-2

安全设施	安置人口(人)	安全超高(m)
围村埝 (保庄圩)	地位重要，防护面大，人口≥10000的密集区	＞2.0
	≥10000	2.0～1.5
	≥1000，但＜10000	1.5～1.0
	＜1000	1.0
安全庄台、避水台	≥1000	1.5～1.0
	＜1000	1.0～1.5

注：安全超高是指在蓄、滞洪时的最高洪水以上，考虑水面浪高等因素，避洪安全设施需要增加的富余高度。

建设用地作出综合评价。

(2)在地震设防区确定小城镇建设用地和布置建筑物时，应选择对抗震有利的场地和地基，严禁在断裂、滑坡等危险地带或由于地震可能引起水灾、火灾、泥石流等次生灾害的地区选址，宜避开有软弱黏性土、液化土、新近填土或严重不均匀土层的地段。

(3)位于地震设防区的小城镇规划应充分考虑震灾发生时避难、疏散和救援的需要，应安排多路口出入道路；主要道路应保持灾后不小于3.5m以上的路面通行宽度，并设置疏散避难的小型广场和绿地。

(4)位于地震设防区的小城镇规划应采取措施，确保交通、通信、供水、供电、消防、医疗和重要企业、物资仓库的安全，为震后生产、生活的迅速恢复提供条件。

(5)小城镇建筑物的体型、尺寸、间距应有利于抗震，按现行的《建筑抗震设计规范》的规定执行。

8.6.3 小城镇消防规划

8.6.3.1 小城镇消防用水量

小城镇消防用水量可按同一时间内只发生一次火灾，一次灭火用水量为10l/s，灭火时间不小于3小时来确定。室外消防用水量按表8.6.3-1来确定。

8.6.3.2 小城镇消防站布置

(1)小城镇消防站设置数量可按表8.6.3-2确定

(2)消防站址应选择在责任区的适中位置，交通方便，利于消防车迅速出动；其边界距液化石油气罐区、煤气站、氧气站不宜小于200m。

(3)小城镇消防站规模通常为三级，配备3辆消防车，设火警专用电话。

8.6.3.3 小城镇消防水源

(1)在进行小城镇规划时，应安排可靠的消防水源，合理布置消防取水点，在重要的建筑物、厂站、仓库区应设置消防用水设施。

(2)在规模较小、管道供水不足的小城镇增设消防水池。有消防车的小城镇，消防水池的保护半径宜为100~150m；只配备有手抬机动消防泵的小城镇，其保护半径不宜超过100m。

8.6.3.4 小城镇消防栓布置

(1)沿街道、道路设置室外消防栓，消防栓服务半径不宜超过120~150m，尽量靠近十字路口。

(2)消防栓距车行道不应大于2m，距建筑物外墙不小于5m(地上式消防栓应大于1.5m)。

(3)消防栓的供水管径不得小于75mm。

8.6.3.5 小城镇消防通道设置

小城镇建筑布置必须按现行的《村镇建筑设计防火规范》的有关规定，设置必要的消防通道，以保证消防车辆能靠近建筑物。

8.6.3.6 小城镇消防安全布局

(1)小城镇新建区、扩建区的建筑物，应按不同性质和用途分别布置，旧区改造时应将易发生火灾的建筑物和场、站调整至小城镇边缘布置。

(2)小城镇的易燃、易爆厂房、仓库、谷场和燃料场的选址应遵守现行的《村镇建筑设计防火规范》的有关规定。

8.6.4 小城镇地质灾害防治规划

8.6.4.1 位于易发生滑坡地段的小城镇建设用地的选址，应根据气象、水文和地质等条件，对规划范围内的山体及其斜坡的稳定性进行分析、评价，并作出用地说明。

8.6.4.2 在斜坡地带布置建筑物时，应避开可能产生滑坡、崩塌、泥石流的地段，并充分利用自然排水系统，妥善处理建筑物、工程设施及其场地的排水，并做好隐患地段滑崩流的防治。

8.6.4.3 对位于规划区内的滑崩流地段，应避免改变其地形、地貌和自然排水系统，不得布置建筑物和工程设施。

8.6.5 小城镇防风规划

8.6.5.1 位于易受风灾地区的小城镇，其建设用地的选址应避开风口、风沙面袭击和袋形谷地等易受风灾危害的地段。

8.6.5.2 常遭受风灾的小城镇应考虑在迎风方向的村镇边缘，因地制宜地设置必要的防护林带。

8.6.5.3 位于易受风灾地区的小城镇，其建筑物的长边宜与风向平行布置；迎风处宜安排刚度大的建筑物，不宜孤立地布置高耸建筑物。

小城镇室外消防用水量　　表8.6.3-1

人口数(万人)	同一时间发生火灾次数	一次灭火用水量(l/s)	
		全部为一、二层建筑	一、二层或二层以上建筑
1以下	1	10	10
1.0~2.5	1	10	15
2.5~5.0	2	20	25
5.0~10.0	2	25	35

小城镇消防站设置数　　表8.6.3-2

小 城 镇 人 口	消防站数量(个)
常住人口不到1.5万人，物资集中或水陆交通枢纽	1
常住人口4.5~5.0万人的小城镇	1
常住人口5万人以上，工厂企业较多的小城镇	1~2

9 小城镇详细规划（建设规划）

9.1 小城镇居住小区规划

9.1.1 小城镇居住小区规划组织结构、分级规模与配建设施

调查资料表明，我国东、中部城市化程度较高的城镇，大多数人口规模约在2~8万人左右。规模较大的城镇行政管理体制分三级，即镇政府——街道办事处——居委会；规模小的城镇由镇政府——居委会两级构成。通常街道办事处管辖3~5万人，少则10000人；居委会7000~15000人。

9.1.1.1 小城镇居住小区一般由小城镇主要道路或自然分界线围合而成，且区内配有一套能满足居住基本物质生活与文化生活所需的公共服务设施，是一个相对独立的社会单位。

9.1.1.2 居住小区的规划组织结构由居住小区——住宅组群两级组成。两级居住单位在平面布局和空间组合上有机构成，互为衔接。

9.1.1.3 顺应乡村地区传统的居住理念且利于行政管理和社会治安，在规划居住小区的住宅组群或住宅庭院时，对住户的安排应考虑到民族传统、风俗习惯或按居民意愿自由组合。凡从事农、林、牧、副、渔等职业的住户居住的小区、组群或庭院，均应布置在接近农田、林地、牧场或水域的镇区边缘地带，也可建设成相对独立的、生产生活区一体化的农业产业化小区。

9.1.1.4 居住小区级公建项目的配置，可根据居住小区人口规模大小和实际需要，从《小城镇公共建筑规划设计标准及优化研究》1~6类中选定。居住小区公建的服务半径一般不宜超过500m；步行时间不宜超过10分钟。

9.1.2 住宅建筑的规划布局

9.1.2.1 住宅建筑的分类

小城镇住宅建筑按建筑形态可分为农房型住宅和城镇型住宅。

(1)农房型住宅

农房型住宅类型有独立式、并联式和院落式三种。

①独立式。一般适合家庭人员较多、建筑面积在150m²以上的住宅。目前，经济条件较好的地区常采用此种类型。

②并联式。每户建筑面积较小，几户联在一起修建。比较适应于成片开发，既可节约土地，也可节省室外工程设备管线，降低造价。

③院落式。每户住宅面积较大，房间较多又有充足的室外用地。院落式给用户提供的居住环境较接近自然，用地宽裕的部分村镇采用此种形式。

(2)城镇型住宅

城镇型住宅也就是单元式住宅。建筑紧凑、节约土地，便于成片开发。

9.1.2.2 住宅建筑设计要求

小城镇住宅建筑设计应考虑人口特征和家庭结构。小城镇住户包括城市型职工户、农业种植户、养殖户、专业户和商业户等多种类型，且家庭结构多元化，户均人口一般为3~5人，多则6~8人。小城镇住宅建筑设计应体现多样化。

(1)一般农业户。以小型种植业为主，兼营家庭养殖、饲养、纺织等副业生产。住宅除生活部分外还应配置家庭副业生产、农具存放及粮食凉晒和贮藏设施。

(2)专业生产户。专业规模经营种植、养殖或饲养等生产业务。有单独的生产用房、场地，住宅内需设置业务工作室、接待会客室、车库等。

(3)个体工商服务户。从事小型加工生产、经营销售、饮食、运输等各项工商服务业活动。住宅内需增加小型作坊、铺面、库房等。

(4)企业职工户。完全脱离农业生产的乡镇企业职工。进镇住户可采用城镇住宅形式。

(5)小城镇住宅建筑由基本功能空

小城镇居住体系构架表　　　　　表9.1.1

居住单位名称		居住规模		公共服务设施配置		对应行政管理机构
		人口数	住户数	公建	户外休闲游乐设施	
居住小区	Ⅰ级	8000~12000	2000~3000	在1~7类中选取部分项目	小区级配置　Ⅰ级	街道办事处
	Ⅱ级	5000~7000	1250~1750		Ⅱ级	
住宅组群	Ⅰ级	1500~2000	375~500	在1.2.3.4.7类中选取部分项目	组群级配置　Ⅰ级	居(村)委会
	Ⅱ级	1000~1400	250~350		Ⅱ级	
住宅庭院	Ⅰ级	250~340	63~85	—	庭院级配置　Ⅰ级	居(村)民小组
	Ⅱ级	180~240	45~60		Ⅱ级	

注：1. 表中"公共服务设施配置"栏的"公建"，可参见《小城镇公共建筑规划设计标准及优化研究》，按指定类别从中选最适宜的项目，Ⅱ级比Ⅰ级略简。
　　2. 户外休闲游乐设施配置的内容参见本专题标准研究。

间(门斗、起居厅、餐厅、过道或户内楼梯间、卧室、厨房、浴厕、贮藏)和附加功能空间(客厅、书房、客卧、车库、谷仓及禽畜舍等)组成。

(6)"多代同堂"住宅可由多个小套组成,可分可合,视情况可分别采取水平组合(在同一层)、垂直组合(一户分几层)或水平、垂直混合组合的布置方式。

9.1.2.3 住宅建筑的规划布局

小城镇住宅建筑总面积一般占住宅区总建筑面积80%以上,住宅用地占总用地50%左右。住宅建筑的规划布置与建筑朝向和日照间距的关系密切,住宅区的面貌往往取决于住宅群体的组合形式及住宅的造型、色彩等。为减少住宅占地和有效提高土地利用率,小城镇住宅建筑应以多层(4～5层)为主,视具体情况,可建造适量低层或小高层。住宅间距和庭院围合应以满足日照要求,避免视线干扰,并综合考虑通风、消防及其他救灾等要求合理确定。

(1)住宅建筑朝向和日照间距的要求

①建筑朝向的好坏、日照时间的长短影响着居民的生活质量,可以通

住宅功能空间种类、数量及住栋类型选择(人、间)　　　　　表9.1.2

家庭职业类型	家庭结构	部分基本功能空间的数量选择				附加功能空间的种类及数量选择											套型系列	住栋类型
		卧室	浴室	厨房	贮藏间	客厅	书房	客卧	健身游戏室	家务劳动室	日光室	手工作坊	商店	库房	车库	谷仓	禽畜舍		
种植户养殖户兼业户	两代	2～3	1			1	1	1	1	1	1							2～3个卧室一户一套	水平、垂直或混合分户
		3	1～2			1	1	1	1	1	1	1	1	1	1	1	1		
	三代	3	1～2			1	1	1	1	1	1	1	1	1	1	1	1	3～5个卧室一户两套,可分可合	宜垂直分户
		3～4	2		按分类就近原则配置,数量视具体情况确定	1	1	1	1	1	1	1	1	1	1	1	1		
		4～5	2～3	与划分的小户型数量相同		1～2	1～2	1	1	1～2	1	1	1	1	1	1	1		
	四代	5	2			1	1	1	1	1	1	1	1	1	1	1	1	5～7个卧室一户两套或一户三套,可分可合	垂直分户
		5～6	2～3			1	1	1	1	1	1	1	1	1	1	1	1		
		6	2～3			1～2	1～2	1	1	1～2	1	1	1	1	1	1	1		
		6～7	3			2	2	1	2	2	1	1	1	1	1	1	1		
专业户商业户	两代	2～3	1			1	1	1	1	1	1							2～3个卧室一户一室	宜垂直分户
		3	1～2			1	1	1	1	1	1	1	1						
	三代	3	1～2			1～	1	1	1	1	1	1	1	1				3～5个卧室一户两套	垂直分户
		3～4	2			1	1	1	1	1	1	1	1	1					
		4～5	2～3			1～2	1～2	1	1	1～2	1	1	1	1					
职工户	两代	2～3	1			1	1	1	1	1	1							2～3个卧室一户一套	水平分户
		3	1～2			1～	1	1	1	1	1	1							
	三代	3	1～2			1	1	1	1	1	1	1	1					3～5个卧室一户两套,可分可合	水平分户
		3～4	2			1	1	1	1	1	1	1	1	1					
		4～5	2～3			1～2	1～2	1	1	1	1	1	1	1					

注:1.种植户、养殖户和兼业户多聚居于小城镇边缘的农业产业化小区,是乡村城市化过程中的一种过渡的居住形态。所谓兼业户,多以种植及养殖为主业的农业户兼营其他。
2.基本功能空间是每个住户所必需的,但卧室、浴室、厨房及贮藏间,则视户结构、户规模和生活水准的不同,其数量可作不同的选择。
3.表中所说的水平垂直混分户系指底层用作生产用房,楼层为生活用房,水平分户,合用楼梯。

过对建筑物进行不同方式的组合以及利用地形和绿化等手段获得良好朝向及延长日照时间,山地还可以借用南向坡地缩小日照间距。

② 最不利住宅建筑日照时间冬至日大于1小时或大寒日大于2小时。(计算起点为底层窗台面)。

③ 不同方位间距折减系数参见《城市居住区规划设计规范》(GB50180—93)。

(2)为尽可能减少住宅占地和有效地提高土地利用率,小城镇住宅一般应以联立式住宅为主,严格控制独立式低层住宅。

(3)在寒冷的Ⅰ、Ⅱ、Ⅵ、Ⅶ类建筑气候区,住宅布置应利于冬季的日照、防寒、保温和防风沙的侵袭;在较炎热的Ⅲ、Ⅳ类建筑气候区,主要应考虑住宅夏季防热和自然通风,以及导风入室的要求;丘陵和山区的住宅建筑布局应注意避免因地形变化产生的不利于住宅建筑防寒、保温和自然通风的副作用。

(4)临街布置的住宅的出入口应避免直接通向城镇主干道。

(5)住宅建筑的平面布置类型

住宅建筑常见的平面布置有周边式和行列式两种,除此以外,还有多种组合形式,如:半周边、混合式、点式、以及里弄式等。

① 周边式布置。建筑呈周边布置,形成围合的空间。周边式布置节约土地,院落内可布置绿化,为居民提供安静的休憩交往场所。但是,这种布置有部分建筑朝向差,也不利于通风,在南方地区尽量少用。周边式的布置形式有单周边、双周边、半周边等,院落形式大、小、方、圆各异,住宅组合空间丰富。

② 行列式布置。住宅平行布置,通风良好,日照最佳,也节约用地。但这种布置形式比较单调、呆板。可以采用各种不同朝向的行列式布置方式,既保持良好朝向,又能取得丰富的空间效果。也可以采用与道路平行、垂直或呈一定角度的布置方法。

9.1.3　公共服务设施规划

9.1.3.1　居住小区公共服务设施的分类及确定

小城镇居住小区内公共服务设施配建项目,按使用性质可分为商业、文教卫体、市政、管理四类。

(1)商业服务设施

为居民生活服务所必需的各类商店和综合便民商店。

(2)文教卫体设施

为托幼、小学、卫生站(室)、文化站等项目。规模较小的小区,托幼、小学等设施可由总体规划统筹安排,合理配置。

(3)市政服务设施

为加压泵房、变配电房、邮政所、煤气站、停车场库、公共厕所、垃圾收集点、垃圾转运站等项目。

(4)管理服务设施

为居委会、社区服务中心、物业管理等项目。

由于小城镇住宅区的规模相对较小,所以要综合考虑设施的使用、经营、管理等方面因素以及设施的经济效益、环境效益和社会效益,小城镇住宅区的公共服务设施一般不分级设置。

9.1.3.2　居住小区公共服务设施的布置

小城镇居住小区的公共服务设施布置可分为三类:

(1)沿街线状布置

公共服务设施沿小区主要道路或步行街布置。这种布局形式有利于街道景观组织,方便居民使用。

(2)小区出入口布置

公共服务设施位于主要出入口,结合居民出行,方便居民顺路使用。

(3)小区内部布置

公共服务设施布置在小区的中心位置,服务半径合理,有利于物业管理。但内向布置方式不利于商业经营。

9.1.4　小城镇居住小区道路及停车场库规划

9.1.4.1　小城镇居住小区道路规划要求

(1)根据小区用地规模、地形、地貌、环境景观特征以及居民出行方

公共服务设施项目规定　　　　表9.1.3

序号	项目名称	建筑面积控制指标	设置要求
1	托幼机构	320～380m²/千人	儿童人数按各地标准,组群级、院落级规模根据周围情况设置;小区级规模应设置
2	小学校		按总体规划要求设置
3	卫生站(室)	每处15～45m²	可与其他公建合设
4	文化站	每处200～600m²	内容包括:多功能厅、文化娱乐、图书室、老人活动用房等,其中老人活动用房占1/3以上
5	综合便民商店	每处100～500m²	内容包括小食品、小副食、日用杂品及粮油等
6	社区服务	每处50～300m²	可结合居委会安排
7	自行车、摩托车存车处	1.5辆/户	一般每300户左右设一处
8	汽车场库	0.5辆/户	预留将来的发展用地
9	物业管理公司居委会	每处25～75m²	每150～700户设一处,每处建筑面积不低于25m²
10	公厕	每处50m²	设一处公厕,宜靠近公共活动中心安排

式，确定安全、便捷、经济的道路系统和与道路功能相适应的断面形式。

(2)居住小区内道路应避免过境车辆穿行，内外交通应有机衔接，通而不畅。

(3)居住小区级和组团道路应满足地震、火灾及其他灾害的救灾要求，并便于救护车、货运卡车和垃圾车等各类车辆的通行，宅前小路应能通行小汽车。

(4)公共活动中心应设置为残疾人通行的无障碍通道，通行轮椅的坡道宽度应不小于2.5m，纵坡不应大于2.5%。

(5)组团级道路应保证院落的完整性，有利于治安保卫。

(6)当居住小区内用地坡度大于8%时，应辅以台阶解决竖向交通，并附设自行车坡道。

9.1.4.2 小城镇居住小区道路等级

小城镇居住小区道路由小区级、组团级、宅前路三级构成。有条件的小区可设专用人行系统。

9.1.4.3 小区各类道路纵坡要求。

9.1.4.4 位于山坡地和丘陵地的居住小区，宜将车行与人行分开设置，使其自成系统。主要道路宜平缓，视地形条件路宽可以酌情缩窄，但应安排必要的排水边沟和会车位。

9.1.4.5 居住小区的主要道路，至少应有两个方向的出入口与外围道路相连。机动车道对外出入口数应控制，其出入口间距不应小于150m。若沿街建筑物跨越道路或建筑物长度超过160m时，其底层应设置不小于4m×4m的消防车道。人行出口间距不宜超过80m，当建筑物长度超过80m时，应在底层加设人行通道。

9.1.4.6 居住小区的尽端式道路的长度不宜大于120m，并应在尽端设置不小于12m×12m的停车场地。

9.1.4.7 居住小区内应配置分散式和集中式相结合的停车场地，供居民、来访者的小汽车及管理部门通勤车辆的存放。

9.1.4.8 旧镇区居住小区改建，其道路系统应充分考虑原有道路格局，并尽可能保留、利用具有历史文化价值的街道、节点。

9.1.4.9 小城镇居住小区小汽车的停车场库根据当地经济水平和私车保有率酌情确定；自行车和摩托车的停车场库，按住户的100%~120%计，停车场库和自行车棚，在方便居民使用的原则下，可采取集中、分散或集中和分散相结合的形式布局。

9.1.5 绿地休闲设施

9.1.5.1 小城镇居住小区绿地应遵循整体性、系统性、可达性、实用性等原则，由小区公园、组团绿地、宅旁绿地、配套公建所属绿地及道路绿地等构成。

9.1.5.2 居住小区公共绿地指标，组团级不少于0.5m²/人，小区(含住宅组团)不少于1m²/人，并应结合居住小区规划组织结构及环境条件统筹安排。

9.1.5.3 小城镇居住小区可根据居住小区、住宅组群、住宅庭院三个层次配置绿化、活动场地及休闲游乐设施。布置形式原则上可分为规则式、自然式和混合式三种，一般以自然式为主。

9.1.5.4 小城镇居住小区主要公共绿地及活动场地，冬至日必须有1/3以上的面积在建筑物的阴影范围之外。

小城镇居住小区道路控制线间距及路面宽度表　　表9.1.4-1

道路名称	建筑控制线之间的距离		路面宽度	备 注
	采暖区	非采暖区		
小区级道路	16~18	14~16	6~7m	应满足各类工程管线埋设要求；严寒积雪地区的道路路面应考虑防滑措施并应考虑堆放清扫道路积雪的面积，路ën可适当放宽；地震区道路宜做柔性路面
组团级道路	12~13	10~11	3~4m	
宅前路及人行路	—	—	2.5~3m	

小城镇居住小区内道路纵坡控制参数表　　表9.1.4-2

道路类别	最小纵坡(%)	最大纵坡(%)	多雪严寒地区最大纵坡(%)
机动车道	0.3	8.0且L≤200m	5.0且L≤600m
非机动车道	0.3	3.0且L≤50m	2.0且L≤100m
步行道	0.5	8.0	4

注：1.表中"L"为道路的坡长；2.机动车与非机动车混行的道路，其纵坡宜按非机动车道要求，或分段按非机动车道要求控制；3.居住小区内道路坡度较大时，应设缓冲段与城市道路衔接。

小城镇居住小区公共绿地面积及休闲设施配置　　表9.1.5

绿地名称	设施项目	最小面积规模	备 注
小区中心绿地	草坪、花木、花坛、水面、儿童游乐设施、坐椅、台桌、铺装地面、雕塑或其他建筑小品	0.6~0.7hm²	园内布局应有明确的功能划分
		0.4~0.57hm²	
组团绿地	草坪、花木、坐椅、台桌、简易儿童游乐设施、铺装地面	0.07~0.08hm²	儿童游乐设施应布置在中心绿地的非阴影区地段
		0.07~0.08hm²	
庭院绿地	草坪、花木、坐椅、台桌、铺装地面	0.04~0.06hm²	坐椅台桌应布置在非阴影区地段
		0.02~0.03hm²	

9.1.5.5 居住小区内原有的山丘、水体、自然和人文景观以及有保留价值的绿地及树木，应尽可能保留利用。

9.1.6 小城镇居住小区用地标准

9.1.6.1 小城镇居住小区人均建设用地指标

9.1.6.2 小城镇居住小区用地构成控制指标

小城镇居住小区人均建设用地指标   表9.1.6-1

人均用地(m²/人) \ 居住单位 \ 层数	居住小区		住宅组团	
	Ⅰ级	Ⅱ级	Ⅰ级	Ⅱ级
低层	48～55	40～47	35～38	31～34
低层、多层	36～40	30～35	28～30	25～27
多层	27～30	23～36	21～22	18～20

小城镇居住小区用地构成控制指标   表9.1.6-2

用地指标(%) \ 居住单位 \ 用地类别	居住小区		住宅组团	
	Ⅰ级	Ⅱ级	Ⅰ级	Ⅱ级
住宅建筑用地	54～62	58～66	72～82	75～85
公共建筑用地	16～22	12～18	4～8	3～6
道路用地	10～16	10～13	2～6	2～5
公共绿地	8～13	7～12	3～4	2～3
总　　计	100	100	100	100

9.1.7 竖向和管线综合

9.1.7.1 小城镇居住小区竖向规划应包括地形地貌的利用、确定道路控制高程和地面排水规划等内容。

9.1.7.2 小城镇居住小区竖向规划设计应符合《城市居住区规划设计规范》的有关规定。

9.1.7.3 小城镇居住小区应设置给水、污水、雨水、电力和通信管线。在采暖区还应增设供暖管线。同时，尚应考虑煤气、广播电视等管线的设置或预留埋设的位置。

9.1.7.4 小城镇居住小区管线综合应符合《城市居住区规划设计规范》的有关规定。

9.1.8 规划实例

9.1.8.1 临淮岗工程南照镇移民安置区详细规划

(1) 现状概况

临淮岗洪水控制工程是将淮河中游正阳关以下河道防洪标准，提高到

图9.1.8-1 临淮岗工程南照镇移民安置区详细规划总平面图

百年一遇的关键性工程，同时也是淮河上最大的水利枢纽工程，被列入国家"十五"计划，预算总投资22.67亿元。规划建设用地位于南照镇现状建成区北侧，东临105国道，西接旧105国道，北侧有南照小学，南侧经育才路接入城区。规划用地地形较平坦，南部略高、北部略低，地面高程在27.8～29.0之间，用地条件良好。

(2)规划布局

①以城市道路和小区主路为界，将安置区(以下简称小区)划分成五个居住组团，每个组团内设组团绿地。

②沿划分组团的道路设置门面房，作为公共服务设施，并由市场调节各项公共服务设施的内容和比例。

③非营利性公共服务设施，如幼儿园、活动中心、中心绿地等，集中布置在小区核心位置，组团交界处或小区出入口处，在一定的服务半径内扩大服务范围。

④小区东部建设集中绿地，与东北部的规划绿地相对应，也作为小区居住建筑的调节区和发展备用地。

(3)规划用地平衡表

9.1.8.2 松滋市刘家场镇园丁小区详细规划

(1)用地区位及基本概况

刘家场镇位于湖北省松滋市西南端，毗邻湖南省澧县，是湖北省的窗口边贸城镇。园丁居住小区位于城区东南部，西南为刘家河所包围，北临规划园丁路，西与市属重点中学、镇属重点小学隔河相对，东北角抵人民大道，距镇行政中心800m左右。规划用地5.69hm²。

(2)用地规划布局结合地形特点，小区总体布局依河流和主要规划道路的走向布置。根据用地规模，规划形成"一个中心广场、一条滨河绿带、两个公建中心、五个居住组团"的空间布局结构。

(3)主要经济技术指标

规划用地平衡表　　　　　　　　　　表9.1.8-1

用地类别		用地面积(hm²)	人均用地(m²/人)	所占比例(%)
总 用 地		24.89	82.97	
道路用地		3.92	13.07	15.7
绿化广场		1.01	3.37	4.1
移民安置用地		19.96	66.53	80.2
其中	住宅用地	10.08	33.6	40.5
	公共服务设施用地	2.03	6.77	8.2
	道路用地	4.81	16.03	19.3
	公共绿地	1.84	6.13	7.4
	发展备用地	1.20	4.00	4.8

主要经济技术指标　　　　　　　　　表9.1.8-2

序号	名称	指标
1	规划总用地	5.69hm²
2	规划总建筑面积	24700m²
3	住宅建筑面积	20000m²
4	公共建筑面积	4700m²
5	人口毛密度	82人/hm²
6	总户数	116户
7	容积率	0.43
8	建筑密度	40%
9	绿地率	36%
10	间距比	1:1.2H

图9.1.8-2 临淮岗工程南照镇移民安置区鸟瞰图

图9.1.8-3 宅旁绿地规划图

9.1.8.3 温岭市松门镇居住小区详细规划

9.1.8.4 湖州市下昂镇射中村新农村规划

9.1.8.5 余干县东源乡移民建镇规划

9.1.8.6 深圳市龙岗区试点村规划

图9.1.8-4 松滋市刘家场镇园丁小区详细规划总平面图

9 小城镇详细规划(建设规划)

图9.1.8-5 温岭市松门镇东南新区详细规划

图9.1.8-6 温岭市松门镇松门新区详细规划

9 小城镇详细规划(建设规划)

图9.1.8-7 湖州市下昂镇射中村新农村规划

9 小城镇详细规划(建设规划)

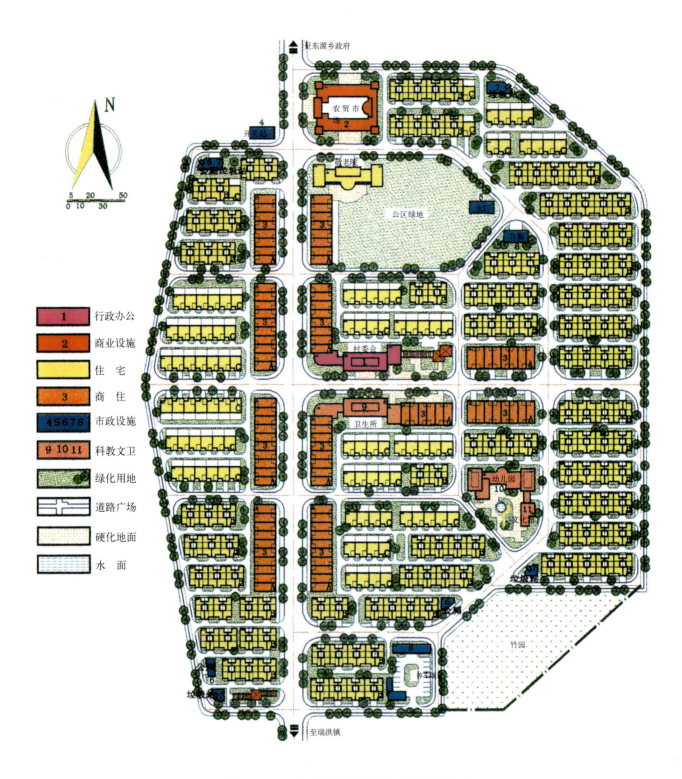

图 9.1.8-8 余干县东源乡移民建镇小区总平面

图 9.1.8-9 深圳市坪地镇坪西村近期发展区详细规划总平面

9.2 小城镇中心规划

9.2.1 小城镇中心的含义

小城镇中心区是小城镇的核心地区和小城镇功能的重要组成部分，是反映小城镇经济、社会、文化发展与特色的重要地段，是镇区居民社会活动和心理指向的中心，它集中了镇域区主要的公共建筑，因而又称小城镇公共中心。小城镇中心以人流、物流、建筑密度、交通指向等数量较大为特征，且有不断生长的要求和能力，它的产生和发展都是一个动态的演变过程。

小城镇中心的边界一般以天然界线如道路、河道等进行模糊定义，或以行政区划如街道、居委会来划分。

9.2.2 小城镇中心的作用

(1) 政治和信息服务作用
(2) 形象和价值观的作用
(3) 公共生活服务作用
(4) 商业服务作用
(5) 经济作用
(6) 区域服务作用
(7) 社会服务作用

9.2.3 小城镇中心的布局

9.2.3.1 小城镇中心的布局形式

(1) 散点式布置

公共建筑分散布置于小城镇的街道、广场、路口、小区等位置，分级不明显，不能形成真正意义上的小城镇中心。

(2) 集中式布置

区域感强，综合利用率高。多位于小城镇的几何中心地段，有时因地形、交通所限，也会有偏心、边缘形及双中心等布局方式。

(3) 混合式布置

以某几类公建如商业等组成公共中心，其他公建则散点状布置。

这三种布置模式，各有其特点和实用性。散点式布置，便于人们就近使用；集中式布置，则活动内容齐全，选择性较强。各小城镇可根据自身的现状特点和发展情况，选择恰当的布局方式。

9.2.3.2 布局要求

(1) 交通方便

内、外部道路必须畅通。另外，在新区开辟新的公共中心和辅助中心时，其位置选择须与原有中心用地有方便的联系。

(2) 位置适中

小城镇居民最常用的交通方式是步行和骑自行车，因此小城镇中心的位置宜适中。

(3) 传统文脉

小城镇中心须结合小城镇的历史文化，具有鲜明的个性。

(4) 设施齐全

力求功能相互配套，以发挥综合效应、满足各方面的要求。

(5) 聚集密度

小城镇中心应有一定的建筑密度和开发强度，同时应加强中心的区域空间特征。

(6) 环境优美

小城镇中心须有优美的环境，以满足人们公共活动的乐趣，所以应选择环境在质量较高的地段。

9.2.4 小城镇中心的基本类型与特征

(1) 按中心功能分类

① 综合性中心。以政府机关为主体，具有对称、严肃、气派的特征，一般适合于规模较大的建制镇。

② 文化性中心。以文化建筑(如影剧院、文化中心等)为主体，具有一定的文化气息；有时附有市民广场。

③ 商业性中心。以集中的商业、娱乐建筑为主体，具有热闹、自由的特征。

④ 交通性中心。以汽车站、码头为主体，具有空间开敞、交通发达、来往人员多的特征。

⑤ 传统性中心。以传统建筑(如老街、寺庙、古建园林等)或仿古建筑为主体，具有中国传统的乡镇空间特征。

⑥ 旅游性中心。在旅游小城镇，有可能在古镇区或名胜风景区形成以旅游服务为主体的旅游性中心。

(2) 按中心形态分类

① 沿街式

沿主干道布置商业街：居民出行方便，经济效益较高；但存在严重的交通和安全隐患。

步行商业街：常设置在交通干线附近，营业时间内禁止各种车辆进入，因而十分安全、亲切、宜人。但要组织好购物人流和货运交通之间的矛盾，并留出相应的停车场地和休息空间。

半边街：公共建筑沿街道一侧布置，减少了居民来回跨越道路的可能性，达到了人车分流，但拉长了购物流线。

② 组团式

布置在闹市的某一区段内，内部交通呈"几纵几横"的网状。为了在自然条件发生变化时，该中心的内部活动不受影响，可在通道顶上加玻璃天棚等，局部区域甚至可形成室内中庭的效果。

③ 广场式

三面围合式：一面临河或有较好的景观时，形成一面开敞的广场视觉景观良好。

三面开敞式：较大型的市民广场、中心广场一侧有作为视觉底景的综合楼，周围环境中的山、水要素可渗入广场，形成一个整体。如布置在湖畔、河边，效果更佳。

四面围合式：以广场为中心，四面建筑围合。这种类型的中心围合感强，广场还可兼作公共集会场所。

9.2.5 小城镇中心规划的依据、原则和基本内容

9.2.5.1 小城镇中心的规划依据

(1)依据小城镇总体规划，统筹安排、合理布局，其用地应按小城镇远期规划预留。

(2)小城镇中心的类别及具体项目的配置应与小城镇规划期内的经济发展水平相适应，不应超越小城镇规划期内的经济实力和实际需求盲目建设。

(3)小城镇中心的公建配置应依据其服务范围以及服务腹地的人口，应依据相邻城镇公建的类型、项目和规模及其服务、辐射范围。

(4)应考虑暂住人口对小城镇中心的公建设施的需求量和使用强度。

9.2.5.2 小城镇中心的规划原则

(1)遵循统一规划、合理布局、因地制宜、节约用地、经济适用、分期实施、适当超前和可持续发展的原则。

(2)小城镇中心内的行政管理、商业服务、金融邮电、文化体育等公建设施，宜按其功能同类集中或多类集中布置，从而形成能代表小城镇形象的建筑群体，以增加小城镇的凝聚力和吸引力。

(3)小城镇中心的建筑群体布局、单体选址和规划设计，应满足防灾、救灾的要求，应便于人流和车流的疏散。

(4)对于改建和扩建的旧城镇，在决定其公共建筑的配置方案时应注意保留原有公共建筑的传统风貌和地方特色，尽可能地保留和利用原有公共建筑设施。历史文化古镇尤应注意对古建筑的保护。

(5)小城镇必须就近配置公共停车场(库)，其停车位控制指标应根据《城市居住区规划设计规范》等有关规定和地方有关标准并结合实际情况分析、比较、确定。

9.2.5.3 小城镇中心规划的基本内容

(1)确定小城镇中心用地的布局形式、空间位置及范围，全面、细致勘查现场，结合四周环境特点及规划、建设部门对小城镇中心设计的要求和设想，拟定各类公共建筑的分布位置、规模大小和建筑类型。

(2)拟定小城镇中心道路的宽度及其与小城镇道路的连接方式。

(3)拟定绿化、广场、停车场的数量、分布和布置形式。

(4)拟定小城镇中心的竖向设计及给排水、煤气、供配电等市政工程的规划设计方案。

(5)进行小城镇中心的景观分析与设计。

(6)根据国家有关规范拟定各项技术经济指标以及投资估算。

(7)根据委托方的要求进行主要建筑的平面、立面以及建筑群沿街立面的设计。

9.2.6 小城镇中心的内容构成及相应的规划布置要求

9.2.6.1 小城镇中心实体建筑

(1)公共建筑

①种类

行政管理类：包括党政机关、管理机构、法庭等。

教育机构类：包括中学、小学、幼儿园、托儿所等。

文体科技类：包括文化站(室)、影剧院、体育场、科技站等。

医疗保健类：包括医院、卫生院、防疫站、计划生育指导站等。

商业金融类：百货店、银行、信用社、保险公司、旅馆、招待所、理发室、浴室等。

集贸设施类：粮油副食品市场、畜禽水产市场等。

②布置要求

小城镇公共建筑项目的配置，除考虑服务于小城镇居民之外，还应兼顾广大农村居民的需求，并依据小城镇的类别和层次，充分发挥其地位与职能。

小城镇中心公共建筑用地规划布置要求和定额指标如下：

行政管理类：历来是小城镇中心的重要功能之一。一般集中布置于中心地带，有的地方也布置在新区以带动新区发展、吸引投资。要求交通通畅，不宜与商业金融、文化设施毗邻，以避免干扰。用地多为政府、团体、经济贸易管理机构等公益性机构用地，配套比较齐全。用地环境条件较好，政府大院容积率多为0.4~0.7，其他机构多为0.6~0.8。其千人指标可采用每机关工作人员的建筑面积指标，再推算出千人指标。根据调查，小城镇行政机关工作人员，规模较大的镇一般为80~100人，规模较小的镇为40~60人。其建筑的布置方式因功能相对单一，主要有两种：其一，围合式。以政府办公楼为中轴线，法院、建设、土地管理部门、农林、水电管理部门、工商税务部门、粮管所等单位环抱中心广场布置；其二，沿街道布置。可沿街道两侧或一侧布置。沿街道两侧布置，则行政办公区相对紧凑，行人办事方便；但不宜布置在主干道两侧，以避免行人穿越街道，人车混行，阻塞交通。沿街道一侧布置，避免了行人穿越街道，有利于组织交通，但延长了行人的办事路线。

商业金融类：包括百货商店、超市、餐饮、理发、照相、旅馆、银行等。银行、金融、财政、工商、税务

小城镇中心公共建筑项目选择　　表 9.2.6

类　别	项目名称	中心镇	一般镇
行政管理	镇党委、政府、人大、政协机构	●	●
	公、检、法机构	●	●
	建设、土地管理机构	●	●
	农、林、牧、副、渔及水、电管理机构	●	●
	工商、税务管理机构	●	●
	粮、油管理机构	●	●
	交通监理机构	○	○
	街道办事处	●	○
	居(村)民委员会	●	●
教育机构	托儿所、幼儿园	●	●
	完全小学	●	●
	初级中学	●	●
	高级中学	●	○
	职业中学	●	○
	专科学校	○	○
文体科技	科技站、信息站、培训中心、成教中心	●	○
	儿童乐园	●	○
	青少年宫	●	○
	老年活动中心	●	●
	敬老院/老年公寓	●	●
	俱乐部	○	○
	影剧院	●	●
	体育场馆	●	●
	展览馆/博物馆	●	○
	文化站	●	●
	电视台、转播台、差转台	○	—
	广播站	●	●
医疗保健	防疫站	○	○
	保健站	●	○
	卫生所	●	●
	综合医院	○	○
	专科诊所	●	○
商业金融	银行	●	●
	保险公司	○	○
	证券公司	○	—
	信用社	○	○
	百货商场	●	●
	专业商店	●	○
	供销社	●	●
	超市	○	○
	粮油副食店	●	●
	日杂用品店	●	●
	宾馆	○	○
	招待所	●	●
	餐馆/茶馆	●	●
	酒吧/咖啡座	○	○
	照相馆	●	●
	美容美发店	●	●
	浴室	●	●
	洗染店	●	●
	液化气站/煤场	●	○
	综合修理服务站	●	●
	旧、废品收购站	●	●
集贸设施	禽、畜、水产市场	●	●
	蔬菜、副食市场	●	●
	粮油、土特产市场	●	●
	燃料、建材、生产资料市场	●	●
	小商品批发市场	●	●

注：表中"●"表示必须设置；"○"表示可以设置。

等经济建筑与行政管理建筑可合可分。镇级商业、银行、保险、金融等机构的布局应充分考虑小城镇中心道路的布置，要求供货线路通畅，人流和车流应避免或减少交叉与干扰。居住区级商业服务建筑应考虑不同的合理服务半径，以方便生活、有利经营。

集贸设施类：其用地宜按其经营、交易的品类、销售和交易额大小、赶集人数以及潜在需求和地方有关规定确定。其位置应综合考虑居民以及农民进入市场的便捷性，并有利于人流和商品的集散。

文体科技类：这类建筑包括影剧院、图书室、文化中心、体育馆、运动场和科技站等，需要较大的场地，应布置在交通流畅、来往方便的地区，并注意与周围环境和其他建筑群相呼应。这些设施有大量的周期性人流集散，应满足交通组织及人流疏散的要求。在旅游型小城镇中，尤要注意加强这方面的用地规划。其平均容积率可按 0.5～0.7 考虑。

教育机构类：包括专科院校、职业学校、中小学、托儿所和幼儿园等，容积率可按 0.4～0.6 考虑。学校应设在阳光充足、空气流通、场地干燥、排水流畅、地势较高、环境安静的地段，距离铁路干线应大于 300m，主要入口不应开向公路，不宜设在有污染的地段，不宜与市场、公共娱乐场所、医院太平间等不利于学生学习和身心健康以及危及学生安全的场所毗邻。学校以及文体、科技等设施可考虑与公园绿地等相邻布置，既结合使用功能，又体现小城镇良好的精神文明风貌。

医疗保健类：主要包括卫生院、保健站、敬老院等。环境要求较高，布置形式比较单一，但建筑单体组合要求较高。卫生院分为门诊部和住院部,门诊部前要求有人流集散、车辆停放的广场;住院部要求环境安静,绿化较好。敬老院布置分室外活动区、休息区,要求环境优雅、安静。

(2)居住建筑

居住是小城镇中心的传统职能。传统小城镇中心的住宅多为大户住宅,往往还附有私家园林,保存、改造这一类建筑,既能继承小城镇的历史文脉,又保持了很好的旅游资源。新建的住宅可使小城镇中心更具活力,特别是对中心的夜间景观和人气有很大的作用。小城镇中心的居住建筑大多配合商业,商、住两用居多,有前店后宅、下店上住等多种模式,适合各种手工艺、小加工作坊等工商业模式。

(3)其他实体建筑

①邮电信息等建筑设施。可成为小城镇中心的主体建筑或标志性建筑。

②对外交通枢纽。小城镇一般均有长途汽车站,有的小城镇有火车站,水乡地区的小城镇有客运码头。在未来几十年,我国有望像欧美一样,几个邻近的小城镇共用一航空站。这类建筑不宜布置在小城镇的核心位置。

③宗教建筑。是宗教信仰者的活动中心,尤其是在少数民族地区,如回族、藏族、维吾尔族居住地区,宗教建筑如清真寺、喇嘛庙等在小城镇中心占有重要的地位,是当地居民传统集会庆典的中心。这类建筑,目前多见于旧建筑修复,新建的较少。

④商务建筑。是部分小城镇需要考虑的新内容,特别是发达地区大城市边缘的小城镇,有一定数量的商务用房的需求,并且会形成规模。商务办公建筑有较高的环境及服务要求,特别是对交通和信息通信的依赖性更高。

9.2.6.2 小城镇中心的开放空间

小城镇中心的开放空间主要由步行道路、硬质广场、休闲绿地、水面和路灯、指标牌、广告牌等城镇家具以及相应的服务设施所组成。开放空间是组织小城镇中心建筑群的核心和大量人流的集散地。开放空间以步行作为交通方式,界面清晰,与生态景观相联系,满足人们的行为要求,成为小城镇中心的重要交往、休闲、活动空间。

人们在小城镇中心活动的一次性延续时间一般约1、2小时,有的可长达3小时以上,因而在小城镇中心设置较为完善的服务性设施和可休息的空间是非常必要的。

小城镇中心的基本服务设施包括:停车场地、存物处、公用电话、公共厕所、资讯设施。

9.2.7 规划实例

9.2.7.1 安徽省金寨县洪冲乡桦岭库区移民区规划

(1)现状概况

金寨县洪冲乡位于梅山水库东北侧,山环水绕,环境优美。规划用地北临梅山水库,东、西、南三面环山。

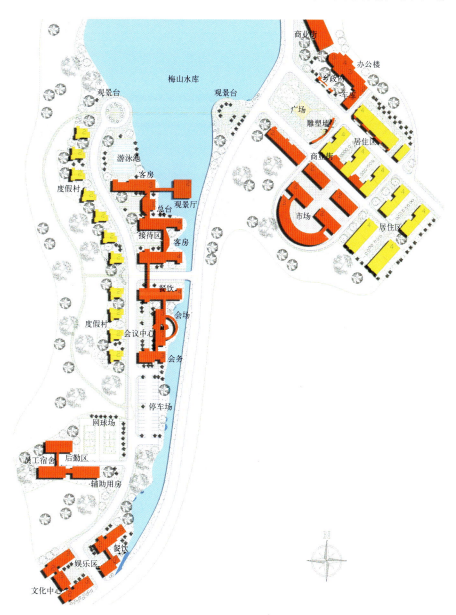

图9.2.7-1 安徽省金寨县洪冲乡桦岭库区移民区中心详细规划总平面

用地中部有湖湾、山脊、过境公路将用地分成东西两片:西侧用地较为平坦,现状为农田,没有建设;东部用地较为集中,现已有部分商业、住宅和办公建筑,乡政府也拟迁至此处,并已做了充分的前期准备工作。

(2)规划布局

规划新区力求体现现代化、产业化、园林化、生态化特色,充分利用山水相融的景观优势和水陆交通便利的区位优势,营造新型的乡镇综合发展区(即中心区)。

规划以过境公路为界,将规划新区划分为东、西两个组成部分:西区为旅游产业发展区,包括接待、度假、会议中心、娱乐、后勤保障和其他设施等,由湖湾水系和公路分隔开来,相对独立,采用灵活的园林式布局;东区为乡镇发展区,包括乡政府、市场和居住,采用相对规整、严谨的轴线控制式布局手法,体现现代化风貌。

(3)景观环境规划

规划中心以山景为依托,向水面敞开,形成滨湖景观区、缘山景观区、广场景观区、游览景观区、景屏山景观区等5个景观分区。

由滨湖景观区的观景点、观景厅、中心广场远眺湖面,以大、小龟山为近景,远处重重山峦为对景,湖水将其相连,成为景观主体。后背山体围合,可观可感,是场所精神的体现。

由湖面可观本区,景屏山居中,生活区掩映于中心广场之后,似世外桃源;接待、度假深藏于湖湾之内,波光云影似人间仙境。

9.2.7.2 贵州省兴义市威舍镇中心区详细规划

(1)现状概况

威舍镇位于贵州省兴义市西北角,两省三县(市、特区)交界处,是滇黔结合部重要的物资集散地之一,是兴义市发展工业、仓储、物资集散的卫星镇,是南昆线上重要的交通枢纽,总面积88.72km²。威舍镇中心区规划范围包括贵醇东、西路、滇黔路、贵醇南路、贵醇北路两侧50m范围,以及货场路东段与滨河路相交的范围,面积49.37hm²;规划区内地形平坦,建设条件好。规划范围内威舍大道已建成通车,滇黔大道已建成东段430m,西段正在建设之中;滇黔大道与威舍大道红线宽均为30m,三块板断面形式:车行道14m,非机车道3m,人行道3.5m,绿化带1.5m。规划范围内有一贯穿南北的溪沟,正在按规划和防洪要求改造整治,完工后将形成8m宽的规范河道,有利于镇区防洪及景观要求。

(2)规划布局

规划以贵醇东路、贵醇西路、滇黔路为重点,贵醇南路、贵醇北路为主轴,以河滨路作为城市主要生活景观道路,强调生活居住环境及商贸、市政、办公等配套设施的完善。

本规划中心主要由4个部分组成:

①滇黔路、贵醇路。为本次规划的重点,是云南进入贵州省的重要入口,也是一条重要的商业街。规划在滇黔大道与云南交界处布局一组大型商业贸易性质的建筑,配合雕塑以充分体现威舍镇的城市面貌;在道路中段增设一活动中心,以加强文化气息和满足镇区配套设施要求。

②贵醇北路。尽量保留现有建筑,新规划建筑应与原有建筑相协调。由于贵醇北路北接火车站,与货场路、生威路相交形成一个对外交通主入口,因而在贵醇北路北端布置一大型中高层酒店及一商贸城;规划在南端与贵醇西路交接处布置大型公建以体现城市中心的空间围合感。

③滨河路。滨河路北接开发大道,南接贵醇西路,长680m。规划河宽8m,路两侧均为居住用地。规划强调水体绿化,并与建筑相协调;在贵醇西路入口至滨河两侧道路入口处规划半开敞空间,形成强烈的视线引导作用;在居住建筑的排列上尽量不再沿街面围合,以形成通畅的视线,使街景与组团内部绿化有机结合。

④居住组团。按道路网骨架分为南、北两个组团,两组团各设中心绿地;北组团西部规划镇医院;南、北组团之间规划综合集贸市场,以方便居民购物。

(3)建筑风格与环境控制

规划建筑物均以现代风格为主,在设计中局部点缀一些民族符号,并充分考虑日照,色调以明亮、轻快为主,每条街景的色彩风格必需有机一致,从而使整个街景色彩丰富而又不失统一,充分体现威舍现代化新兴城镇的风貌。

居住组团的设计强调实用;色调以清新、雅致为主,辅以室外优美的居住环境,形成一个幽静、便于交往、充满活力的居住新区。

(4)主要技术经济指标

规划总用地49.37hm²,其中镇区道路用地6.6hm²,总建筑面积41.8万m²,其中公共建筑21.7万m²、住宅建筑20.1万m²。总居住户数为2008户,总居住人口为7028人。公共建筑中,市场建筑面积为15100m²,镇医院建筑为3950m²,贵州醇大厦为29400m²,黔滇大厦为22.875m²,文化活动中心为5025m²。

9 小城镇详细规划(建设规划)

图 9.2.7-2　贵州省兴义市威舍镇中心区详细规划总平面

图 9.2.7-3　贵州省兴义市威舍镇中心区局部鸟瞰

9.3 小城镇集贸市场规划

9.3.1 小城镇集贸市场的定义、类别和规模等级

9.3.1.1 小城镇集贸市场的定义

小城镇集市贸易是我国小城镇物资交流的重要途径；小城镇集贸市场则是市场经济体制下商品贸易的一种重要组织形式，是定期聚集、进行商贸交易的空间场所。

9.3.1.2 小城镇集贸市场的类别

(1)按交易品类别分

为综合型和专业型市场。综合型市场经营多种品类，专业型市场则经营其中的一或二类，甚至是某类中的一种产品。综合型市场经营的品类多，一般与本地生活、生产关系密切相关，服务范围较小；而专业型市场虽然经营品种单一，但多是本地区的特色产品或传统经营产品，其影响范围大，有的销售至县外、省外甚至国外。

(2)按经营方式分

为零售型、批发型市场以及批零兼营型市场。不同的经营方式对于市场布局、设施布置、建筑构成、面积大小等均有不同的要求。

(3)按布局方式分

为集中式和分散式市场。小型集市一般多采取集中式布置，大、中型集市则多采取分散式布置，以利于交易、集散和管理。

(4)按设施类型分

为固定型和临时型市场。采取何种类型，应视交易商品的类别、经营方式的特点、经济发展水平等因素而确定。

(5)按服务范围分

为镇区型、镇域型和域外型市场。其服务范围的不同，也影响了集市的规模、选址、布局、设施的确定。

①镇区型：指集市贸易经营的商品主要为镇区内居民服务，如蔬菜、副食、百货等。

②镇域型：指集市贸易经营的商品为镇区及镇辖区居民服务，它交易本地的产品和本地生产、生活所需的各类物品。

③域外型集贸市场：为乡镇域之外的县域、县际、省际或国际交易服务，经营的商品多为本地区的特色产品或传统经营的产品。

9.3.1.3 小城镇集贸市场的规模等级

确定小城镇集贸市场的规模等级是小城镇集贸市场规划的重要任务，集贸市场的规模等级直接影响到集贸市场的规划布局。集贸市场的规模应按其平集日参与集市贸易的人次进行分级。

①平集日是一年内大多数情况的集市日期，其特点是参加交易的商品和人数明显少于大集日(以当地习俗中的逢年、过节、赶会、农闲等传统交易季节而定，进入集市的人次数倍于平集日)。因此，以平集日作为确定集市用地面积和各项设施规模的依据，有利于节约用地，减少建设投资，充分发挥经济效益。

②选择以"平集日入集人次"作为表达集市规模的数值，符合我国各地乡镇表达集市规模的习惯，较之以商品交易额或以市场用地面积表达集市规模更具简明直观、易于操作的特点。

表 9.3.1 小城镇集贸市场规模分级

集贸市场规模分级	小型	中型	大型	特大型
平集日入集人次	≤3000	3001~10000	10001~50000	>50000

以零售为主的小城镇集贸市场的规模，按平集日(一年中一般情况下的集市日期)人次分为小型、中型、大型和特大型四级，其规模分级应符合表9.3.1的规定。

9.3.2 小城镇集贸市场的规划设计

9.3.2.1 小城镇集贸市场的布点

小城镇集贸市场的布点一般应在县域范围内进行，应调查县域范围内各乡镇集贸市场的现状，根据市场经济发展的需要，分析其发展趋势，预测其发展前景，并与县域城镇体系规划相协调，统一规划，合理布点，科学安排集贸市场的数量、类型、规模及服务范围等。

(1)根据商品流通要求，从生产点至消费点流向出发，相应考虑行政区域的因素，合理进行县域集贸市场体系规划。对临近行政辖区边界和沿交通要道的乡镇集贸市场，应充分考虑影响范围内区域经贸活动的需要。

(2)布点均匀，距离适当，方便购销，避免同类、同级市场过于靠近和重复设置。

(3)结合集贸市场现状，尊重传统习俗，根据发展需要，对现有的集贸市场进行调整完善。

(4)适应经济发展要求，选择位置适宜、交通便利、条件良好的地点，建设新的集贸市场。

9.3.2.2 小城镇集贸市场的规模预测

小城镇集贸市场的规模应根据其现状、区位、交通条件、商品类型、资

源状况等因素进行综合分析，预测其发展趋势和规模。小城镇集贸市场规模预测的期限应与县域城镇体系规划以及镇区规划的规划期限相一致。

(1)小城镇集贸市场规模的现状调查

包括：集市的历史沿革、经营品类、产销地点、用地面积、设施状况、集市规模、交易特点、成交数额、集散方向、交通条件、管理机构及存在的主要问题等。

①集市规模调查涉及的主要内容

平集日的集市时间、入集人次、购物平均停留时间、在集平均人数、在集高峰人数。

大集日的集市时间、入集人次、购物平均停留时间、在集平均人数、在集高峰人数。

②集市规模的现状统计方法

人口统计法：以此测得入集人次。如分时统计进出集市人数，可求得购物平均停留时间、在集平均人数与高峰人数。

地段抽样法：以不同的典型地段人数的平均值及高峰值乘以集市总面积与该地段面积之比值，可求得在集人数的平均值及高峰值。

摊位抽样法：以各种摊位前的人数的平均值及高峰值，乘以摊位数，求得在集人数的平均值及高峰值。

(2)小城镇集市规模预测的内容

包括：集市服务的地域范围、交易商品的种类和数量、入集人次和交易额、市场占地面积、设施选型以及分期建设的内容和要求等。

9.3.2.3 小城镇集贸市场用地规模的确定

以规划预测的平集日高峰人次为计算依据。大集日增加临时交易场地等措施时，不得占用公路和镇区主干道。

集贸市场用地面积＝人均市场用地指标×平集日入集人次×平集日高峰系数

其中，人均市场用地指标应为$0.8\sim1.2m^2/$人。经营品类占地大的、大型运输工具出入量大的市场宜取大值，以批发为主的固定型市场宜取小值；平集日高峰系数可取$0.3\sim0.6$。集日频率小的、交易时间短的、专业型的市场以及经济欠发达地区宜取大值，每日有集的、交易时间长的、综合型的市场以及经济发达地区宜取小值。

9.3.2.4 小城镇集贸市场的选址

(1)新建集贸市场的选址应根据其经营类别、市场规模、服务范围，综合考虑自然条件、交通运输、环境质量、建设投资、使用效益、发展前景等因素，进行多方案比较，择优确定。当现有集贸市场位置合理、交通顺畅，并有一定发展余地时，应合理利用现有场地和设施进行改、扩建。

(2)集贸市场选址应有利于人流和货流的集散，确保内外交通的顺畅、安全，并与镇区公共设施联系方便，互不干扰。

(3)集贸市场用地严禁跨越公路、铁路进行布置，并不得占用公路、桥头、码头、车站等交通设施用地。

(4)小型集市的各类商品交易场地宜集中选址；商品种类较多的大、中型的集市，宜根据交易要求分开选址。

(5)为镇区居民日常生活服务的市场应与集中的居住区临近布置，但不得与学校、托幼设施相邻。运输量大的商品市场应根据货源来向选择场址。

(6)易燃、易爆以及影响环境卫生的小商品市场应在镇区边缘，且位于常年最小风向频率的上风侧及水系的下游，并应设置不小于50m宽的防护绿地。

9.3.2.5 小城镇集贸市场的场地布局

(1)集贸市场的场地布局应方便交易、利于管理，不同类别的商品应分类布置，相互干扰的商品应分隔布置，以缩短购物的时间和行程，有利于维护市场秩序。销售量大、购物人多、挑选省时的商品，宜布置在出入方便的地段；购物人少、挑选费时的商品可布置在相对僻静的地段；而一些大件商品宜选在相对独立、利于搬运的地段。

(2)集贸市场的场地布局应满足集散的要求，确保灾害发生时的紧急疏散和求援。商场型市场的场地

小城镇集贸市场的疏散时间验算　　　　表9.3.2-1

集市规模 (高峰人数)	小型 (3000人)	中型 (1万人)	大型 (5万人)	特大型 (10万人)
平集日高峰人数(人)	900～1800	3000～6000	1.3～3万	3～6万
出口数量(个)	2～3	3～4	8	13
出口总宽(m)	5×(2～3) =10～15	5×(3～4) =15～20	0.32×(150～300) =48～96	0.32×(300～600) =96～192
疏散时间(分钟)	0.9～2.7	2.3～6.0	2.4～9.4	2.4～9.4

小城镇集贸市场地段出口数量　　　　表9.3.2-2

集市规模	小型	中型	大型、特大型
独立出口数(个)	2～3	3～4	3+市场规划人次10000

规划设计应符合国家现行标准《建筑设计防火规范》(GBJ16—87)、《村镇建筑设计防火规范》(GBJ39—90)、《商店建筑设计规范》(JGJ48)等的有关规定。

集贸市场疏散时间的计算：

$$T = N/A \cdot B$$

式中：T——疏散时间（分钟）；

N——疏散总人数；

A——单股人流通行能力（40人／分钟）；

B——出口可通过人流股数（每股人流宽度0.55～0.56m计算，0.600m为单人携带物品宽度）。

根据上述验算，小型市场疏散时间在3分钟以内，中型市场在6分钟以内，大型市场在10分钟以内，这与我国现行的规划设计的安全疏散时间标准基本一致。

(3)集贸市场的所在地段应设置不少于表9.3.2-2规定数量的独立出口。每一独立出口的宽度不应小于5m，净高不应小于4m，应有两个以上不同方向的出口联结镇区道路或公路。出口的总宽度应按平集日高峰人数的疏散要求计算确定，疏散宽度指标不应小于0.32m／百人。

(4)集贸市场布置应确保内外交通顺畅，避免布置回头路和尽端路。市场出口应退入道路红线，并应设置宽度大于出口、向前延伸大于6m的人流集散场地，该地段不得停车和设摊。大、中型市场的主要出口与公路、镇区主干道的交叉口以及桥头、车站、码头的距离不应小于70m。

(5)集贸市场的场地应做好竖向设计，保证雨水顺利排出。场地内的道路、给排水、电力、电讯、防灾等的规划设计应符合国家现行有关标准的规定。

(6)集贸市场规划宜采取一场多用、设计为多层建筑、兼容其多功能等措施，提高用地使用效率。

(7)停车场地应根据集贸市场的规模在镇区规划中统一定量、定位。

9.3.2.6 小城镇集贸市场的位置选择与布置形式

(1)集贸市场的位置选择

集贸市场的位置应选择在村镇的中心，同时又要在居民进出方便、顺路的地方。集贸市场离不开居住区或村镇的商业网点，宜紧挨着副食品店和菜场，并以商业网点为依托，互相支持，又互相竞争。集贸市场的服务半径可达400m左右；当服务半径在400～500m时，可设多处，每处规模一般为100～140个摊位，每个摊位的长度可控制在1.3～1.5m内。

(2)集贸市场的布置形式

① 沿街道布置。这是一种受居民欢迎的布置形式，居民骑自行车或步行回家顺路采购，不用走回头路。但

小城镇集贸市场项目配置 表9.3.2-3

公建类别	项目名称	项目配置			备注
		一级配置	二级配置	三级配置	
		中心镇	一般镇	镇小区	住宅组群
集贸市场	小商品批发、百货市场	●	●	—	—	"选设型"多由非政府投资兴建及经营
	禽、畜、水产市场	●	●	—	—	
	蔬菜、副食市场	●	●	○	—	
	粮油、各种土特产市场	●	●	○	—	
	供销社	●	○	—	—	
	燃料、建材、生产资料市场	●	○	—	—	

注：表中"●"表示必需设置；"○"表示可以设置；"—"表示不设计。

小城镇集贸市场摊位面积指标 表9.3.2-4

品 类	每摊占地(m²)
禽 蛋	0.3～0.5
蔬菜水果	0.8～1.0
竹木制品	1.0～3.0
木料竹材	1.5～2.0
猪羊兔	0.5～1.0
牛马驴	2.0～3.0
综合估算	可采取平均每摊4～6

小城镇摊棚设施规划设计指标 表9.3.2-5

摊位指标	商品类别	粮油、副食	蔬菜、果品、鲜活	百货、服装、土特日杂	小型建材、家具、生产资料	小型餐饮、服务	废旧物品	牲畜
摊位面宽(m／摊)		1.5～2.0	2.0～2.5	2.0～3.0	2.5～4.0	2.5～3.0	2.5～4.0	—
摊位进深(m／摊)		1.8～2.5	1.5～2.5	1.5～3.0	3.0～5.0	2.5～3.5	3.0～5.0	—
购物通道宽度(m／摊)	单侧摊位	1.8～2.2	1.8～2.2	1.8～2.2	2.5～3.5	1.8～2.2	2.5～3.5	1.8～2.2
	双侧摊位	2.5～3.0	2.5～3.0	2.5～3.0	4.0～4.5	2.5～3.0	4.0～4.5	2.5～3.0
摊位占地指标(m²／摊)	单侧摊位	5.5～9.0	6.5～10.5	6.5～12.5	15.5～26.0	11.0～17.0	12.5～26.0	6.5～18.0
	双侧摊位	3.5～5.5	4.0～6.0	4.0～7.5	11.0～21.0	6.5～10.0	11.0～21.0	4.0～10.5
摊位容纳人数(人／摊)		4～8	6～12	8～15	4～8	6～12	6～10	3～6
摊位占地指标(m²／人)		0.9～1.2	0.7～0.9	0.5～0.9	1.1～1.7	1.3～2.6	1.3～3.0	

注：1. 表中所列附属设施面积，皆为市场中该类设施多处面积的总和；
2. 垃圾站一栏为场地面积，与周围建筑距离不得小于5m；
3. 摊位容纳人数包括购物、售货和管理等人员。

这种布置要处理好购物活动与交通的关系，一般不应设置在村镇干道和车辆交通较多的主干道上，而应设置在村镇干道或与居住区干道相接的次要道路上。

②成片布置。可以是露天，也可以是敞棚，还可以发展成正式的建筑。成片布置的优点是把购物活动引到市场内部，不影响外部交通。单独布置时应安排在独立的地段，与住宅隔开，避免对居住环境的干扰。缺点是占地较多，居民顺路购物不方便。

9.3.2.7　小城镇集贸市场设施规划设计

(1)小城镇集贸市场设施选型

小城镇集贸市场设施按建造和布置形式分为摊棚设施、商场建筑和坐商街区等三种形式。

①摊棚设施：是设有营业摊位和防护设施的市场，又分为行商使用的临时摊床和坐商使用的固定摊棚。

②商场建筑：是在建筑内布置的集市，采用柜台或店铺的形式，设有固定摊位。

③坐商街区：是指每个坐商设有独自出口的店铺建筑群体。在通常情况下，建有居住或加工用房，如"下店上宅"、"前店后厂"式的街区。

集贸市场设施的选型应根据商品特点、使用要求、场地状况、经营方式、建设规模和经济条件等因素确定，可采取单一形式或多种形式组合；多种形式组成的市场宜分区设置。

(2)小城镇集贸市场设施的规划设计

①摊棚设施的规划设计

摊棚设施规划设计指标宜符合下表的规定；应符合国家现行的有关卫生、防火、防震、安全疏散等方面的有关规定；应设置供电、供水和排水设施。

②商场建筑的规划设计

应符合国家现行标准《商店建筑设计规范》(JGJ48)等的技术规定；每一店铺均应设置独立的启闭设施；每一店铺均应分别配置消防设施，柜台式商场应统一设定消防标准；宜设计为多层建筑，以利节约用地。

③附有居住用房或生产用房的营业性建筑的规划设计

应符合镇区规划、充分考虑周围条件，满足经营交易、日照通风、安全防灾、环境卫生、设施管理等要求；应合理组织人流、车流，对外联系顺畅，利于消防、救护、货运、环卫等车辆的通行；地段内应采用暗沟(管)排除地面水；应结合市场设施、购物休憩和景观环境的要求，充分利用区内现有的绿化，规划公共绿地和道路绿地。公共绿地面积不小于市场用地的4%。

9.3.2.8　小城镇集贸市场附属设施的规划设计

(1)小城镇集贸市场主要附属设施的内容

①服务设施：市场管理、咨询、维修、寄存用房；

②安全设施：消防、保安、救护、卫生检疫用房；

③环卫设施：垃圾站、公厕；

④休憩设施：休息廊、绿地。

集贸市场主要附属设施配置指标。

(2)集贸市场外兼为其他机构和居民使用的公共服务设施，如邮电、银行、旅馆、饭店及停车场地等，也要在镇区规划中根据市场的需要予以定量、定位，使之协调配合。

9.3.3　规划实例

9.3.3.1　安徽省铜陵市顺安镇"顺安农业大市场"规划

(1)现状概况

顺安镇位于铜陵市域的中部，镇区面积约为2km²，常住人口1.2万人，是历史商贸重镇，历来为周边地区的商贸中心。根据历年的统计和测算，每年3月3日的庙会，影响辐射服务人口为50余万人，高峰日的客流量为3~5万人，曾创下日20万人的记录。市场用地约9.7hm²，大致呈梯形，四周高、中间低，现为岗地和不利于耕作的洼地；铜芜公路沿用地北部穿过，用地南部与沿江快速干道相接，西临已形成的城市道路，东临总体规划确定的镇区中心，中部与铜陵化工

小城镇集贸市场主要附属设施配置指标　　表9.3.2-6

集市规模	小型		中型		大型		特大型	
设施标准 设施项目	数量	建筑面积(m²)	数量	建筑面积(m²)	数量	建筑面积(m²)	数量	建筑面积(m²)
市场服务管理	<10人	50~100	10~25人	100~180	25~40人	180~240	>40人	240~300
保卫救护医疗	2~5人	30	5~8人	50	8~12人	70	>12人	90
休息廊亭	1处	40	1~2处	60~100	3~4处	120~200	>4处	>300
公共厕所	1~2处	20~30	2~3处	30~50	3~4处	50~100	>4处	>100
垃圾站	1处	100	1~2处	100~200	2~3处	200~300	>3处	>300
垃圾箱	服务距离不得大于70m							
消火栓	按《建筑设计防火规范》(GBJ16)设置							
灭火器	按《建筑灭火器配置设计规范》(GBJ140)设置							

注：1. 表中所列附属设施的面积，为市场中该类设施多处面积总和；
　　2. 垃圾站一栏为场地面积，与周围建筑距离不得小于5m。

集团的化肥厂宿舍区交界。

(2) 规划功能与结构

① 主体功能。小商品市场，大型建材市场，五金修造市场，钢材市场，农机、农具市场，农药与化肥市场，农产品市场，仓储。

② 配套设施内容。综合管理、展示、信息中心，大型停车场，排档式餐饮服务，中、高档酒店，配套住宅小区，绿化带、景观小品(雕塑)。

(3) 规划布局

① 根据周边交通环境、生产环境和城镇建设条件，规划用地的北部从西向东依次布置生产市场、农药化肥市场、仓储式钢材市场。规划用地的中部围合成一中心广场，在广场的四周分别布设两组建材市场、三组农产品交易市场。规划用地的南部由西向东分别布设中高档酒店(综合发展)、小商品市场、静态管理、餐饮服务等内容，在东端道路的交叉口处设置汽修、汽配市场。规划用地东部的狭长地带，作为配套住宅建设用地。

② 本市场设主入口1处、次要入口3处、人行出入口3处、绿化带1条(利用高压线走廊用地)、中心广场1处。主入口位于规划用地与沿江快速干道相衔接的中段。在主入口处设置面积达2000m²的广场，通过绿化、小品、大型灯箱广告的设置烘托市场的气氛。主入口的对景建筑为一管理、信息中心，其建筑造型注重时代特色，成为入口乃至整个市场的标志性建筑。在停车场的沿街部分设置餐饮服务带，既满足入口的功能需要，又丰富沿街的立面效果。次入口分别在用地东侧、北侧设置，且在西和东北出入口设置小型停车用地。在用地的西南角，利用过街楼的形式设置人行出入口，把建材市场与环形交叉口联系起来。在利用高压线走廊形成的绿化带两端设置人行出入口，既使中心广场与外围形成通透的视线通廊、展示中心广场的形象特征，又将南部小商品市场的人流和中部市场的人流及北部农药化肥市场的人流有机地联系起来。

(4) 经济指标

市场规划净用地面积：9.97hm²(其中高压线走廊0.91hm²)；

规划总建筑面积：105170m²；

绿地率：11%；

容积率：1.16；

建筑密度：29%；

土石方量：96000m³。

9.3.3.2 安徽省霍山县大别山商城详细规划

(1) 现状概况

霍山县是安徽省乃至全国茶叶主

图9.3.3-1 安徽省铜陵市顺安镇农业大市场规划总平面

要产地之一，是大别山的重要门户。为适应霍山县经济发展需要，规划兴建一个全国一流的生态型绿色商品市场——"大别山绿色商城"。商城位于霍山县中心西部，东临衡山路，西至茶场，南邻广电大厦，北靠霍山县中学；玉带路将商城用地划分为一、二两期用地，本规划为一期用地规划。用地范围内大部分是稻田，其余均为民宅基地，总用地面积230亩（约等于153333.3m²），地形起伏不大，交通方便，且处于城市一侧，环境条件好，是一块理想的商业用地。

(2) 规划布局

大别山商城按步行街结合休闲广场的方式规划设计，人车分流，通过休闲空间的有序组织，使商贸活动、人文活动及整体建筑的艺术效果有机地融为一体。整个商城分为三个功能区，即住宅区、茶市一条街、购物休闲城。每个功能区通过步行街、休闲广场连成一体。

① 住宅区。位于整个商城的北边，主要为来商城投资开店的业主居住考虑。住宅区放在此处，正好可把商城和北边的霍山中学分隔开，减少商城对学校教学的影响。整个住宅区有3幢5～6层的住宅楼和1处停车场，住宅的户均面积为125m²。

② 茶市一条街。以步行为主，可以通车，方便运货。它东与衡山路连接，西有玉带路贯穿整个商城。街道两边均为2～3层的门面，门面面宽4m、深10m；另外，茶市一条街还可通过连廊、使过街楼与南边的商城主体购物休闲城相连接。

③ 购物休闲城。是整个大别山商城的主体，以建筑围合成广场，再通过步行街相连接。商城西边中心处是商城的主入口广场，主入口广场北边是3层门面围合成的停车场，南边是另一组2层门面围合成的L形休闲广场，其中也包括一个停车场。通过主入口广场、穿过弧形的柱廊后是一条步行街，步行街的两边是2～3层的商店，步行街的尽头是圆形中心广场；广场内设计了旱喷、雕塑等小品。广场四周的建筑与广场相呼应，其中设有大型商场、游乐场以及茶叶博物馆、茶叶会馆等。整个商场东边中心为2～3层店面围合成的方形休闲广场，通过东侧的主入口广场可进入，再通过两条步行街与圆形中心广场相连接。

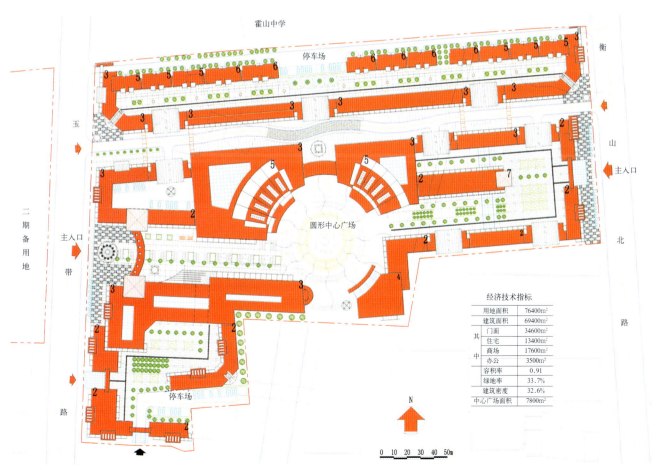

图9.3.3-2 安徽省霍山县大别山商城详细规划总平面

9.4 小城镇绿地与广场规划

9.4.1 小城镇绿地与广场的分类

9.4.1.1 小城镇绿地的分类与形态

(1)小城镇绿地分类,通常按其使用性质、规模大小及所处的位置分为公园绿地、生产绿地、专用绿地、防护绿地及风景游览绿地。

①公园绿地是供全镇居民共同使用的绿地,包括街道绿地、广场绿地、滨水绿地(河流、海边、湖泊、池塘、水库等绿地)及居住区内小块集中绿地和为小城镇居民服务的小块游园绿地。

②专用绿地是指居住区宅旁绿地,及工业区、公建区、生产区与饲养区等地域内的绿地。

③生产绿地是指苗圃、花圃以及草圃。

④防护绿地是指根据防火、防风、防毒、防尘、防噪声及污水净化等功能分成的防风林带、卫生防护林带、生产建筑的隔离绿化带、小城镇边缘的防护林带以及其他有防护意义的绿化带。

⑤风景游览绿地是指具有自然风景或有名胜古迹、革命历史遗迹和自然保护区等供游人游览的绿地。

(2)小城镇绿地的形态

绿地在小城镇呈三种形态:点状、块状、带状。

点状:指小面积绿地。一般指零星地段小面积绿地,面积大约在5000~10000m², 小者约100m²。

带状:指道路上的行道树、分车道绿化。其宽度为1~3m,并随道路呈线状延伸;沿道路、河边、溪边及工业区的隔离带绿地;宽度大于8m的,称为带状公园。

9.4.1.2 小城镇广场的分类

小城镇广场分类与城市广场相仿,一般也可从广场的性质、广场平面组合和广场剖面形式三个方面来进行。按广场性质可分为市政广场、纪念广场、交通广场、商业广场、休息及娱乐广场等;按广场平面组合可分为规整形广场、自由形广场等;按广场剖面形式可分为平面型广场、立体型广场等。广场的宽度与周围建筑物的高度比例一般以3~6倍为宜。广场用地总面积按城镇人口每人0.13~0.40m²计算,但广场尺度不宜太大。

9.4.2 小城镇绿地与广场设计的基本原则

(1)系统原则。绿地广场是小城镇空间环境的有机组成部分,往往也是小城镇的标志。位于城镇入口、城镇核心区、街道空间序列或轴线节点、河流铁路边缘以及居住区内部的绿地广场,其功能、性质、规模、区位等都有区别。每一个绿地和广场设计都应结合现状条件和其他规划统筹布局,以求能够最大限度地表达和实现其功能,共同形成城镇开敞空间的有机整体。

(2)以人为本的原则。主要体现在可达性与适宜性两个方面。注重创造出不同性质、不同功能、不同规模、各具特色的绿地广场空间,以适应不同年龄、不同阶层、不同职业居民的需要。

①可达性:可达性,一是指空间距离的远近;二是指交通时间的长短。目的是为了居民能方便使用绿地广场。小城镇公共绿地及广场的适宜到达时间为5~10分钟。

②适宜性:一个聚居地是否适宜,是指公共空间和当时的肌理是否与其居民的行为习惯相符,是指在行为空间和行为轨迹中活动和形式的相符。个人对"适宜"的感觉就是"好用",即是一种用起来得心应手的,适宜的或者充分的能力。绿地广场应有良好的视觉效果和亲切宜人的尺度。绿化配置与小品设计与等应以"人"为中心,体现"为人"的宗旨,符合人体的尺度。创造足够的活力与亲和力。

(3)特色原则。由于各地小城镇的自然地形、地质条件不一,气象气候各不相同,经济发展水平、人口稠密程度和历史地位均不相同,因此绿地与广场设计也要具有不同的民族特色、地方特色。要根据各地区特点、小城镇性质、经济水平,因地制宜地进行规划设计。根据地域特点选择适宜的绿化树种;在严寒地区和炎热地区,绿地布置要分别考虑小城镇防风与通风的问题;北方广场强调日照,南方广场强调遮阳等。广场和绿地应特别注意与城镇整体环境风格的协调,注重建筑、空间、道路、绿地、地形与小品细部的塑造。

(4)公众参与的社会原则。参与原则应该贯穿规划、设计、建设、使用、管理和后期创造的全部过程。

9.4.3 小城镇绿地与广场设计的基本内容

(1)小城镇绿地规划的基本内容

①收集和整理资料。如收集日照、风向、风力、风速、冰冻线、地下水位高度、水质、降水情况、温湿度等与绿地设计有关的水文、地质、气候资料;了解水源位置;需保留的

古树名木的位置(注明其种类、规格和生长状况等);调查土壤的酸碱度、密实度、含水量、土层厚度、土壤肥力;调查苗木供应情况,如可供应的品种、规格、质量、供应地点等;调查施工队伍的技术、设备水平和施工季节;收集地形图、拟建绿地周围的建筑情况等;

② 确定绿地功能,确定绿地的树种选择、各类植物所占的比例以及采用的绿化形式;

③ 进行技术设计和施工图设计。拟定总平面图、种植设计图、竖向设计图以及花坛、栏杆、园路、坐椅等园林设施施工图;

④ 视绿地的性质和绿化的繁简等因素决定是否绘制透视图、鸟瞰图;

⑤ 编写文字说明书、苗木统计表和设计概算。设计概算是根据设计图纸、概算定额、取费标准等有关资料计算工程费用文件。概算定额各地均按建设部颁发的《全国统一仿古建筑及园林工程预算定额》为依据。各地根据自身具体情况对材料价格、人工工资标准等预算定额。

(2)小城镇广场规划的基本内容

① 收集和整理资料。如广场位置、周围用地性质及建筑物概况;调查广场周边道路交通状况,如车流人流的主要流向以及交通量大小;调查地上杆线及地下管线情况;收集地形图;标注需保留的古树名木的位置(注明其种类、规格和生长状况等),苗木供应情况等;

② 确定广场功能,根据广场性质、自然地形等确定广场平面组合形式;

③ 进行技术设计和施工图设计。拟定广场的前导、发展、高潮、结尾的序列空间;拟定广场与周围其他空间,如道路、小巷、庭园、水体、山体等相连接的方式;拟定绿化、建筑物、构筑物、建筑小品、停车场、水体等数量、分布和布置形式;拟定广场地面铺装;绘制总平面图、竖向设计图、交通分析图、绿化景观分析图、管线综合图、建筑小品施工图、广场中建筑物的平面图和立面图;

④ 视需要决定是否绘制透视图、鸟瞰图、绿化种植设计图、广场周边建筑群的平面图和立面图;

⑤ 编写文字说明书和设计概算。

9.4.4 小城镇常见绿地的布置要求

(1)街道绿化

① 小城镇街道绿化包括街道、街头、广场绿化。街道绿化是街景的重要组成部分,连接小城镇的各个功能区,从而形成小城镇绿化的骨架。

行道树必须选择生长快、寿命长、耐瘠薄土壤并具有树干挺拔、枝叶茂密、抗性强、病虫害少等特性的树种。在主干道上可选用树干挺拔、冠大的树种;而在较窄街道可选用冠小的树种;在高压电线下选用干矮、树枝开展的树种;南方可选用四季常青、花果兼美的树种。为了避免污染,最好不选用落浆果、飞毛的树种。

行道树的栽植方式应根据街道的不同宽度、方向、性质及树种而定。在一般情况下可采取单行乔木或两行乔木等种植方式,如表9.4.4-1所示。

根据需要在局部路段可设置乔灌搭配的绿化带。通常的布置方式有一板二带、二板二带、三板四带等。行道树与街道各工程设施的最小距离必须满足一定要求,见表9.4.4-2。为了交通安全,在交叉口或道路转弯的内侧,一般要在10m以上的空隙不栽乔木或高大灌木(灌木高度不得超过0.7m),以保证行车与会车的视距。

小城镇街道还可以因地制宜地布置街头绿化和街心花园。根据街道两旁面积大小、周围建筑物情况、地形条件的不同进行灵活布置、规划。如交通量大且面积很小的空间,可以适当种植灌木、花卉,设立雕塑或广告栏等其他小品,形成封闭的装饰绿地。

如空间较大,可以栽种乔木,并配以灌木或草坪,形成林阴道或小花园。对于有条件的小城镇,可以在小城镇中心地带设置绿化广场和小城镇的商业中心相配合,形成小城镇公共活动中心。在进行绿化设计时,可选择一些常绿植物或绿色时间长的植物,再配置一些具有季节性特色的植物,使广场、公园一年四季各有特色。

② 其他相关指标

《城市道路绿化规划与设计规范》对道路绿地率有如下规定:园林景观路绿地率不得小于40%;道路红线宽度大于50m的道路绿地率不得小于30%;道路红线宽度在40~50m的道路绿地率不得小于25%;道路红线宽度小于40m的道路绿地率不得小于20%。

种植乔木的分车绿带宽度不小于1.5m;主干路上分车绿带宽度不宜小于2.5m;行道树绿带宽度不得小于1.5m。主干路上的分车绿带不宜小于2.5m。

主、次干路中间分车绿带和交通岛绿地不得布置成开放式绿地。

道路侧绿带宜与相邻的道路红线外侧其他绿地相结合。

(2)居住区绿化

根据《2000年小康型城乡住宅科技产业工程小城镇示范小区规划设计

《导则》规定,小城镇示范小区的绿地率不低于30%,小区级、组群级和院落级人均公共绿地指标依次应分别≥2.5m²,≥2.0m²和≥1.5m²。

住宅区绿地应尽可能利用坡地、洼地进行绿化,对原有的绿化、河湖水面等自然条件要充分利用,加强平面绿化与立体绿化的结合、绿化与水体的组合、绿化与各种用途的户外活动场地、环境设施的结合。应考虑不同年龄的居民,如老年人、成年人、青少年和儿童活动的需要,按照他们各自的活动规律配备设施,有足够的用地面积安排活动场地,并恰当进行绿化。植物配置应考虑生物多样性,尽量选择常绿树种、草坪、灌木、乔木合理搭配,创造具有特色的住宅区绿色景观。

(3)公共建筑绿化

公共建筑的绿化包括小城镇行政中心、商店、邮电、银行、医疗、文娱、学校等公共建筑的专用绿化。这类绿地对建筑艺术和功能上的要求有极大的关系。其布置形式应结合规划总平面图同时考虑;根据具体条件和功能要求采用集中或分散的布置方式,选择不同的植物种类。

如商店、服务业前的绿化布置,对建筑应少遮挡,同时应留出适当宽敞地坪解决人流集散,以衬托出商业气氛。剧院前的绿化,既要考虑遮阳,也要考虑建筑艺术效果,可以适当配植一些乔灌木,以便于观众逗留和休息。医院绿化可配植四季花木和发叶早、落叶迟的乔木,也可种植中草药和具有杀菌作用的植物。小城镇行政中心、学校应以生长健壮、病虫害少的乡土树种为主,并结合生产、教学,选择管理粗放、能收实效的树种,适当配置点缀性强的庭荫树、园景树和花灌木。

(4)工厂绿化

工厂绿化布置时在满足功能要求的前提下注意美观,为工厂创造一个美丽的环境。工厂绿化根据车间的不同性质,对绿化有不同的要求。有害车间附近的树木种植不宜过于密集,切忌乔、灌木混合栽植,不利于空气流通,使车间的有害物质不能迅速扩散和稀释,从而对工人身体产生危害。在噪声车间周围宜选用树冠矮、分枝低、树叶茂密的灌木与乔木,形成疏松的树群或数行狭窄的林带,以减少噪声的强度。在容易发生火灾的车间周围,为满足安全和消防要求,宜选择具有防火作用的乔灌木,避免选用含油脂和易燃的树木;对防尘要求比较高的车间,要发挥绿化减少灰尘、净化空气的作用,以保证产品质量,在主风向上侧应设置防风林带,以阻挡风沙;车间附近栽植不散发花粉或有飞毛的树种,同时枝叶稠密、叶面粗糙、生长健壮的树种,以过滤、吸附空气中的灰尘。

(5)饲养区绿化

饲养区周围应设置绿化隔离带。在树种选择上,常绿树占60%以上,适当搭配一部分香花树种,但要切忌栽植有毒、有刺的植物,以避免牲畜、禽类食后中毒。

(6)防护绿地规划

卫生防护林——一般布置在生活区与生产区之间或某些有碍卫生的建筑地段之间,林带宽度30m,在污染源或噪声大的一面,应布置半透风式林带,以利于有害物质缓慢地透过树林被过滤、吸收。在另一面布置不透风式林带,以利于阻滞有害物质,使其不向外扩散。防风林带应与主风向垂直,或有30°的偏角,每条林带宽度不小于10m。

(7)苗圃规划

苗木是搞好绿化的物质基础,小城镇绿化规划时应规划好苗木生长基地——苗圃,保证有足够的品种、幼苗,满足绿化建设的要求。

苗圃用地最好选择在背风向阳、地势平坦、土层厚度50cm以上,排水良好的地方。在平地建设苗圃,坡

行道树栽植方式 表9.4.4-1

栽植方式	栽植带宽度(m)	行距(m)	株距(m)	采用的场合
单行乔木	1.25~2		3~6	街道建筑物与车行道距离较近
两行乔木(品字形)	3.5~5	>2	4~6	街道建筑物与车行道距离不小于8m

种植树木与建筑物、构筑物、管道水平间距 表9.4.4-2

名称	最小距离(m)	
	至乔木中心	至灌木中心
有窗建筑物外墙	3.0	1.5
无窗建筑物外墙	2.0	1.5
高2m以下的围墙	1.0	0.5
排水用明沟边缘	1.0	0.5
给水管	1.5	不限
排水管	1.0	不限
路灯电杆	2.0	1.0
铁路中心线	8.0	4.0

度以1~3%为宜、坡度过小对灌溉排水不利;在山坡上建设苗圃时,则要修成梯田,以免水土流失。育苗土壤要有一定的肥力,有机质含量不低于2.5%,氮、磷、钾的含量的比例应适当,以中性土或砂壤土为宜。苗圃用地要接近水质良好的水源,地下水位宜为2m左右。

根据经验测算苗圃面积约为小城镇总用地面积的2%~3%时,能基本上满足园林绿化对苗木供应要求。在小城镇规划时,各小城镇苗圃建设可根据实际情况,因地制宜结合生产和绿化,集中或分散设置,或附近几个小城镇合设一个。

9.4.5 树种规划

(1)树种规划须注重的问题

树种规划是小城镇绿化规划的一个重要组成部分。树种规划就是选择一批最适应当地自然条件,有利于环境保护并结合生产、满足绿地中各种不同功能要求的树种。

树种规划应考虑以下几个因素:

骨干树种。骨干树种主要指用作行道树及庭荫树的树种。行道树作为小城镇绿化的骨架,反映了一个小城镇的绿化面貌和地方特色,应以乡土树种为主。乡土树种适应当地土壤、气候,抵抗力强、虫害少。同时也可适当引进一些优良树种。

常绿树与落叶树、骨干树种和其他树种相配合。小城镇一年四季都要保持良好的绿化状态,常绿树在规划中占有一定的比例。同时配置一些落叶树,使小城镇绿化丰富多彩。具有季节特点。同理,骨干树种和其他树种也要协调。

速生树和慢生树相配合。为了使小城镇短期实现普遍绿化,应以速生树为主。速生树往往早期绿化效果好,容易成荫成材,但有的寿命较短,如不及时更新和补充慢生树,则影响绿化效果。因此,在新居住点或新建筑地区,近期要抓速生树,尽早取得有效的绿化成果。并应考虑若干年后分批更新或用慢生树来替换速生树的计划。

(2)各地区的主要行道树树种及园林绿地常用植物介绍

① 各地区的主要行道树树种

东北及内蒙古北部地区:油松、樟子松、加杨、小叶杨、青杨、小青杨、辽杨、旱柳、垂柳、白桦、榆树、复叶槭等。

东北及内蒙古南部地区:云杉、油松、圆柏、银杏、落叶松、山桃、皂荚、刺槐、新疆杨、加杨、箭杆杨、小青杨、辽杨、北京杨、旱柳、垂柳、核桃、榆树、椴树、复叶槭、白蜡、泡桐等。

华北及江苏安徽北部:雪松、油松、白皮松、圆柏、女贞、银杏、水杉、合欢、槐树、刺槐、悬铃木、毛白杨、加杨、箭杆杨、旱柳、馒头柳、垂柳、核桃、枫杨、榆树、椴树、梧桐、重阳木、柿、臭椿、栾树、元宝枫、白蜡、绒毛、白蜡、泡桐等。

甘肃、青海、新疆等省(自治区):油松、槐树、刺槐、毛白杨、新疆杨、加杨、钻天杨、箭杆杨、小叶杨、青海杨、旱柳、垂柳、榆树、丝绵木、桂香柳、臭椿、栾树、元宝枫、白蜡等。

江苏、湖北、陕南、浙北、湘北等;雪松、油松、圆柏、龙柏、广玉兰、樟树、女贞、棕榈、银杏、落叶松、池杉、水杉、合欢、国槐、刺槐、悬铃木、毛白杨、加杨、垂柳、核桃、山核桃、薄壳山核桃、枫杨、榔榆、桑、梧桐、乌桕、重阳木、柿、臭椿、栾树、白蜡、泡桐等。

浙南、福建、四川、贵州、云南等:樟树、银桦、大叶桉、女贞、银杏、水杉、合欢、刺槐、喜树、枫香、悬铃木、滇红椿、楝树、栾树、白蜡、樟树、泡桐等。

广东、广西、闽南等:樟树、枫香、红花羊蹄甲、洋紫荆、台湾相思、木麻黄、木波罗、大叶榕、细叶榕、银桦、石栗、大叶桉、小叶桉、蓝桉、白千层、桃花心木、芒果、扁桃、女贞、棕榈、广玉兰、凤凰木、槐树、悬铃木、梧桐、木棉、乌桕、白蜡、大花紫薇等。

② 园林绿地常用植物介绍

见表9.4.5。

园林植物介绍

表 9.4.5

生态型	中名	科名	高度(m)	习性	观赏特性及园林用途	适用地区
常绿针叶树	油松	松科	25	强阳性，耐寒，耐干旱瘠薄和碱土	树冠伞形；庭荫树，行道树，园景树，风景林	华北、西北
	马尾松	松科	30	强阳性，喜温湿气候，宜酸性土	造林绿化，风景林	长江流域及其以南地区
	黑松	松科	20～30	强阳性，抗海潮风，宜生长海滨	庭荫树，行道树，防潮林，风景林	华东沿海地区
	赤松	松科	20～30	强阳性，耐寒，要求海岸气候	庭荫树，行道树，园景树，风景林	华东及北部沿海地区
	平头赤松	松科	3～5	阳性，喜温暖气候，生长慢	树冠伞形、平头状；孤植、对植	华东地区
	白皮松	松科	15～25	阳性，适应干冷气候，抗污染力强	树皮白色雅净；庭荫树，行道树，园景树	华北、西北、长江流域
	湿地松	松科	25	强阳性，喜温暖气候，较耐水湿	庭荫树，园景树，造林绿化	长江流域至华南
	红松	松科	20～30	强阳性，喜冷凉湿润气候及酸性土	庭荫树，行道树，风景林	东北地区
	华山松	松科	20～25	弱阳性，喜温凉湿润气候	庭荫树，行道树，园景树，风景林	西南、华西、华北
	日本五针松	松科	5～15	中性，较耐荫，不耐寒，生长慢	针叶细短、蓝绿色；盆景，盆栽，假山园	长江中下游地区
	日本冷杉	松科	30	阴性，喜冷凉湿润气候及酸性土	树冠圆锥形；园景树，风景林	华东、华中
	辽东冷杉	松科	25	阴性，喜冷凉湿润气候，耐寒	树冠圆锥形；园景树，风景林	东北、华北
	白杆	松科	15～25	耐荫，喜冷凉湿润气候，生长慢	树冠圆锥形；针叶粉蓝色；园景树，风景林	华北
	雪松	松科	15～25	弱阳性，耐寒性不强，抗污染力弱	树冠圆锥形；姿态优美；园景树，风景林	北京、大连以南各地
	南洋杉	南洋杉科	30	阳性，喜暖热气候很不耐寒	树冠狭圆锥形；姿态优美；庭荫树，行道树	华南
	杉木	杉科	25	中性，喜温湿气候及酸性土，速生	树冠圆锥形；园景树，造林绿化	长江中下游至华南
	柳杉	杉科	20～30	中性，喜温暖湿润气候及酸性土	树冠圆锥形；列植，丛植	长江流域及其以南地区
	侧柏	柏科	15～20	阳性，耐寒，耐干旱瘠薄，抗污染	庭荫树，行道树，风景林，绿篱	华北、西北及华南
	千头柏	柏科	2～3	阳性，耐寒性不如侧柏	树冠紧密，近球形；孤植，对植，列植	长江流域、华北
	云片柏	柏科	5	中性，喜凉爽湿润气候，不耐寒	树冠窄塔形；园景林，丛植，列植	长江流域
	日本花柏	柏科	25	中性，耐寒性不强	园景树，丛植，列植	长江流域
	柏木	柏科	25	中性，喜温暖多雨气候及钙质土	墓道树，园景树，列植，对植，造林绿化	长江以南地区
	圆柏	柏科	15～20	中性，耐寒，稍耐湿，耐修剪	幼年树冠狭圆锥形；园景树，列植，绿篱	东北南部、华北至华南
	龙柏	柏科	5～8	阳性，耐寒性不强，抗有害气体	树冠圆柱形，似龙体；对相干，列植，丛植	华北南部至长江流域
	鹿角柏	柏科	0.5～1	阳性，耐寒	丛生状，干枝向四周斜展；庭园点缀	长江流域、华北
	日本扁柏	柏科	20	中性，喜凉爽湿润气候，不耐寒	园景树，丛植	长江流域
	杜松	柏科	6～10	阳性，耐寒，耐干瘠，抗海潮风	树冠狭圆锥形；列植，丛植，绿篱	华北、东北
	刺柏	柏科	12	中性，喜温暖多雨气候及钙质土	树冠狭圆锥形，小枝下垂；列植，丛植	长江流域、西南、西北
	沙地柏	柏科	0.5～1	阳性，耐寒，耐干旱性强	匍匐状灌木，枝斜上；地被，保土，绿篱	西北、华北及内蒙古
	铺地柏	柏科	0.3～0.5	阳性，耐寒，耐干旱	匍匐灌木；布置岩石园，地被	长江流域、华北
	紫杉	红豆杉科	10～20	阴性，喜冷凉湿润气候，耐寒	树形端正；孤植，丛植，绿篱	东北
	罗汉松	罗汉松科	10～20	半阴性，喜温暖湿润气候，不耐寒	树形优美、观叶、观果；孤植，对植，丛植	长江以南各地
落叶针叶树	金钱松	松科	20～30	阳性，喜温暖多雨气候及酸性土	树冠圆形，秋叶金黄；庭荫树，园景树	长江流域
	水松	杉科	8～10	阳性，喜暖热多雨气候，耐水湿	树冠狭圆锥形；庭荫树，防风，护堤树	华南
	水杉	杉科	20～30	阳性，喜温暖，较耐盐碱	树冠狭圆锥形；列植，丛植，风景林	长江流域、华北南部
	落羽杉	杉科	20～30	阳性，喜温暖，不耐寒，耐水湿	树冠狭圆锥形，秋色叶；护岸树，风景林	长江流域及其以南地区
	池杉	杉科	15～25	阳性，喜温暖，不耐寒，极耐湿	树冠狭圆锥形，秋色叶；水滨湿地绿化	长江流域及其以南地区
常绿阔叶乔木	广玉兰	木兰科	15～25	阳性，喜温暖湿润气候，抗污染	花大，白色，6～7月；庭荫树，行道树	长江流域及其以南地区
	白兰花	木兰科	8～15	阳性，喜暖热，不耐寒，喜酸性土	花白色，浓香，5～9；庭荫树，行道树	华南
	樟树	樟科	10～20	弱阳性，喜温暖湿润，较耐水湿	树冠卵圆形；庭荫树，行道树，风景林	长江流域至珠江流域
	台湾相思	豆科	6～15	阳性，喜暖热气候，耐干瘠，抗风	花黄色，4～6月；庭荫树，行道树，防护林	华南
	羊蹄甲	豆科	10	阳性，喜暖热气候，不耐寒	花玫瑰红色，10月；行道树，庭园风景林	华南
	蚊母	金缕梅科	5～15	阳性，喜温暖，抗有毒气体	花紫红色，4月；街道及工厂绿化，庭荫树	长江中下游至东南部
	苦槠	山毛榉科	15	中性，喜温暖，抗有毒气体	枝叶茂密；防护林，工厂绿化，风景林	长江以南地区
	青冈栎	山毛榉科	15	中性，喜温暖湿润气候	枝叶茂密；庭荫树，背景树，风景林	长江以南地区
	木麻黄	木麻黄科	20	阳性，喜暖热，耐干瘠及盐碱土	行道树，防护林，海岸造林	华南
	榕树	桑科	20～25	阳性，喜暖热多雨气候及酸性土	树冠大而圆整；庭院对，园景树	华南
	银桦	山龙眼科	20～25	阳性，喜温暖，不耐寒，生长快	干直冠大，花橙黄，5月；庭荫树，行道树	西南、华南
	大叶桉	桃金娘科	25	阳性，喜暖热气候，生长快	行道树，庭荫树，防风林	华南、西南

续表

生态型	中名	科名	高度(m)	习 性	观赏特性及园林用途	适用地区
常绿阔叶乔木	柠檬桉	桃金娘科	30	阳性，喜暖热气候，生长快	树干洁净，树姿优美；行道树，风景林	华南
	蓝桉	桃金娘科	35	阳性，喜温暖，不耐寒，生长快	行道树，庭荫树，造林绿化	西南、华南
	白千层	桃金娘科	20~30	阳性，喜暖热，耐干旱和水湿	行道树，防护林	华南
	女贞	木犀科	6~12	弱阳性，喜温湿，抗污染，耐修剪	花白色，6月；绿篱，行道树，工厂绿化	长江流域及其以南地区
	桂花	木犀科	10~12	阳性，喜温暖湿润气候	花黄、白色，浓香，9月；庭园观赏，盆栽	长江流域及其以南地区
	棕榈	棕榈科	5~10	中性，喜温湿气候，抗有毒气体	工厂绿化，行道树，对植，丛植，盆栽	长江流域及其以南地区
	蒲葵	棕榈科	8~15	阳性，喜暖热气候，抗有毒气体	庭荫树，行道树，对植，丛植，盆栽	华南
	王棕	棕榈科	15~20	阳性，喜暖热气候，不耐寒	树形优美；行道树，园景树，丛植	华南
	皇后葵	棕榈科	10~15	阳性，喜暖热气候，不耐寒	树形优美；行道树，园景树，丛植	华南
	假槟榔	棕榈科	15	阳性，喜暖热气候，不耐寒	树形优美；行道树，丛植	华南
落叶阔叶乔木	鹅掌楸	木兰科	20~25	阳性，喜温暖湿润气候	花黄色，4~5月；庭荫观赏树，行道树	长江流域及其以南地区
	皂荚	豆科	20	阳性，耐寒，耐干旱，抗污染力强	树冠广阔，叶密荫浓；庭荫树	华北至华南
	山皂荚	豆科	15~25	阳性，耐寒，耐干旱，抗污染力强	树冠广阔，叶密荫浓；庭荫树	东北、华北至华东
	凤凰木	豆科	15~25	阳性，喜暖热气候，不耐寒，速生	花红色，美丽5~8月；庭荫观赏树，行道树	两广南部及滇南
	合欢	豆科	10~15	阳性，耐寒，耐干旱瘠薄	花粉红色，6~7月；庭荫观赏树，行道树	华北至华南
	槐树	豆科	15~25	阳性，耐寒，抗生强，耐修剪	枝叶茂密，树冠宽广；庭荫树，行道树	华北、西北、长江流域
	龙爪槐	豆科	3~5	阳性，耐寒	枝下垂，树冠伞形；庭园观赏，对植，列植	华北、西北、长江流域
	刺槐	豆科	15~25	阳性，适应性强，浅根性，生长快	花白色，5月；行道树，庭荫树，防护林	南北各地
	喜树	蓝果树科	20~25	阳性，喜温暖，不耐寒，生长快	庭荫树，行道树	长江以南地区
	刺楸	五加科	10~15	弱阳性，适应性强，深根性，速生	庭荫树，行道树	南北各地
	枫香	金缕梅科	30	阳性，喜温暖湿润气候，耐干瘠	秋叶红艳；庭荫树，风景林	长江流域及其以南地区
	悬铃木	悬铃木科	15~25	阳性，喜温暖，抗污染，耐修剪	冠大荫浓；行道树，庭荫树	长江流域及其以南地区
	银白杨	杨柳科	20~30	阳性，喜温凉气候，抗污染，速生	行道树，庭荫树，防护林	华北、西北、长江下游
	毛白杨	杨柳科	15~25	阳性，适应寒冷干燥气候	行道树，庭荫树，风景林，防护林	西北、华北、东北南部
	枫香	金缕梅科	30	阳性，喜温暖湿润气候，耐干瘠	秋叶红艳；庭荫树，风景林	长江流域及其以南地区
	悬铃木	悬铃木科	15~25	阳性，喜温暖，抗污染，耐修剪	冠大荫浓；行道树，庭荫树	长江流域及其以南地区
	银白杨	杨柳科	20~30	阳性，喜温凉气候，抗污染，速生	行道树，庭荫树，防护林	华北、西北、长江下游
	毛白杨	杨柳科	15~25	阳性，适应寒冷干燥气候	行道树，庭荫树，风景林，防护林	西北、华北、东北南部
	新疆杨	杨柳科	20~25	阳性，耐大气干旱及盐渍土	树冠圆柱形，优美；行道树，风景树，防护林	西北、华北
	加杨	杨柳科	25~30	阳性，喜温凉气候，耐水湿、盐碱	行道树，庭荫树，防护林	华北至长江流域
	钻天杨	杨柳科	30	阳性，喜温凉气候，耐水湿	树冠圆柱形；行道树，防护林	华北、东北、西北
	箭杆杨	杨柳科	30	阳性，适应干冷气候，稍耐盐碱土	树冠圆柱形；行道树，防护林，风景树	西北
	青杨	杨柳科	30	阳性，耐干冷气候，生长快	行道树，防护林	北部及西北部
	旱柳	杨柳科	15~20	阳性，耐寒，耐湿，耐旱，速生	庭荫树，行道树，护岸树	东北、华北、西北
	涤柳	杨柳科	15	阳性，耐寒，耐湿，耐旱，速生	小枝下垂；庭荫树，护岸树	东北、华北、西北
	银杏	银杏科	20~30	阳性，耐寒，抗多种有毒气体	秋叶黄色；庭荫树，孤植，对植	沈阳以南、华北至华南
	馒头杨	杨柳科	10~15	阳性，耐寒，耐湿，耐旱	树冠半球形；庭荫树，护岸树	东北、华北、西北
	龙爪柳	杨柳科	10	阳性，耐寒，生长势较弱，寿命短	枝条扭曲如龙游；庭荫树，观赏树	东北、华北、西北
	垂柳	杨柳科	18	阳性，喜温暖及水湿，耐旱，速生	枝细长下垂；庭荫，观赏，护岸树	长江流域至华南地区
	白桦	桦木科	15~20	阳性，耐严寒，喜酸性土，速生	树皮白色美丽；庭荫树，行道树，风景林	东北、华北(高山)
	板栗	山毛榉科	15	阳性，适应性强，深根性	庭荫树，干果树	辽宁、华北至华南、西南
	麻栎	山毛榉科	25	阳性，适应性强，耐干旱瘠薄	庭荫树，防护林	辽宁、华北至华南
	栓皮栎	山毛榉科	25	阳性，适应性强，耐干旱瘠薄	庭荫树，防护林	华北至华南、西南
	核桃	胡桃科	15~25	阳性，耐干冷气候，不耐湿热	庭荫树，行道树，干果树	华北、西北至西南
	核桃楸	胡桃科	20	阳性，耐寒性强	庭荫树，行道树	东北、华北
	薄壳山核桃	胡桃科	20~25	阳性，喜温湿气候，较耐水湿	庭荫树，干果树	华东
	枫杨	胡桃科	20~30	阳性，适应性强，耐水湿，速生	庭荫树，护岸树	长江流域、华北
	榆树	榆科	20	阳性，适应性强，耐旱耐盐碱土	庭荫树，行道树，防护林	东北、华北至长江流域
	榔榆	榆科	15	弱阳性，喜温暖，抗烟尘及毒气	树形优美；庭荫树，行道树，盆景	长江流域及其以南地区

续表

生态型	中 名	科名	高度(m)	习 性	观赏特性及园林用途	适用地区
落叶阔叶乔木	榉树	榆科	15	弱阳性，喜温暖，耐烟尘，抗风	树形优美；庭荫树，行道树，盆景	长江中下游地区至华南
	小叶朴	榆科	10~15	中性，耐寒，耐干旱，抗有毒气体	庭荫树，绿化造林，盆景	东北南部，华北
	朴树	榆科	15~20	弱阳性，喜温暖，抗烟尘及毒气	庭荫树，盆景	江淮流域至华南
	毛泡桐	玄参科	10~15	强阳性，喜温暖，较耐寒，速生	白花有紫斑，4~5月；庭荫树，行道树	黄河中下游至淮河流域
	黄葛树	桑科	15~25	阳性，喜温热气候，不耐寒耐热	冠大荫浓；庭荫树，行道树	华南、西南
	桑树	桑科	10~20	阳性，适应性强，抗污染，耐水湿	庭荫树，工厂绿化	南北各地
	构树	桑科	15	阳性，适应性强，抗污染，耐干瘠	庭荫树，行道树，工厂绿化	华北至华南
	杜仲	杜仲科	15~20	阳性，喜温暖湿润气候，较耐寒	庭荫树，行道树	长江流域、华北南部
	糠椴	椴树科	15	弱阳性，喜冷冻湿润气候，耐寒	树姿优美，枝叶茂密；庭荫树，行道树	东北、华北
	蒙椴	椴树科	5~10	中性，喜冷冻湿润气候，耐寒	树姿优美，枝叶茂密；庭荫树，行道树	东北、华北
	紫椴	椴树科	15~20	中性，耐寒性强，抗污染	树姿优美，枝叶茂密；庭荫树，行道树	东北、华北
	梧桐	梧桐科	10~15	阳性，喜温暖湿润，抗污染，怕涝	枝干青翠，叶大荫浓；庭荫树，行道树	长江流域、华北南部
	木棉	木棉科	25~35	阳性，喜暖热气候，耐干旱，速生	花大，红色，2~3月；行道树，庭荫观赏树	华南
	乌桕	大戟科	10~15	阳性，喜温暖气候，耐水湿，抗风	秋叶红艳；庭荫树，堤岸树	长江流域至珠江流域
	重阳木	大戟科	10~15	阳性，喜温暖气候，耐水湿，抗风	行道树，庭荫树，堤岸树	长江中下游地区
	丝绵木	卫矛科	6	中性，耐寒，耐水湿，抗污染	枝叶秀丽，秋果红色；庭荫树，水边绿化	东北南部至长江流域
	沙枣	胡颓子科	5~10	阳性，耐干旱、低湿及盐碱	叶银白色，花黄色，7月；庭荫树，风景树	西北、华北、东北
	枳椇	鼠李科	10~20	阳性，喜温暖气候	叶大荫浓；庭荫树，行道树	长江流域及其以南地区
	柿树	柿树科	10~15	阳性，喜温暖，耐寒，耐干旱	秋叶红色，果橙黄色，秋季；庭荫树，果树	东北南部至华南、西南
	臭椿	苦木科	20~25	阳性，耐干瘠，盐碱，抗污染	树形优美；庭荫树，行道树，工厂绿化	华北、西北至长江流域
	楝树	楝科	10~15	阳性，喜温暖，抗污染，生长快	花紫色，5月；庭荫树，行道树，四旁绿化	华北南部至华南、西南
	川楝	楝科	15	阳性，喜温暖，不耐寒，生长快	庭荫树，行道树，四旁绿化	中部至西南部
	栾树	无患子科	10~12	阳性，较耐寒，耐干旱，抗烟尘	花金黄，6~7月；庭荫树，行道树，观赏树	辽宁、华北至长江流域
	全缘栾树	无患子科	15	阳性，喜温暖气候，不耐寒	花金黄，8~9月，果淡红；庭荫树，行道树	长江以南地区
	无患子	无患子科	15~20	弱阳性，喜温湿，不耐寒，抗风	树冠广卵形；庭荫树，行道树	长江流域及其以南地区
	黄连木	漆树科	15~20	弱阳性，耐干旱瘠薄，抗污染	秋叶橙黄或红色；庭荫树，行道树	华北至华南、西南
	南酸枣	漆树科	20	阳性，喜温暖，耐干瘠，生长快	冠大荫浓；庭荫树，行道树	长江以南及西南各地
	火炬树	漆树科	4~6	阳性，适应性强，抗旱，耐盐碱	秋叶红艳；风景林，荒山造林	华北、西北、东北南部
	元宝枫	槭树科	10	中性，喜温凉气候，抗风	秋叶黄或红色；庭荫树，行道树，风景林	华北、东北南部
	三角枫	槭树科	10~15	弱阳性，喜温湿气候，较耐水湿	庭荫树，行道树，护岸树，绿篱	长江流域各地
	茶条槭	槭树科	6	弱阳性，耐寒，抗烟尘	秋叶红色，翅果成熟前红色；庭园风景林	东北、华北至长江流域
	羽叶槭	槭树科	15	阳性，喜冷凉气候，耐烟尘	庭荫树，行道树，防护林	东北、华北
	七叶树	七叶树科	20	弱阳性喜温暖湿润，不耐严寒	花白色，5~6月；庭荫树，行道树，观赏树	黄河中下游至华东
	流苏树	木犀科	6~15	阳性，耐寒，也喜温暖	花白色美丽，5月；庭荫观赏树，丛植，孤植	黄河中下游及其以南
	白蜡树	木犀科	10~15	弱阳性，耐寒，耐水湿抗烟尘	庭荫树，堤岸树	东北、华北至长江流域
	洋白蜡	木犀科	10~15	阳性，耐寒，耐低湿	庭荫树，防护林	东北南部、华北
	绒毛白蜡	木犀科	8~12	阳性，耐低注、盐碱地抗污染	庭荫树，行道树，工厂绿化	华北
	水曲柳	木犀科	10~20	弱阳性，耐寒，喜肥沃湿润土壤	庭荫树，行道树	东北
	梓树	紫葳科	10~15	弱阳性，适生于温带地区，抗污染	花黄白色，5~6月；庭荫树，行道树	黄河中下游地区
	楸树	紫葳科	10~20	阳性，喜温和气候，抗污染	白花有紫斑，5月；庭荫树，行道树	黄河流域至淮河流域
	蓝花楹	紫葳科	10~15	阳性，喜暖热气候，不耐寒	花蓝色美丽，5月；庭荫观赏树，行道树	华南
	大花紫薇	千屈菜科	8~12	阳性，喜暖热气候，不耐寒	花淡紫红色，夏秋；庭荫观赏树，行道树	华南
	泡桐	玄参科	15~20	阳性，喜温暖气候，不耐寒，速生	花白色，4月；庭荫树，行道树	长江流域及其以南地区
常绿阔叶灌木	雀舌黄杨	黄杨科	0.5~1	中性，喜温暖，不耐寒，生长慢	枝叶细密；庭园观赏，丛植，绿篱，盆栽	长江流域及其以南地区
	海桐	海桐科	2~4	中性，喜温湿，不耐寒，抗海潮风	白花芳香，5月；基础种植，绿篱，盆栽	长江流域及其以南地区
	山茶花	山茶科	2~5	中性，喜温湿气候及酸性土壤	花白、粉、红色，2~4月；庭园观赏，盆栽	长江流域及其以南地区
	茶梅	山茶科	3~6	弱阳性，喜温暖气候及酸性土壤	花白、粉、红色，11~1月；庭园观赏，绿篱	长江以南地区
	枸骨	冬青科	1.5~3	弱阳性，抗有毒气体，生长慢	绿叶红果，甚美丽；基础种植，丛植，盆栽	长江中下游各地
	大叶黄杨	卫矛科	2~5	中性，喜温湿气候，抗有毒气体	观叶；绿篱，基础种植，丛植，盆栽	华北南部至华南、西南

续表

生态型	中名	科名	高度(m)	习性	观赏特性及园林用途	适用地区
常绿阔叶灌木	胡颓子	胡颓子科	2~3	弱阳性，喜温暖，耐干旱、水湿	秋花银白芳香，红果5月；基础种植，盆景	长江中下游及其以南
	云南黄馨	木犀科	1.5~3	中性，喜温暖，不耐寒	枝拱垂，花黄色，4月；庭园观赏，盆栽	长江流域、华南、西南
	夹竹桃	夹竹桃科	2~4	阳性，喜温暖湿润气候，抗污染	花粉红色，5~10月；庭园观赏，花篱，盆栽	长江以南地区
	栀子花	茜草科	1~1.6	中性，喜温暖气候及酸性土壤	花白色，浓香，6~8月；庭园观赏，花篱	长江流域及其以南地区
	南天竹	小檗科	1~2	中性，耐荫，喜温暖湿润气候	枝叶秀丽，秋冬红果；庭园观赏，丛植，盆景	长江流域及其以南地区
	十大功劳	小檗科	1~1.5	耐阴，喜温暖湿润气候，不耐寒	花黄色，果蓝黑色；庭园观赏，丛植，绿篱	长江流域及其以南地区
	凤尾兰	百合科	1.5~3	阳性，喜亚热带气候，不耐严寒	花乳白色，夏、秋；庭园观赏，丛植	华北南部至华南
	丝兰	百合科	0.5~2	阳性，喜亚热带气候，不耐严寒	花乳白色，6~7月；庭园观赏，丛植	华北南部至华南
	棕竹	棕榈科	1.5~3	阴性，喜湿润的酸性土，不耐寒	观叶；庭园观赏，丛植基础种植，盆栽	华南、西南
	筋头竹	棕榈科	2~3	阴性喜湿润的酸性土，不耐寒	观叶；庭园观赏，丛植，基础种植，盆栽	华南、西南
	黄杨	黄杨科	2~3	中性，抗污染，耐修剪，生长慢	枝叶细密；庭园观赏，丛植，绿篱，盆栽	华北至华南、西南
	珊瑚树	忍冬科	3~5	中性，喜温暖，抗烟尘耐修剪	白花6月，红果9~10月；绿篱，庭园观赏	长江流域及其以南地区
	洒金珊瑚	山茱萸科	2~3	阴性，喜温暖湿润，不耐寒	叶有黄斑点，果红色；庭园观赏，盆栽	长江以南各地
	石楠	蔷薇科	3~5	弱阳性，喜温暖，耐干旱瘠薄	嫩叶红色，秋冬红果；庭园观赏，丛植	华东、中南、西南
	枇杷	蔷薇科	4~6	弱阳性，喜温暖湿润，不耐寒	叶大荫浓，初夏黄果；庭园观赏，果树	南方各地
	苏铁	苏铁科	2	中性，喜温暖湿润气候及酸性土	姿态优美；庭园观赏，盆栽，盆景	华南、西南
	火棘	蔷薇科	2~3	阳性，喜温暖气候，不耐寒	春白花，秋冬红果色；基础种植，丛植，篱植	华东、华中、西南
	含笑	木兰科	2~3	阳性，喜温暖湿润气候及酸性土	花淡紫色，浓香4~5月；庭园观赏，盆栽	长江以南地区
落叶阔叶小乔木及灌木	白玉兰	木兰科	4~8	阳性，稍耐荫，颇耐寒，怕积水	花大洁白，3~4月；庭园观赏，对植，列植	华北至华南、西南
	紫玉兰	木兰科	2~4	阳性，喜温暖，不耐严寒	花大紫色，3~4月；庭园观赏，丛植	华北至华南、西南
	二乔玉兰	木兰科	3~6	阳性，喜温暖气候，较耐寒	花白带淡紫色，3~4月；庭园观赏	华北至华南、西南
	白鹃梅	蔷薇科	2~3	弱阳性，喜温暖气候，较耐寒	花白色美丽，4月；庭园观赏，丛植	华北至长江流域
	笑靥花	蔷薇科	1.5~2	阳性，喜温暖湿润气候	花小，白色美丽，4月；庭园观赏，丛植	长江流域及其以南地区
	紫叶李	蔷薇科	3~5	弱阳性，喜温暖湿润气候，较耐寒	叶紫红色，花淡粉红色，3~4月；庭园点缀	华北至长江流域
	樱花	蔷薇科	3~5	阳性，较耐寒，不耐烟毒和毒气	花粉白色，4月；庭园观赏，丛植，行道树	东北、华北至长江流域
	东京樱花	蔷薇科	5~8	阳性，较耐寒，不耐烟尘	花粉白色，4月；庭园观赏，丛植，行道树	华北至长江流域
	日本晚樱	蔷薇科	4~6	阳性，喜温暖气候，较耐寒	花粉白色，4月；庭园观赏，丛植，行道树	华北至长江流域
	榆叶梅	蔷薇科	1.5~3	弱阳性，耐寒，耐干旱	花粉、红、紫，4月；庭园观赏，丛植，列植	东北南部、华北、西北
	珍珠花	蔷薇科	1.5~2	阳性，喜温暖气候，较耐寒	花小，白色美丽，4月；庭园观赏，丛植	东北南部、华北至华南
	麻叶绣线菊	蔷薇科	1~1.5	中性，喜温暖气候	花小，白色美丽，4月；	长江流域及其以南地区
	菱叶绣线菊	蔷薇科	1~2	中性，喜温暖气候	花小，白色美丽，4~5月；庭园观赏，丛植	华北至华南、西南
	粉花绣线菊	蔷薇科	1~2	阳性，喜温暖气候	花粉红色，6~7月；庭园观赏，丛植，花篱	华北南部至长江流域
	珍珠梅	蔷薇科	1.5~2	耐荫，耐寒，对土壤要求不严	花小，白色，6~8月；庭园观赏，丛植，花篱	华北、西北、东北南部
	月季	蔷薇科	1~1.5	阳性，喜温暖气候，较耐寒	花红、紫，5~10月；庭园观赏，丛植，盆栽	东北南部至华南、西南
	现代月季	蔷薇科	1~1.5	阳性，喜温暖气候，较耐寒	花色丰富，5~10月；庭植，专类园，盆栽	东北南部至华南、西南
	玫瑰	蔷薇科	1~2	阳性，耐寒，耐干旱，不耐积水	花紫红色，5月；庭园观赏，丝植，花篱	东北、华北至长江流域
	黄刺玫	蔷薇科	1.5~2	阳性，耐寒，耐干旱	花黄色，4~5月；庭园观赏，丛植，花篱	华北、西北、东北南部
	平枝枸子	蔷薇科	0.5	阳性，耐寒，适应性强	匍匐状，秋冬果鲜红色；基础种植，岩石园	华北、西北至长江流域
	棣棠	蔷薇科	1~2	中性，喜温暖湿润气候，较耐寒	花金黄，4~5月；枝干绿色；丛植，花篱	华北至华南、西南
	鸡麻	蔷薇科	1~2	中性，喜温暖气候，较耐寒	花白色，4~5月；庭园观赏，丛植	北部至中部、东部
	杏	蔷薇科	5~8	阳性，耐寒，耐干旱，不耐涝	花粉红，3~4月；庭植，片植，果树	东北、华北至长江流域
	梅	蔷薇科	3~6	阳性，喜温暖气候，怕涝，寿命长	花红、粉、白色，芳香，2~3月；庭植，片植	长江流域及其以南地区
	桃	蔷薇科	3~5	阳性，耐干旱，不耐水湿	花粉红色，3~4月；庭植，片植，果树	东北南部、华北至华南
	碧桃	蔷薇科	3~5	阳性，耐干旱，不耐水湿	花粉红色，重瓣，3~4月；庭植，片植，列植	东北南部、华北至华南
	山桃	蔷薇科	4~6	阳性，耐寒，耐干旱，耐碱土	花淡粉、白色，3~4月；庭园观赏，片植	东北、华北、西北
	贴梗海棠	蔷薇科	1~2	阳性，喜温暖气候，较耐寒	花粉、红色，4月，秋果黄色；庭园观赏	华北至长江流域
	海棠果	蔷薇科	4~6	阳性，耐寒性强，耐干旱，耐碱土	花白色，4~5月，秋果红色；庭园观赏，果树	东北、华北、西北
	海棠花	蔷薇科	4~6	阳性，耐寒，耐干旱，忌水湿	花粉红色，单或重瓣，4~5月；庭园观赏	东北南部、华北、华东
	垂丝海棠	蔷薇科	3~5	阳性，喜温暖湿润，耐寒性不强	花鲜玫瑰红色，4~5月；庭园观赏，丛植	华北南部至长江流域

续表

生态型	中 名	科名	高度(m)	习 性	观赏特性及园林用途	适用地区
落叶阔叶小乔木及灌木	白梨	蔷薇科	4~6	阳性，喜干冷气候耐寒	花白色，4月；庭园观赏，果树	东北南部、华北、西北
	沙梨	蔷薇科	5~8	阳性，喜温暖湿润气候	花白色，3~4月；庭园观赏，果树	长江流域至华南、西南
	蜡梅	蜡梅科	1.5~2	阳性，喜湿暖，耐干旱，忌水湿	花黄色，浓香，1~2月；庭园观赏，盆栽	华北南部至长江流域
	紫荆	豆科	2~3	阳性，耐干旱瘠薄，不耐涝	花紫色，3~4月叶前开放；庭园观赏，丛植	华北、西北至华南
	毛刺槐	豆科	2	阳性，耐寒，喜排水良好土壤	花紫粉色，6~7月；庭雷锋观赏，草坪丛植	东北、华北
	紫穗槐	豆科	1~2	阳性，耐水湿，干瘠和轻盐碱土	花暗紫色，5~6月；护坡固堤，林带下木	南北各地
	锦鸡儿	豆科	1~1.5	中性，耐寒，耐干旱瘠薄	花橙黄色，4月；庭园观赏，岩石园，盆景	华北至长江流域
	胡枝子	豆科	1~2	中性，耐寒，耐干旱瘠薄	花紫红色，8月；庭园观赏，护坡，林带下木	东北至黄河流域
	太平花	虎耳草科	1~2	弱阳性，耐寒，怕涝	花白色，5~6月；庭园观赏，丛植，花篱	华北、东北、西北
	山梅花	虎耳草科	2~3	弱阳性，较耐寒，耐旱、忌水湿	花白色，5~6月；庭园观赏，丛植，花篱	华北、东北、西北
	溲疏	虎耳草科	1~2	弱阳性，喜温暖，耐寒性不强	花白色，5~6月；庭园观赏，丛植，花篱	长江流域各地
	郁李	蔷薇科	1~1.5	阳性，耐寒，耐干旱	花粉、白色，4月，果红色；庭园观赏，丛植	东北、华北至华南
	麦李	蔷薇科	1~1.5	阳性，较耐寒，适应性强	花粉、白色，4月，果红色；庭园观赏，丛植	华北至长江流域
	山楂	蔷薇科	3~5	弱阳性，耐寒，耐干旱瘠薄土壤	春白花，秋红果，庭园观赏，园路树，果树	东北南部、华北
	木瓜	蔷薇科	3~5	阳性，喜温暖，不耐低湿和盐碱土	花粉红色，4~5月，秋果黄色；庭园观赏	长江流域至华南
	锦带花	忍冬科	1~2	阳性，耐干旱，怕涝	花玫瑰红色，4~5月；庭园观赏，草坪丛植	东北、华北
	猬实	忍冬科	1~2	阳性，颇耐寒，耐干旱瘠薄	花粉红色，5月，果似刺猬；庭园观赏，花篱	华北、西北、华中
	糯米条	忍冬科	1~2	中性，喜温暖，耐干旱，耐修剪	花白带粉色，芳香，8~9月；庭园观赏，花篱	长江流域至华南
	四照花	山茱萸科	3~5	中性，喜温暖气候，耐寒性不强	花黄白色，5~6月，秋果粉红；庭园观赏	华北南部至长江流域
	红瑞木	山茱萸科	1.5~3	中性，耐湿，也耐干旱	茎枝红色美丽，果白色；庭园观赏，草坪丛植	东北、华北
	海仙花	忍冬科	2~3	弱阳性，喜温暖，颇耐寒	花黄白变红，5~6月；庭园观赏，草坪丛植	华北、华东、华中
	木本绣球	忍冬科	2~3	弱阳性，喜温暖，不耐寒	花白色，成绣球形，5~6月；庭植观花	华北南部至长江流域
	蝴蝶树	忍冬科	2~3	中性，耐干旱	花白色，4~5月，秋果红色；庭园观赏	长江流域至华南、西南
	天目琼花	忍冬科	2~3	中性，较耐寒	花白色，5~6月，秋果红色；庭植观花观果	东北、华北至长江流域
	香荚迷	忍冬科	2~3	中性，耐干旱	花白色，芳香，4月；庭植观花	华北、西北
	金银木	忍冬科	3~4	阳性，耐寒，耐干旱，萌蘖性强	花白、黄色，5~7月，秋果红色；庭园观赏	南北各地
	接骨木	忍冬科	2~4	弱阳性，喜温暖，抗有毒气体	花小，白色，4~5月，秋果红色；庭园观赏	南北各地
	无花果	桑科	1~2	中性，喜温暖气候，不耐寒	庭园观赏，盆栽	长江流域及其以南地区
	结香	瑞香科	3~4	阳性，抗旱、涝、盐碱及沙荒	花黄色，芳香，3~4月叶前开放	长江流域各地
	柽柳	柽柳科	2~3	弱阳性，喜温暖气候，较耐寒	花粉红色，5~8月；庭园观赏，绿篱	华北至华南、西南
	木槿	锦葵科	2~3	阳性，喜温暖气候，不耐寒	花淡紫、白、粉红色，7~9月；丛植，花篱	华北至华南
	木芙蓉	锦葵科	1~2	中性偏阴，喜温暖气候及权性土	花粉红，9~10月；庭园观赏，丛植，列植	长江流域及其以南地区
	杜鹃	杜鹃花科	1~2	中性，喜温湿气候及酸性土	花深红色，4~5月；庭园观赏，盆栽	长江流域及其以南地区
	白花杜鹃	杜鹃花科	0.5~1	中性，喜温暖，不耐寒	花白色，4~5月；庭园观赏，盆栽	长江流域
	金丝桃	藤黄科	2~5	阳性，喜温暖，较耐干旱	花金黄色，6~7月；庭园观赏，草坪丛植	长江流域及其以南地区
	石榴	石榴科	2~3	中性，耐寒，适应性强	花红色，5~6月，果红色；庭园观赏，果树	长江流域及其以南地区
	花椒	芸香科	3~5	阳性，喜温暖，较耐寒	丛植，刺篱	华北、西北至华南
	枸橘	芸香科	3~5	阳性，耐干旱及盐碱土	花白色，4月，果黄绿，香；丛植，刺篱	黄河流域至华南
	文冠果	无患子科	3~5	中性，耐寒	花白色，4~5月；庭园观赏，丛植，列植	东北南部、华北、西北
	黄栌	漆树科	3~5	中性，喜温暖气候，不耐寒	霜叶红艳美丽；庭园观赏，片植，风景林	华北
	秋胡颓子	胡颓子科	3~5	阳性，喜温暖，不耐严寒	秋果橙红色；庭园观赏，绿篱，林带下木	长江流域及其以北地区
	鸡爪槭	槭树科	2~5	中性，喜温暖，不耐寒	叶形秀丽，秋叶红色；盆栽	华北南部至长江流域
	红枫	槭树科	1.5~2	中性，喜温暖，不耐寒	叶常年紫红色；盆栽	华北南部至长江流域
	羽毛枫	槭树科	1.5~2	阳性，喜温暖，不耐寒	树冠开展，片片细裂；盆栽	长江流域
	红羽毛枫	槭树科	1.5~2	阳性，喜温暖，不耐寒	树冠开展，片片细裂，红色；盆栽	长江流域
	醉鱼草	马钱科	2~3	中性，喜温暖，耐修剪	花紫色，6~8月；庭园观赏，草坪丛植	长江流域及其以南地区
	小蜡	木犀科	2~3	中性，喜温暖，较耐寒，耐修剪	花小，白色，5~6月；庭园观赏，绿篱	长江流域及其以南地区
	小叶女贞	木犀科	1~2	中性，喜温暖气候，较耐寒花小，	白色，5~7月；庭园观赏，绿篱	华北至长江流域
	迎春	木犀科	2~3	喜光，不耐涝，较耐寒	花黄色，早春叶前开放；庭园观赏，丛植	华北至长江流域

续表

生态型	中名	科名	高度(m)	习性	观赏特性及园林用途	适用地区
落叶阔叶小乔木及灌木	丁香	木犀科	2～3	弱阳性，耐寒，耐旱，忌低湿	花紫色，香，4～5月；庭园观赏，草坪丛植	东北南部、华北、西北
	暴马丁香	木犀科	5～8	阳性，耐寒，喜湿润土壤	花白色，6月；庭园观赏，庭荫树，园路树	东北、华北、西北
	连翘	木犀科	2～3	阳性，耐寒，耐干旱	花黄色，3～4月叶前开放；庭园观赏，丛植	东北、华北、西北
	金钟花	木犀科	1.5～3	阳性，喜温暖气候，较耐寒	花金黄，3～4月叶前开放；庭园观赏，丛植	华北至长江流域
	雪柳	木犀科	3～5	中性，耐寒，适应性强，耐修剪	花小白色，5～6月；绿篱，丛植，林带下木	东北南部至长江中下游
	紫珠	马鞭草科	1～2	中性，喜温暖气候，较耐寒	果紫色美丽，秋冬；庭园观赏，丛植	华北、华东、中南
	海州常山	马鞭草科	2～4	中性，喜温暖气候，耐干旱、水湿	白花，7～8月，紫萼蓝果，9～10月；庭植	华北至长江流域
	牡丹	毛茛科	1～2	中性，耐寒，要求排水良好土壤	花白、粉、红、紫色，4～5月；庭园观赏	华北、西北、长江流域
	小檗	小檗科	1～2	中性，耐寒，耐修剪	花淡黄，5月，秋果红色；庭园观赏，绿篱	华北、西北、长江流域
	紫叶小檗	小檗科	1～2	中性，耐寒，要求阳光充足	叶常年紫红色，秋果红色；庭园点缀，丛植	华北、西北、长江流域
	紫薇	千屈菜科	2～4	阳性，喜温暖气候，不耐严寒	花紫、红色，7～9月；庭园观赏，园路树	华北至华南、西南
藤本植物	铁线莲	毛茛科	4	中性，喜温暖，不耐寒，半常绿	花白色，夏季；攀缘篱垣，棚架，山石	长江中下游至华南
	木通	木通科	10	中性，喜温暖，不耐寒，落叶	花暗紫色，4月；攀缘篱垣，棚架，山石	长江流域至华南
	三叶木通	木通科	8	阳性，喜温暖，较耐寒，落叶	花暗紫色，5月；攀缘篱垣，棚架，山石	华北至长江流域
	五味子	木兰科	8	中性，耐寒性强，落叶	果红色，8～9月；攀缘篱垣，棚架，山石	东北、华北、华中
	蔷薇	蔷薇科	3～4	阳性，喜温暖，较耐寒，落叶	花白、粉红色，5～6月；攀缘篱垣，棚架等	华北至华南
	十姊妹	蔷薇科	3～4	阳性，喜温暖，较耐寒，落叶	花深红，重瓣，5～6月；攀缘篱垣，棚架等	华北至华南
	木香	蔷薇科	6	阳性，喜温暖，较耐寒，半常绿	花白或淡黄色，芳香，4～5月；攀缘篱架等	华北至长江流域
	紫藤	豆科	15～20	阳性，耐寒，适应性强，落叶	花堇紫色，4月；攀缘棚架，枯树等	南北各地
	多花紫藤	豆科	4～8	阳性，喜温暖气候，落叶	花紫色，4月；攀缘棚架，枯树，盆栽	长江流域及其以南地区
	常春藤	五加科		阴性，喜温暖，不耐寒，常绿	绿叶长青；攀缘墙垣，山石，盆栽	长江流域及其以南地区
	中华常春藤	五加科		阴性，喜温暖，不耐寒，常绿	绿叶长青；攀缘墙垣，山石等	长江流域及其以南地区
	猕猴桃	猕猴桃科		中性，喜温暖，耐寒性不强，落叶	花黄白色，6月；攀缘棚架，篱垣，果树	长江流域及其以南地区
	猕猴梨	猕猴桃科	25～30	中性，耐寒，落叶	花乳白色，6～7月；攀缘棚架，篱垣等	东北、西北、长江流域
	葡萄	葡萄科		阳性，耐干旱，怕涝，落叶	果紫红或黄色，8～9月；攀缘棚架，棚篱等	华北西北、长江流域
	爬山虎	葡萄科	15	耐荫，耐寒，适应性强，落叶	秋叶红、橙色；攀缘墙面，山石，栅篱等	东北南部至华南
	五叶地锦	葡萄科		耐荫，耐寒，喜温湿气候，落叶	秋叶红色；攀缘墙面，山石，栅篱等	东北南部至华北
	劈荔	桑科		耐荫，喜温暖气候，不耐寒，常绿	绿叶长青；攀缘山石，墙垣，树干等	长江流域及其以南地区
	叶子花	紫茉莉科		阳性，喜暖热气候，不耐寒，常绿	花红、紫，6～12月；攀缘山石，园墙，廊柱	华南、西南
	扶芳藤	卫矛科		耐荫，喜温暖气候，不耐寒，常绿	绿叶长青；掩覆墙面，山石，老树干等	长江流域及其以南地区
	胶东卫矛	卫矛科	3～5	耐荫，喜温暖，稍耐寒，半常绿	绿叶红果；攀附花格，墙面，山石，老树干	华北至长江中下游地区
	南蛇藤	卫矛科		中性，耐寒，性强健，落叶	秋叶红、黄色；攀缘棚架，墙垣等	东北、华北至长江流域
	金银花	忍冬科		喜光，也耐荫，耐寒，半常绿	花黄、白色，芳香，5～7月；攀缘小型棚架	华北至华南、西南
	络石	夹竹桃科		喜光，也耐荫，耐寒，半常绿	花白，芳香，5月；攀缘墙垣，山石，盆栽	长江流域各地
	凌霄	紫葳科	9	中性，喜温暖，稍耐寒，落叶	花橘红、红色，7～8月；攀缘墙坦，山石等	华北及其以南各地
	美国凌霄	紫葳科	10	中性，喜温暖，耐寒，落叶	花橘红色，7～8月；攀缘墙垣，山石，棚架	华北及其以南各地
	炮仗花	紫葳科		中性，喜暖热，不耐寒，常绿	花橙红色，夏季；攀缘棚架，墙垣，山石等	华南
竹类植物	孝顺竹	禾本科	2～3	中性，喜温暖湿润气候，不耐寒	秆丛生，枝叶秀丽；庭园观赏	长江以南地区
	凤尾竹	禾本科	1	中性，喜温暖湿润气候，不耐寒	秆丛生，枝叶细密秀丽；庭园观赏，篱植	长江以南地区
	慈竹	禾本科	5～8	阳性，喜温湿气候及肥活疏松土壤	秆丛生，枝叶茂盛；庭园观赏，防风，护堤林	华中、西南
	菲白竹	禾本科	0.5～1	中性，喜温暖湿润气候，不耐寒	叶有白色纵条纹；绿篱，地被，盆栽	长江中下游地区
	毛竹	禾本科	10～20	阳性，喜温暖湿润气候，不耐寒	秆散生，高大；庭园观赏，风景林	长江以南地区
	桂竹	禾本科	10～15	阳性，喜温暖湿润气候，稍耐寒	秆散生；庭园观赏	淮河流域至长江流域
	斑竹	禾本科	10	阳性，喜温暖湿润气候，稍耐寒	竹秆有紫褐色斑；庭园观赏	华北南部至长江流域
	刚竹	禾本科	8～12	阳性，喜温暖湿润气候，稍耐寒	枝叶青翠；庭园观赏	华北南部至长江流域
	罗汉竹	禾本科	5～8	阳性，喜温暖湿润气候，稍耐寒	竹秆下部节间肿胀或环交互歪斜	华北南部至长江流域
	紫竹	禾本科	3～5	阳性，喜温暖湿润气候，稍耐寒	竹秆紫黑色；庭园观赏	华北南部至长江流域
	淡竹	禾本科	7～15	阳性，喜温暖湿润气候，稍耐寒	秆灰绿色；庭园观赏	长江流域及其以南地区
	早园竹	禾本科	5～8	阳性，喜温暖湿润气候，较耐寒	枝叶青翠；庭园观赏	华北至长江流域
	黄槽竹	禾本科	3～5	阳性，喜温暖湿润气候，较耐寒	竹秆节纵槽内共色；庭园观赏	华北

续表

生态型	中名	科名	高度(m)	习性	观赏特性及园林用途	适用地区
一二年生花卉	扫帚草	藜科	1~1.5	阳性，耐干热瘠薄，不耐寒	株丛圆整翠绿；宜自然丛植，花坛中心，绿篱	全国各地
	五色苋	苋科	0.4~0.5	阳性，喜暖畏寒，宜高燥，耐修剪	株丛紧密，叶小，叶色美丽；毛毡花坛材料	全国各地
	三色苋	苋科	4	阳性，喜高燥忌湿热积水	秋天梢叶艳丽，宜丛植，花境背景，基础栽植	全国各地
	鸡冠花	苋科	0.2~0.6	阳性，喜干热，不耐寒，宜肥忌涝	花色多，8~10月；宜花坛，盆栽，干花	全国各地
	凤尾鸡冠	苋科	0.6~1.5	阳性，喜干热，不耐寒，宜肥忌涝	花色多，8~10月；宜花坛，盆栽，干花	全国各地
	千日红	苋科	0.4~0.6	阳性，喜干热，不耐寒	花色多，6~10月；宜花坛，盆栽，干花	全国各地
	紫茉莉	紫茉莉科	0.8~1.2	喜温暖向阳，不耐寒，直根性	花色丰富，芳香，夏至秋；林缘草坪边，庭院	全国各地
	半支莲	马齿苋科	0.2	喜暖畏寒，耐干旱瘠薄	花色多，6~8月；宜花坛镶边，盆栽	全国各地
	须苞石竹	石竹科	0.6	阳性，耐寒喜肥，要求通风好	花色变化丰富，5~10月；花坛，花境，切花	全国各地
	锦团石竹	石竹科	0.2~0.3	阳性，耐寒喜肥，要求通风好	花色变化丰富，5~10月；宜花坛，岩石园	
	飞燕草	毛茛科	0.3~1.2	阳性，喜高燥凉爽，忌涝，直根性	花色多，5~6月，花序长；宜花带，切花	全国各地
	花菱草	罂粟科	0.3~0.6	耐寒，喜冷凉，直根性，阳性	叶秀花繁，多黄色，5~6月，花带，丛植	全国各地
	虞美人	罂粟科	0.3~0.6	阳性，喜干燥，忌湿热，直根性	艳丽多采，6月；宜花坛，花丛，花群	全国各地
	银边翠	大戟科	0.5~0.8	阳性，喜温暖，耐旱，直根性	梢叶白或镶白边；林缘地被或切花	全国各地
	凤仙花	凤仙花科	0.3~0.8	阳性，喜暖畏寒，宜疏松肥活土壤	花色多，6~7月；宜花坛，花篱，盆栽	全国各地
	三色堇	堇菜科	0.3	阳性，稍耐半荫，耐寒，喜凉爽	花色丰富艳丽，4~6月；花坛，花径，镶边	全国各地
	月见草	柳叶菜科	1~1.5	喜光照充足，地势高燥	花黄色，芳香，6~9月；丛植，花坛，地被	全国各地
	待宵草	柳叶菜科	0.5~0.8	喜光照充足，地势高燥	花黄色，芳香，6~9月；丛植，花坛，地被	全国各地
	大花牵牛	旋花科	3	阳性，不耐寒，较耐旱，直根蔓性	花色丰富，6~10月，棚架，篱垣，盆栽	全国各地
	羽叶茑萝	旋花科	6~7	阳性，喜温暖，直根蔓性	花红、粉、白色，夏秋；宜矮篱，棚架，地被	全国各地
	福禄考	花荵科	0.1~0.4	阳性，喜凉爽，耐寒力弱，忌碱涝	花色繁多，5~7月；宜花坛，岩石园，镶边	全国各地
	美女樱	马鞭草科	0.3~0.5	阳性，喜湿润肥沃，稍耐寒	花色丰富，铺覆地面，6~9月；花坛，地被	全国各地
	醉蝶花	白花菜科	0.3~0.4	喜肥沃向阳，耐半阴，宜直播	花粉繁，白色，6~9月；花坛，丛植，切花	全国各地
	羽衣甘蓝	十字花科	0.1~0.3	阳性，耐寒，喜肥沃，宜凉爽	叶色美；宜凉爽季节花坛，盆栽	全国各地
	香雪球	十字花科	0.2~0.8	阳性，喜凉忌热，稍耐寒耐旱	花白或紫色，6~10月；花坛，岩石园	全国各地
	紫罗兰	十字花科	0.7~1	阳性，喜冷凉肥沃，忌燥热	花色丰富，芳香，5月；宜花坛，切花	全国各地
	一串红	唇形科	1	阳性，稍耐半阴，不耐寒，喜肥沃	花红色或白、粉、紫色，7~10月；花坛，盆栽	全国各地
	矮牵牛	茄科	0.2~0.6	阳性，喜温暖干燥，畏寒，忌涝	花大色繁，6~9月；花坛，自然布置，盆栽	全国各地
	金鱼草	玄参科	0.1~1.2	阳性，较耐寒，宜凉爽喜肥沃	花色丰富艳丽，花期长，花坛，切花，镶边	全国各地
	心叶藿香蓟	菊科	0.15~0.25	阳性，适应性强	花蓝色，夏秋；宜花坛，花径，丛植，地被	全国各地
	雏菊	菊科	0.07~0.15	阳性，较耐寒，宜冷凉气候	花白、粉、紫色，4~6月；花坛镶边	全国各地
	金盏菊	菊科	0.3~0.6	阳性，较耐寒，宜凉爽	花黄至橙色，4~6月；春花坛，盆栽	全国各地
	翠菊	菊科	0.2~0.8	阳性，喜肥沃湿润，忌连作和水涝	花色丰富，6~10月；宜各种花卉布置和切花	全国各地
	矢车菊	菊科	0.2~0.8	阳性，好冷凉，忌炎热，直根性	花色多，5~6月；宜花坛，盆栽	全国各地
	蛇目菊	菊科	0.6~0.8	阳性，耐寒，喜冷凉	花黄、红褐或复色，7~10月；宜花坛，地被	全国各地
	波斯菊	菊科	1~2	阳性，耐干燥瘠薄，肥水多易倒伏	花色多，6~10月；宜花群，花篱，地被	全国各地
	万寿菊	菊科	0.2~0.9	阳性，喜温暖，抗早霜，抗逆性强	花黄、橙色，7~9月；宜花坛，篱垣，花丛	全国各地
	孔雀草	菊科	0.15~0.4	阳性，喜温暖，抗早霜，耐移植	花黄色带褐斑，7~9月；花坛，镶边，地被	全国各地
	百日草	菊科	0.2~0.9	阳性，喜肥沃，排水好	花大色艳，6~7月；花坛，丛植，切花	全国各地
宿根花卉	瞿麦	石竹科	0.3~0.4	阳性，耐寒，喜肥沃，排水好	花浅粉紫色，5~6月；花坛，花境，丛植	华北、华中
	皱叶剪夏罗	石竹科	0.6~0.8	阳性，耐寒，喜凉爽湿润	花序半球状，砖红以，6~7月；花境，花坛	华北、华东
	石碱花	石竹类	0.2~1	阳性，不择干湿，地下茎发达	花白、淡红、鲜红色，6~8月；地被	华北
	耧斗菜	毛茛科	0.6~0.9	炎夏宜半荫，耐寒，宜湿润排水好	花色丰富；初夏自然式栽植，花境，花坛	全国各地
	翠雀	毛茛科	0.6~0.9	阳性，喜凉爽通风，排水好	花蓝色，6~9月；自然式栽植，花坛	东北、华北、西北
	芍药	芍药科	1~1.4	阳性，耐寒，喜深厚肥沃砂质土	花色丰富，5月；专类园，花境，群植，切花	全国各地
	荷包牡丹	罂粟科	0.3~0.6	喜侧荫，湿润，耐寒惧热	花粉红事白色，春夏；丛植，花境，疏林地被	全国各地
	费菜	景天科	0.2~0.4	阳性，多浆类，耐寒，忌水湿	花橙黄色，6~7月；花境，岩石园，地被	华北、西北
	八宝	景天科	0.3~0.5	阳性，多浆类，耐寒，忌水湿	花淡红色，7~9月；花境，岩石园，地被	华北、华东

续表

生态型	中 名	科名	高度(m)	习 性	观赏特性及园林用途	适用地区
宿根花卉	蜀葵	锦葵科	2~3	阳性，耐寒，宜肥沃排水良好	花色多，6~8月；宜花坛，花境，花带背景	全国各地
	芙蓉葵	锦葵科	1~2	阳性，喜温暖和湿润，耐寒，排水良好	花色多，6~8月；宜丛植，花境背景	华北、华东
	宿根福禄考	花荵科	0.6~1.2	阳性，宜温和气候，喜排水良好	花色多，7~8月；花坛，花境，切花，盆栽	华东、西北
	随意草	唇形科	0.6~1.2	阳性，耐寒，喜疏公肥沃，排水良好	花白，粉紫色，7~9月；花坛，花境	华北
	桔梗	桔梗科	0.3~1	阳性，喜凉爽湿润，排水良好	花蓝，白色，6~9月；花坛，花境，岩石园	全国各地
	千叶蓍	菊科	0.3~0.6	阳性，耐半荫，耐寒，宜排水好	花白色，6~8月；宜花境，群植，切花	东北、西北、华北
	蓍草	菊科	0.5~1.5	阳性，耐半荫，耐寒，宜排水好	花白色，夏秋；宜花境，群植，切花	东北、华北、华北
	木茼蒿	菊科	0.8~1	阳性，常绿，喜凉惧热，畏寒	花白色，周年开；花坛，花篱，切花，盆栽	全国各地
	荷兰菊	菊科	0.5~1.5	阳性，喜湿润肥沃，通风排水良好	花蓝紫，白色，8~9月；花坛，花境，盆栽	全国各地
	大金鸡菊	菊科	0.3~0.6	阳性，耐寒，不择土壤，逸为野生	花黄色，6~8月；宜花坛，花境，切花	华北、华东
	菊花	菊科	0.6~1.5	阳性，多短日性，喜肥沃湿润	花色繁多，10~11月；花坛，花境，盆栽	全国各地
	大天人菊	菊科	0.7~0.9	阳性，要求排水良好	花黄或瓣基褐色，6~10月；花坛，花境	华北、东北、华东
	牛眼菊	菊科	0.3~0.6	阳性，耐寒，喜肥沃，排水好	花白色，5~9月；宜花坛，花境，丛植	华北、西北、东北
	黑心菊	菊科	0.8~1	阳性，耐干旱，喜肥沃，通风好	花金黄或瓣基暗红色，5~9月；宜花境	东北、华北、华东
	萱草	百合科	0.3~0.8	阳性，耐半荫，耐寒，适应性强	花艳叶秀，6~8月；丛植，花境，疏林地被	我国大部地区
	玉簪	百合科	0.75	喜阴耐寒，宜湿润，排水好	花白色，芳香，6~8月；林下地被	全国各地
	火炬花	百合科	0.6~1.2	耐半荫，耐寒，宜排水好	花黄，晕红色，夏花；宜花坛，花境，切花	华北、华东
	阔叶麦冬	百合科	0.3	喜阴湿温暖，常绿性	株丛低矮；宜地被，花坛，花境边缘，盆栽	我国中部及南部
	沿阶草	百合科	0.3	喜阴湿温暖，常绿性	株丛低矮；宜地被，花坛，花境边缘，盆栽	我国中部及南部
	德国鸢尾	鸢尾科	0.6~0.9	阳性，耐寒，喜湿润而排水好	花色丰富，5~6月；花坛，花境，切花	全国各地
	鸢尾	鸢尾科	0.3~0.6	阳性，耐寒，喜湿润而排水好	花蓝紫色，3~5月；花坛，花境，丛植	全国各地
球根花卉	花毛茛	毛茛科	0.2~0.4	阳性，喜凉忌热，宜肥沃而排水好	花色丰富，5~6月；宜丛植，切花	华东、华中、西南
	大丽花	菊科	0.3~1.2	阳性，胃寒惧热，宜高燥凉爽	花型、花色丰富，夏秋；宜花坛，花境，切花	全国各地
	卷丹	百合科	0.5~1.5	阳性，稍耐荫，宜湿润肥沃，忌连作	花橙色，7~8月；丛植，花坛，切花	全国各地
	葡萄风信子	百合科	0.1~0.3	耐半荫，喜肥沃湿润，凉爽，排水	株矮，花蓝色，春花；疏林地被，丛植，切花	华北、华东
	郁金香	百合科	0.2~0.4	阳性，宜凉爽湿润，疏松，肥沃	花大，艳丽多采，春花；宜花境，花坛，切花	全国各地
	鹿葱	石蒜科	0.6以上	阳性，喜凉爽湿润，疏松，排水好	花粉红色，8月；林下地被，丛植，切花	华东、华北、华中
	嗽叭水仙	石蒜科	0.25~0.4	阳性，喜温暖湿润，肥沃而排水好	花大、白，黄色，4月；花坛，花境，群植	华东、华中、华北
	晚香玉	石蒜科	1~1.2	阳性，喜温暖湿润，肥沃，忌积水	花白色，芳香，7~9月；切花，夜花园	全国各地
	葱兰	石蒜科	0.15~0.2	阳性，耐半荫，宜肥沃排水良好	花白色，夏秋；花坛镶边，疏林地被，花径	全国各地
	唐菖蒲	鸢尾科	1~1.4	阳性，喜通风好，忌闷热寒冷	花色丰富，夏秋；宜切花，花坛，盆栽	全国各地
	西班牙鸢尾	鸢尾科	0.45~0.6	阳性，稍耐荫，喜凉忌热，不耐涝	花色丰富，春花；花坛，花境，丛植，切花	华东、华北
	美人蕉	美人蕉科	0.8~0.2	阳性，喜温暖湿润，肥沃而排水好	花色丰富，夏秋；花坛，列植，花坛中心	全国各地
水生花卉	荷花	睡莲科	1.8~2.5	阳性，耐寒，喜湿暖而多有机质处	花色多，6~9月；宜美化水面，盆栽或切花	全国各地
	萍蓬草	睡莲科	约0.15	阳性，喜生浅水中	花黄色，春夏；宜美化水面和盆栽	东北、华东、华南
	白睡莲	睡莲科	浮水面	阳性，喜温暖通风之静水，宜肥土	花白或黄，粉色，6~8月；美化水面	全国各地
	睡莲	睡莲科	浮水面	阳性，宜温暖通风之静水，喜肥土	花白色，6~8月；水面点缀，盆栽或切花	全国各地
	千屈菜	千屈菜科	0.8~1.2	阳性，耐寒，通风好，浅水或地植	花玫红色，7~9月；药境，浅滩，沼泽地被	全国各地
	水葱	莎草科	1~2	阳性，夏宜半阴，喜湿润凉爽通风	株丛挺立；美化水面，岸边，亦可盆栽	全国各地
	凤眼莲	雨久花科	0.2~0.3	阳性，宜温暖而富有机质的静水	花叶均美，7~9月；美化水面，盆栽，切花	全国各地
草坪植物	二月蓝	十字花科	0.1~0.5	宜半荫，耐寒，喜湿润	花淡蓝紫色，春夏；疏林地被，林缘绿化	东北南部至华东
	白车轴草	豆科	0.3~0.6	耐半荫，耐寒、旱，酸土，喜温暖	花白色，6月；宜地被	东北、华北至西南
	连钱草	唇形科	0.1~0.2	喜阴湿，阳处亦可，耐寒忌涝	花淡蓝至紫色，3~4月；疏林或泥叶地被	全国各地
	葡萄剪股颖	禾本科	0.3~0.6	稍耐荫，湿润肥沃，忌盐碱	绿色期长；宜为潮湿地区或疏林下草坪	华北、华东、华中
	地毯草	禾本科	0.15~0.5	阳性，要求温暖湿润，侵占力强	宽叶低矮；宜庭园，运动场，固土护坡草坪	华南
	野牛草	禾本科	0.05~0.25	阳性，耐寒，耐瘠薄干旱，不耐湿	叶细，色灰绿；为我国北方应用最多的草坪	我国北方广大地区
	狗牙根	禾本科	0.1~0.4	阳性，喜湿耐热，不耐荫，蔓延快	叶绿低矮；宜游憩，运动场草坪	华东以南温暖地区
	草地早熟禾	禾本科	0.5~0.8	喜光亦耐阴，宜温湿，忌干热，耐寒	绿色期长；宜为潮湿地区草坪	华北、华中
	结缕草	禾本科	0.15	阳性，耐热，寒，旱，践踏	叶宽硬；宜游憩，运动场，高尔夫球场草坪	东北、华北、华南
	细叶结缕草	禾本科	0.1~0.15	阳性，耐湿，不耐寒，耐践踏	叶极细，低矮；宜观赏，游憩，固土护坡草坪	长江流域及其以南地区

9.4.6 规划实例

刘家场镇刘家河公园、北街广场详细规划

刘家河公园、北街广场规划方案

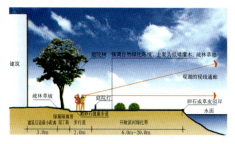

滨河绿化断面示意

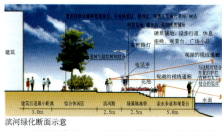

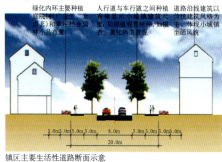

镇区主要生活性道路断面示意

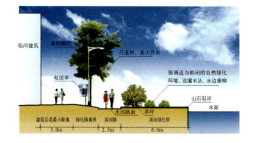

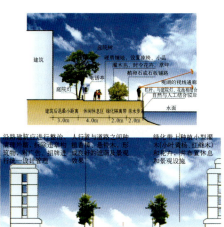

图 9.4.6-1　刘家河公园、北街广场详细规划图

9.5 小城镇工业区规划

9.5.1 小城镇工业区类型

9.5.1.1 根据生产特点和生产协作关系划分

(1)综合型

最常见的工业园区类型。这种类型工业园区除有严重污染的项目外，一般企业项目都予以接受。

(2)专业型

一般是在城镇原有工业基础上发展起来的，它是把生产相同或相近的工业企业集中到一个工业园区(如以生产联合集聚而成的工业区，图9.5.1-1)，也有的是由一个核心企业发展起来的，其规模一般比较大，在其周围布局配套工业，形成产业链(如围绕一个大型企业集聚而成的复合工业区，图9.5.1-2)。专业型工业区按照工业性质又可划分为冶金工业区、纺织工业区、机械工业区、建材工业区、电子工业区等等。这种工业园区一般占20%左右。

(3)农业产业化型

这种类型在小城镇工业园区建设中处于从属地位，主要是为发展当地的农业产业而形成的企业群。以农产品加工企业为主(即农业产业化的龙头企业)，以农产品加工链为脉络，向原材料、产品市场延伸，形成产前、产中、产后的产业关联群，使工业区内的行为主体(龙头企业)扩散到生产、加工、销售、科技、文教等多个领域，从而形成行为主体组织多样化、生产与经营一体化。农业产业化型工业园的用地规模一般不是很大，而且它与地方的农业发展水平密切相关。这种工业园区占10%左右。

(4)生态型

随着国内外对新兴工业组织模式的研究和实践，生态产业打破传统产业发展模式，建立类似于自然生态系统高效利用资源的产业共生体系(图9.5.1-3)。利用工业生态学的理论和思想来规划和运行的生态型工业园区，可以说是小城镇可持续发展的一种理想模式。

9.5.1.2 按照建设历程划分

小城镇工业区部分是由镇域内分散布局的乡镇工业集中而不断发展演化的，也有部分是小城镇政府根据经济社会发展需要，新建的、成片开发的工业用地(如图9.5.1-4)。

(1)演化

小城镇工业区是由城镇内部原有的零星工业用地逐步演化而成，用地布局形态呈点状布局(如布置在镇区内的工业小区)、线状布局(如沿主要道路、河流等布置的工业用地)或楔形布局(如从城镇中心向外扩展的工业区)。一般而言，逐步演化而来的工业区规模偏小。

(2)新建

地方政府根据经济社会发展需要，在小城镇用地规划中单独划定一定区域集中新建工业区。这种新建的

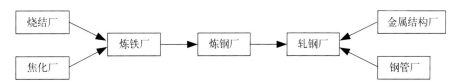

围绕炼钢厂集聚而成的工业区

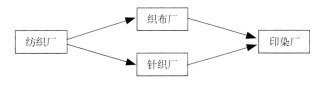

围绕纺织厂集聚而成的工业区

图9.5.1-1 以生产联合集聚而成的工业区

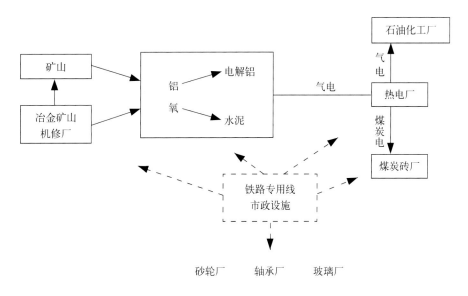

图9.5.1-2 围绕一个大型企业集聚而成的复合工业区

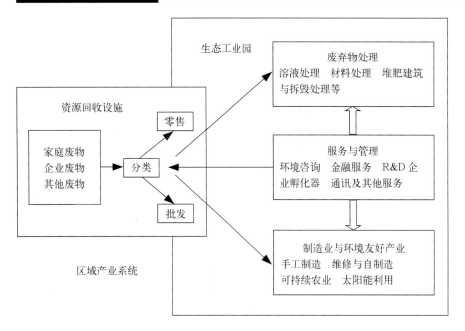

图9.5.1-3 生态工业园的结构框图

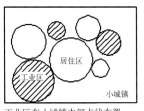
工业区在小城镇内部点状布置

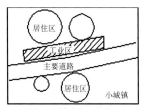
工业区在小城镇内部线状布置

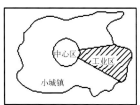
工业区从中心向外扩展的楔形布置

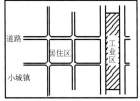
沿居住区带状布置的工业区

布置在小城镇边缘沿路线状工业区

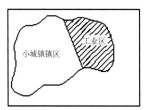
集中布置的近端工业区

图9.5.1-4 小城镇工业区布置类型

工业区，根据其在小城镇中的位置，又分为三种类型：

① 沿居住区发展的带形工业区；
② 城镇边缘沿对外交通线状发展的工业区；
③ 靠近城镇边缘区集中布局的尽端工业区。

新建的工业区起点较高，尤其是一些城市高新技术产业园的配套区也相继出现在小城镇工业园内。

9.5.1.3 按照建设模式划分

(1)标准厂房型

对一些生产工艺流程要求相对简单的小型工业，通过标准厂房建设，为投资者提供完备的工作、生产环境，筑巢引凤，以期获得外来资金的注入，带动小城镇的发展。

(2)土地批租型

一些规模较大的小城镇工业区，由于建设项目的不确定性，以控制性规划为依据，进行土地的地块批租，由投资者根据项目的工艺生产要求自行建设厂房和厂区，先引凤，后筑巢。如苏州相城潘阳工业园规划就是以土地批租型为主，按照技术要求，严格控制地块大小、容积率、绿化率、主要出入口方位、建筑密度、高度等等。

9.5.2 小城镇工业区规划理念

(1)生态化规划理念

应着眼于人类和生态系统的长远利益，坚持生态化理念，规划设计生态型工业区，创立全新的产业模式——产业生态系统，促使产业生态化。

(2)弹性规划理念

小城镇工业区建设具有很大的不确定性，要统一规划，分期分批成片开发、滚动发展，投资小、见效快。

(3)以人为本的规划理念

现代工业园是集工业生产、科技开发、综合服务为一体的人性化空间。在空间的创造中，应注重"硬"质空间和"软"质空间的结合，以人为本，力求体现人与自然的和谐性和互动性。

(4)整体协调规划理念

小城镇工业区作为小城镇主要生产功能区，是小城镇经济发展的主体和核心，在规划中，应注重工业区与小城镇的整体协调。

(5)内部功能分区理念

规划实施过程应根据企业的属性、类型、相互关系等将工业区分为若干片区,把不同类型、属性的工业相对集中布置在不同地块,形成合理的内部功能分区。

9.5.3 小城镇工业区规划方法

9.5.3.1 现状基础资料调查与分析

小城镇工业区规划基础资料收集,大致包括自然、社会经济和基础设施建设等方面。

依据现状调查资料内容,深入分析小城镇工业区的用地建设条件和技术经济条件,包括区域条件、技术经济条件、交通运输条件、各类市政基础设施的状况,了解社会经济构成现状特征,从中找出影响工业区功能组织、产业布局等的决定因素。

9.5.3.2 小城镇工业区规划内容

对不同类型的小城镇工业区,采取不同的规划手段,具有不同的规划重点。

(1)对于规模较小、项目明确的工业区,采取修建性详细规划的方法,根据项目的性质、规模、工艺流程要求等进行工业区总平面规划。

(2)对于成片开发的工业区,由于建设项目具有很大的不确定性,所以,采取控制性详细规划为主的方法,对工业区进行总体控制规划和地块控制规划。

9.5.3.3 小城镇工业区总体规划

(1)总体布局

工业区总体布局与小城镇现状、自然条件、工业厂房的基本要求等有密切关系。在规划中应立足现状,注重工业区与小城镇的整体协调。在工业布局上力求体现不同规模的工业企业入驻园区的灵活性和适应性;形象上力求体现建设环境的超前性和创新

性;生态上力求体现人与自然的和谐性和互动性。

如句容开发区工业园规划,从功能、形象、生态入手,提出了以"一核,两脉,三轴,四区"为框架的设计理念,营造一个整体与个性兼顾、生态与人情皆具的可持续发展的现代化工业园区(图9.5.3-1)。其中:一

小城镇工业区现状基础资料 表9.5.3-1

类 别	项 目	内 容
自然资料	自然地理	地形地貌、水文地质、工程地质、气象、地震资料等;
	土地利用	包括建设用地、农田、水利、荒地、滩地等;
	水资源	包括河流、湖泊、水体水位、通航能力等;
	环境污染	包括污染源、污染物排放量、污染程度等;
社会经济资料	经济发展	经济结构、产业门类、产品、产值就业情况;
	社会概况	村镇分布、面积、人口等情况;
	公共设施系统	文教体卫等情况;
	风景人文资源	文物古迹、风景旅游情况;
基础设施资料	交通设施	包括现状道路分布等级、长度、宽度、交通流量以及河湖通航能力等情况;
	电力通讯	电力电信、邮电通讯情况;
	供排水系统	供排水设施、污水处理情况等

图9.5.3-1 句容工业园规划示意

核——中央公共服务核心区；两脉——城市北二环路和园区的主要道路；三轴——一条绿色生态轴、两条绿色景观轴；四区——中心公共服务区、小型工业区、大中型工业区、高科技工业区。

(2)功能组织

工业区的功能组织应与小城镇总体规划相协调，与工业区分期建设相适应，成片推进，形成规模。规划实施过程应将不同类型、属性的工业相对集中布置在不同的地块。如，轻工企业集聚一起，可形成"轻工工业小区"，类似的可形成"电子工业小区"、"纺织工业小区"等等。

(3)交通组织

作为小城镇建设的一个有机组成部分，工业区道路系统规划应与小城镇总体规划相衔接，以保证小城镇道路系统的统一、协调、顺畅。工业区内道路以方格网为宜，间距一般200~300m，以适应工业地块的组织。

(4)景观组织

工业区总体布局应从环境景观入手，以整体设计思想为指导，形成优良的环境景观。地块内工业厂房应形式多样，分隔自由灵活，可操作性强，便于各种规模企业的入驻。要根据地形及工程实际需要，灵活布置厂区，丰富空间及沿路景观。

如镇江新区大港工业园的景观设计，充分利用地势起伏、河流等自然地形因素，综合考虑工业厂房的要求，创造出别具匠心的优美景观(图9.5.3-4)。

(5)绿化系统

一般而言，工业区内绿化系统可以划分为三个层次：规定性绿化区域；建议性绿化区域；弹性绿化区域。

(6)基础设施网络

工业区内应建立完善的水、电、交通等基础设施，提供迅速有效的信息网络，这是小城镇工业区发展的关键。

①给排水规划

工业生产用水的水质标准与生活用水水质标准不完全相同；用水量大的企业宜自筹水源；对水质有特殊要求的企业宜自建供水系统。工业区给水管网一般沿工业区道路环状与枝状结合布置，红线40m以上的道路可根据需要两边同时敷设。

工业区排水系统应采用雨污分流体制。雨水分区、就近向地表水体排

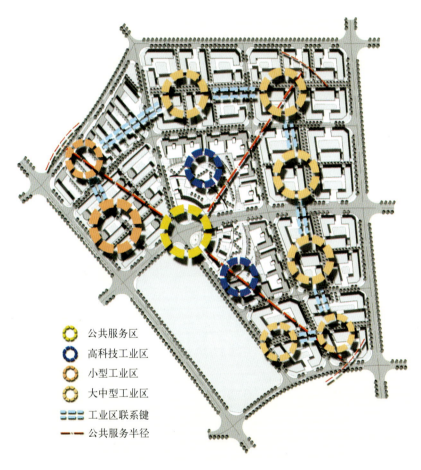

图9.5.3-2 句容工业园用地布局分析

句容工业区规划以宁杭公路、北二环路、华阳北路等城市主要道路构成工业园的基本骨架。小型工业用地主要布置在沿宁杭公路一侧；大中型工业用地布置在沿华阳公路一侧；而在整个规划区的中部，则布置高科技工业用地和公共设施用地，在园区内部形成了小型工业区、小中型工业区、高科技工业园和公共服务区"四区"的格局。

主要道路控制指标　　　　表9.5.3-2

道路等级		红线宽度	道路断面形式	建筑退后道路红线距离	备注
城镇道路	主要道路	40m	三块板	10m	工业区主要道路骨架
	次要道路	30m	两块板	8m	
工业区内部道路	主要道路	24m	一块板	5m	
	次要道路	16m	一块板	3m	

放；生活污水和经工厂预处理达标后的工业废水由污水管网收集至污水处理厂，集中处理达标后排放。排水管线沿道路一侧敷设。

②电力电信规划

工业区一般应形成双电源供电，以确保工业区的用电安全及某些工业的特殊要求。

电信规划包括电话线网络、有线电视网络、宽带网络以及自动报警网络，充分满足工业发展对信息传输的要求。

9.5.3.4 地块控制规划

(1)地块划分

地块划分应综合考虑产业开发类型、企业规模、自然边界条件等因

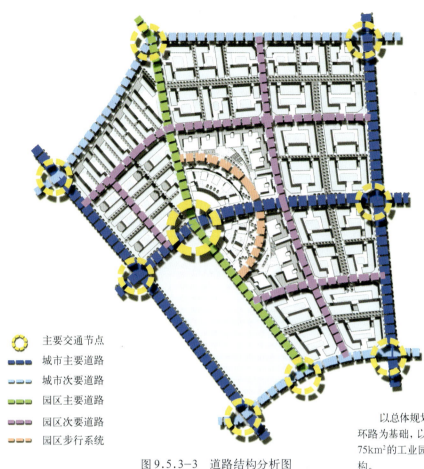

图 9.5.3-3 道路结构分析图

以总体规划中的宁杭公路华阳北路和北二环路为基础，以200～300m为路网间隔，在0.75km²的工业园内形成方格网式的道路规划结构。

图 9.5.3-4 镇江新区大港工业园中心区景观设计示意

9 小城镇详细规划（建设规划）

图例：
- ✳ 建筑景观节点
- ○ 绿化景观节点
- ▬ 建筑景观带
- ➤ 景观渗透
- ▬ 绿化景观轴
- ▬ 绿化生态轴

图9.5.3-5　句容工业园绿化景观分析

句容工业区规划结合总体布局，围绕核心区形成一条U字形、24m宽的生态绿廊，在公共服务区内形成两条绿色景观走廊；利用绿廊连接各个厂区，带状绿化连接点状绿化，形成片状绿化，使工业园绿化系统与周边城市区块协调。

素，地块面积以道路红线和地块分界线进行计算，反映实际可开发的用地大小。

(2)地块性质

根据《城市用地分类与规划建设用地标准》(GBJ137—90)，一般将小城镇工业区内的用地划分到中类。

(3)地块控制指标(表9.5.3-3)

9.5.3.5　修建性详细规划意向

以项目明确的特定区域为对象，根据工艺、交通、景观、环境等要求，进行工业区总平面布局和单体意向设计，以三维的空间利用和形象设计为主。

9.5.4　小城镇工业区规划成果

9.5.4.1　控制性详细规划

控制性详细规划的规划成果以规划文本和规划图则为主，规划说明书为辅。规划文本和图则包括总体控制规划和地块控制规划两部分，以总体布局和技术指标规定为主，是规划管理和建筑设计的主要技术依据。规划说明书介绍规划制定的背景与依据，供规划执行时参考。

9.5.4.2　修建性详细规划

修建性详细规划的规划成果是规划图纸和说明书，规划图纸反映规划内容，说明书介绍规划背景、规划思路以及相关技术经济指标。

地块控制指标　　　　　　　　　　　表9.5.3-3

指　标	内　　　容
主要出入口方位	地块主要出入口的设置方位，一般离交叉口距离应保持30m以上
建筑后退道路红线	为保证道路公共空间和道路日照，规定建筑物最突出部分与道路红线间的距离
建筑后退地块边界线	为保证相邻地块的建筑间距，均衡各地块开发利益，规定建筑物最突出部分与地块边界线的距离
绿地率	地块内绿地面积与地块面积之比，以百分比计，为下限控制指标
容积率	地块内总建筑面积与地块面积之比。根据各地块不同的用地性质、开发顺序和开发规模，容积率控制指标会有一定差异
建筑密度	地块内建筑基底占地面积之和与地块面积之比，以百分比计
建筑高度	按照综合开发和空间环境的要求，规定地块上建筑的最高高度。既可以以建筑层数进行控制，也可以以建筑的绝对高度作为控制指标
敞地率	地块内集中铺地面积与地块面积之比，以百分比计，目的是保证基本的室外作业面积和停车面积

9.5.5 规划流程

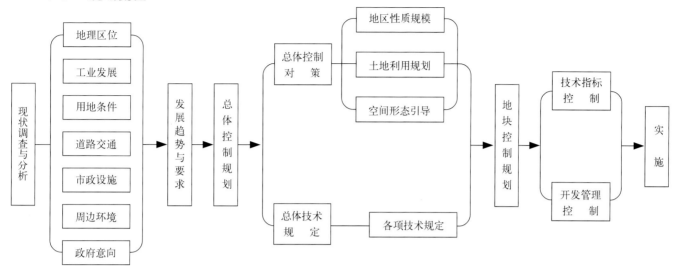

图 9.5.5 规划流程图

9.6 小城镇历史地段规划

9.6.1 历史地段规划概述

9.6.1.1 历史地段规划目标

小城镇历史地段详细规划的目标主要体现在对历史地段的保护，具体有以下方面：首先是保护历史的延续性，第二是完善历史地段的整体形象，第三是加强历史地段环境的可识别性，第四是突出历史地段环境的归属感，第五是提供多类型的环境与设施。

9.6.1.2 历史地段规划依据

历史地段规划的主要依据：

(1)国家和地方相关的法律、法规和条例；

(2)城镇总体规划对历史地段提出的规划要求；

(3)历史文化城镇保护规划。

9.6.1.3 历史地段规划原则

(1)继承和发展传统的城镇空间格局，保留历史形成的道路、水系、特定地段内的空间尺度和社会结构等。

(2)保护小城镇的环境特色。

(3)加强整体化的城镇空间环境设计，重点保护石桥、木塔、骑楼、条楼、酒肆等反映地方特色的传统建筑环境标志，以及宜人的空间尺度和古朴的建筑风格。精心设计小城镇的道路、河网、桥梁、绿化及环境小品，提高村镇空间环境的整体性和艺术性。

(4)注重对传统建筑形式与现代生活方式相协调的居住建筑设计的研究，根据现代生活方式的要求，从传统的空间院落中汲取经验，研究适合于现代生活的住宅。

(5)鼓励使用地方建筑材料，加强对建筑高度、建筑体量、建筑色彩的控制，延续小城镇生活环境的风格。

9.6.1.4 历史地段规划分类

依据历史地段所处位置特点，历史地段规划可分为如下若干类型：

(1)街道(河道)型历史地段详细规划

(2)街坊型历史地段详细规划

(3)节点型历史地段详细规划

9.6.1.5 历史地段规划要素

历史地段规划的要素主要有：街道、河道、街坊、节点、风貌带、建筑(构筑)物、天际线。

9.6.2 历史地段规划方法

9.6.2.1 调查内容

现状调查内容应从下列方面着手进行：

(1)历史传统；(2)布局结构；(3)古迹遗址；(4)建筑风貌；(5)建筑质量及层数；(6)居住人口及构成；(7)土地使用状况；(8)道路交通；(9)基础设施；(10)居民意愿。

9.6.2.2 现状分析

(1)现状调查资料分析——对现状资料进行归类分析，并且通过定性、定量、类比等分析方法，找出它特有的要素，从而对小城镇历史地段有一个全面的认识。

(2)历史地段特征分析——依据小城镇历史地段的具体情况，分析其特征，评析其价值，挖掘其文化，明确其属于何种类型的历史地段。

①街道(河道)型历史地段的特征分析：

街道功能分析：街道是小城镇历

史地段物质形态要素中最主要的要素之一。在历史地段中，街道是组织景观的重要手段，并且一般街道都具有相应的商业服务功能。

空间尺度分析：历史地段的街道与两旁建筑之间的空间限定度较弱，内外互相渗透，建筑与街道保持着良好的比例关系，这是历史地段街道空间给人以亲切、热闹感觉的主要原因。比例关系之一是街道宽度与临街建筑高度之比多为0.5左右，一般不超过1；之二是传统的临街铺面面阔与街道宽度之比大多在1左右，这使得街道上不同的店铺显得很多，街道气氛热闹非凡，围合感强，尺度紧凑、亲切、宜人。

社会生活分析：街道空间具有组织社会生活多样性的特点，与室内活动相互交织，成为私生活的延伸区域，是特定的公共活动场所，反映了传统文化生活的方式。

另外还包括用地分析、景观分析、交通分析等。

② 街坊型历史地段的特征分析：

街坊也是历史地段的主要物质形态要素，街坊是与街道相邻的，在历史地段的形态构成上，其布局一般与街道(河道)在结构上有紧密关系。

历史地段中的街坊在空间品质上表现的特点，因构成内容不同而有差异。如上宅下店式及前街后河式街坊，在功能上店、宅有机结合，形式上则与周边的街河结合，兼有交通、生活、生产及购物活动的职能，空间品质上又表现出半公共空间(底层店铺、作坊)与私密空间(上层住宅)在竖向上的有机分离，使上层住宅的空间限定度得以加强，保证了住宅空间的私密性。纯居住街坊的职能则为单一的居住生活，生活方式基本上是封闭、内向型的，空间品质也相应地表现为高限定度、高领域性。

9.6.2.3 规划阶段

历史地段详细规划分为控制性详细规划和修建性详细规划二个阶段。

(1) 控制性详细规划

① 依据小城镇总体规划，对历史地段详细规划提出总体控制要求，着重对用地功能、布局结构、道路框架等作适当调整，并考虑基础设施需求和相关设施的布置；

② 进行地块划分；

③ 确定需要控制的指标体系；

④ 依据规划地块划分，计算相关的现状指标；

⑤ 测算相关的规划指标；

⑥ 落实基础设施项目的具体配置；

⑦ 提出每个地块的城市设计导则。

(2) 修建性详细规划

历史地段修建性详细规划以具象的实体布置为主，重在总平面设计和三维形象创造，具体要点是：要把保护、传承、更新结合起来，保护那些具有文化、艺术、经济价值的文物建筑。传承不是照搬、复制、模拟、仿造，而是要注意追寻那些本质的东西，即传统城镇发展过程中的固定要素，使历史地段既反映传统韵味又体现时代风采。更新不是单纯的改建、重建，而是要以现代社会经济发展为前题，通过更新改造，给小城镇的历史地段注入新的活力。

9.6.3 历史地段规划实例

9.6.3.1 街道(河道)型历史地段规划

南浔古镇百间楼地段保护规划

南浔建镇初时，镇市业已繁盛，建筑的主要特色是傍水筑宇，沿河成街。史家曾有"小镇千家抱水园"、"南浔贾客舟中市"的记述。百间楼位于南浔古镇东北部，沿老运河东、西两岸建造。相传是明代礼部尚书董份(1510～1595年)为他家的奴婢仆从居家而建的，初建时约100间左右，故称"百间楼"，这个名字一直沿用至今，百间楼是南浔古镇迄今为止保存得最为完整、并留有传统风貌的沿河民居群落。

① 规划目标

恢复历史风貌，整治修缮历史建筑，改善古镇公共空间环境，为古镇风貌延续、街区更新、旅游发展和申报世界文化遗产创造条件。

② 规划范围及内容

百间楼环境整治规划范围：从栅桩桥至治国桥段百间楼沿河两岸建筑及河岸地带，占地面积3.3hm^2。

规划内容：一期重点为百间楼河沿岸环境、道路、绿化、景观的规划设计及沿河民居的立面修缮、整治、改造；二期重点为栅桩桥至莲家桥周边环境及治国桥周边环境的整治改造，规划百间楼历史街区主要出入口和集散广场，以及周边较大范围内不协调建筑的屋顶、立面改建或拆除置换等，完善百间楼古民居群的整体形象。

③ 风貌特色

百间楼全长500余米，门面约150间，沿河是条长街，临街房屋大多前店后宅，即沿街面的首进房常用作开店铺，后进是住宅。屋门临街多搭有廊房，沿河立有廊柱，跨街搭盖屋顶，铺有小青瓦，遮雨遮阳，既方便行人，又可供店铺作业、顾客购货。更有跨街建屋成骑楼式者，或有侧山墙落地上开券门者，有的大户人家住宅达三至四进。一般只有一个天井的两进屋，大部分房屋都有楼层。整条街房舍连排，侧墙相接，顺河岸婉蜒曲折，房舍间山墙高耸，有做成云头，有成观音兜式，也有的成二叠马头墙式，高低错落、白墙黑瓦，饶有风情，透着水乡民居的灵气。

此段河道本是运河，通湖州和乌镇、苏州、南海的物资从这条河进出。元末筑城墙，成为城壕的一段，沿河大多为货栈、店铺，沿岸筑成整齐的条石驳岸，驳岸上河埠林立，以便船只停靠、装卸货物。

④现状问题

百间楼的一大特色为跨街建屋形成的檐廊式建筑形式，沿河建筑大多只有二三进深，高度不超过两层。而周围新建的厂房、烟囱、水塔等建筑物高踞民居之上，破坏了传统筑群落整体的空间尺度，且与传统建筑风格格格不入，一定程度上破坏了古镇景观的完整性。同时，随着居民生活水平的提高，部分居民将旧居改建翻修，外墙使用了面砖、瓷砖、铝合金门窗等建筑材料，对街区的传统景观有很大影响。

除此之外，由于历史原因和城镇建设的发展，部分历史景观、景点被拆除或搬迁，已不复存在。湖州味精厂等生产性单位与百间楼古民居群格格不入，卫生院破坏了原本延续的沿河成街的空间格局。

⑤规划思路及措施

对形成视觉障碍的厂房、烟囱、水塔等建筑物进行拆除或改造后赋予其全新的功能。部分沿河建筑立面采用的外墙砖、铝合金门窗、不锈钢栏杆、窗栅等应视情况予以拆除或改造。

沿河两侧道路狭窄，为改善生活居住环境和适应旅游发展的需要，规划将其改为完全步行街，禁止机动车辆通行。路面原为石板路，现已多处改为水泥路面，应予以恢复，非硬化地面均应种植绿化。对因历史原因拆除或损坏的部分景观，如原洗粉兜部分河道、桥梁、彭张花园、七星井等景观，应视情况尽可能恢复。

百间楼河道自然弯曲段的凸出部分在视觉空间上处于承前启后的转折部位。原建筑为二层钢筋混凝土平屋面外廊式住宅，建筑风格与周围环境很不协调。改造方案充分利用现有条件，在不破坏原房屋结构的情况下对其进行改造，使其与周围建筑协调一致，完成视觉空间的连续过渡。

镇卫生院门诊大楼为砖混结构建筑，立面与古民居群不协调。规划关

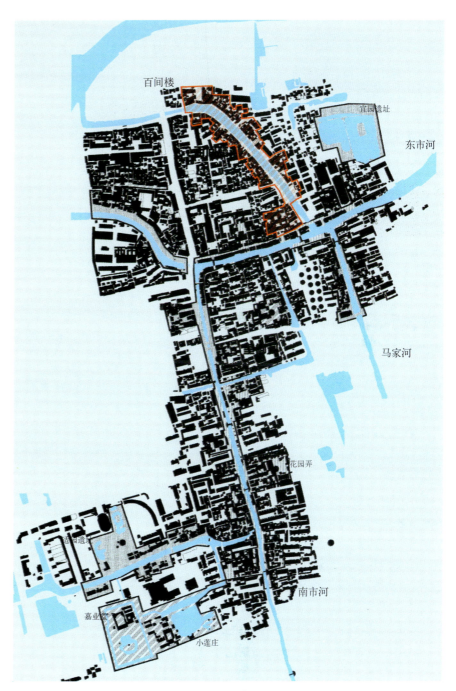

图 9.6.3-1　百间楼区位图

图 9.6.3-2　百间楼河道景观现状

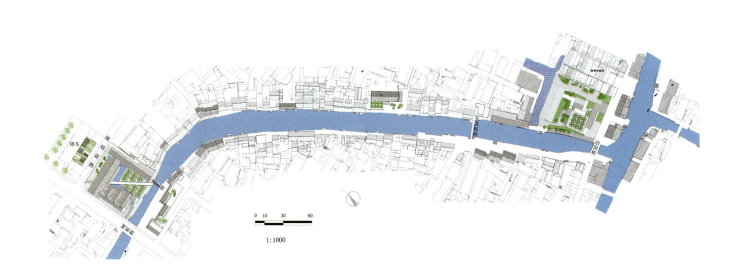

图 9.6.3-3　百间楼整治图

闭原沿河立面大门，结合规划道路另开门供救护车进出，以缓解道路交通矛盾。规划利用绿化对不良景观予以遮挡，并对卫生院沿河立面围墙进行改造，使之与周围环境协调一致。

朱家板桥一处民居有着曲线优美的风火墙，是百间楼最为出色的建筑之一。位于原百间楼河与其支流洗粉兜河的交会点处，后洗粉兜河道因故填没，其上原朱家板桥亦拆除。规划利用旧洗粉兜河道，结合恢复的部分河道，形成从水路进入张静江故居的入口。

9.6.3.2 街坊型历史地段规划

实例：同里鱼行街北片更新规划

同里是江苏省历史文化名镇，在其发展和现代化过程中，面临着保护历史文化遗产和保护古镇风貌的问题。但是，古镇中的传统民居年久失修，多已破败，其住行空间无法满足居民现代化的生活要求，加之多年来许多不合理的建设，严重损害了珍贵的历史文化遗产和景观资源，对同里古镇原有的城市结构形态造成破坏。同里鱼行街北片是同里民居现有居住形态的典例之一，通过对该片区的规划设计，试图探寻出对古镇中破坏严重、质量等级差或对古镇结构完整性影响较大的建筑和建筑群进行更新改造的有效途径。

① 环境特征及评价

同里鱼行街北片位于鱼行北街北尽端，市河的转角处，占地约0.23hm²。基地内现有两幢新的普通双坡顶住宅，一幢局部保存较好的两层传统民居和若干质量等级差的一层民房。片区中两层老宅，已部分损毁，原有格局无从考证，由于缺少统一规划和有效管理，历经多次改造、翻建、搭建，造成诸多居住空间使用和分配的不合理，片区中的新住宅为1980年代所建，完全未

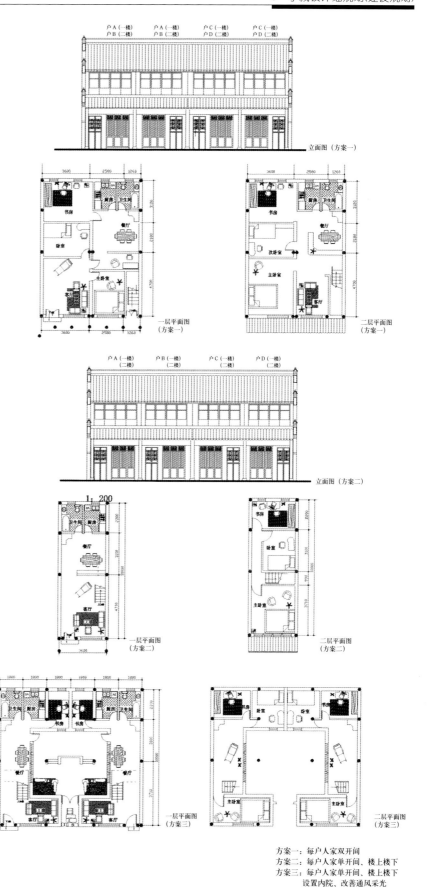

方案一：每户人家双开间
方案二：每户人家单开间、楼上楼下
方案三：每户人家单开间、楼上楼下设置内院、改善通风采光

图 9.6.3-4 历史地段典型建筑平面改造

考虑所处环境，体量过大，形式单一而无任何特色，破坏了该组群内部的空间结构。

②规划思路及手段

首先通过对古镇的肌理和街巷空间脉络进行分析研究。在此基础上，寻找出一种符合其文脉特性和景观环境的结构形态，对片区规划时加以整体控制，使之依循并尊重同里古镇原有的城市格局，针对片区内现有居住建筑的形态分别对待。

对于传统老宅进行修整，完成套型的更新设计，局部拆除，局部加建，使之完全符合现代化生活的需要。由于该宅中原有八户人家，户均居住面积仅为 59 m²，其中两户面积不到 40m²，不但面积小、住宅密度大，且大部分住户房间处在"游离"状态。在"清理"空间时，采用简单的单元处理方式来设计套型。两户组成一单元，拥有共同院落，作为交往空间。每户有完整的住宅套型，且为跃层，改造后的老宅功能完善、结构明晰、居住面积明显增大，可视为城市中的别墅，而更新后的单元结构和原木结构的框架基本吻合，外部造型也基本不变，最大程度上保持传统文脉的延续。

对组群中的两幢新宅由于其破坏性，在规划设计中予以拆除，对基地内的其他一层旧宅，或破损严重，或层数过少，改造不经济，也一并考虑拆除。重新进行设计时，从该组群老宅的结构单元型制中受到启发，单元组合脉络分明，形成体量控制。

在新的民居设计中注意保留传统建筑的精华，以能够保护古镇的整体风貌。这个案例的着重点在于一方面试图寻求一种传统建筑在现代生活中的整合途径，另一方面是将单体建筑和景观环境进行一体化设计。

在更新设计后的这个案例中，可以看到各住户有独立的套型住宅，居住条件和居住环境得到了较大改善（见表 9.6.3）。同时，每两户均有可供交往的半公共空间，而且在组群中，又有较大的集聚交往的公共空间，新组群建立后，具有同里古镇特有的空间品质，从而融入古镇的城市肌理和结构。

9.6.3.3 节点型历史地段规划

实例：濉溪老街保护与整治规划

安徽濉溪镇，春秋战国时期为"汴水入濉之口"，故称"口子"，由于地处华北、华东、中原交汇之处，又有隋唐大运河——通济渠穿境而过，

表 9.6.3

	用地面积(m²)	建筑面积(m²)	容积率	建筑密度
改造前	2267.0	1955.4	0.86	0.46
改造后	2267.0	2535.0	1.12	0.59

现状图底关系分析

更新后图底关系分析

更新后空间分析

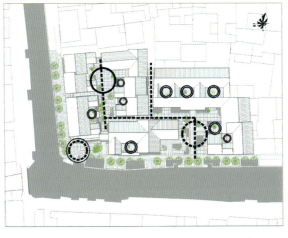

图 9.6.3-5 空间分析图

9 小城镇详细规划(建设规划)

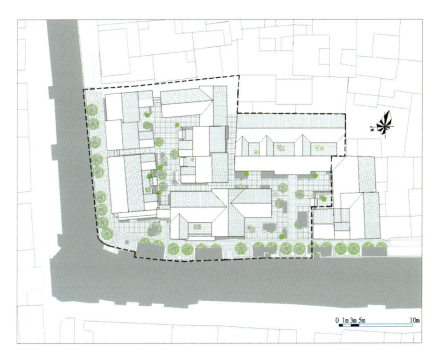

总平面

一层平面

沿河立面

图 9.6.3-6 环境与住宅更新设计

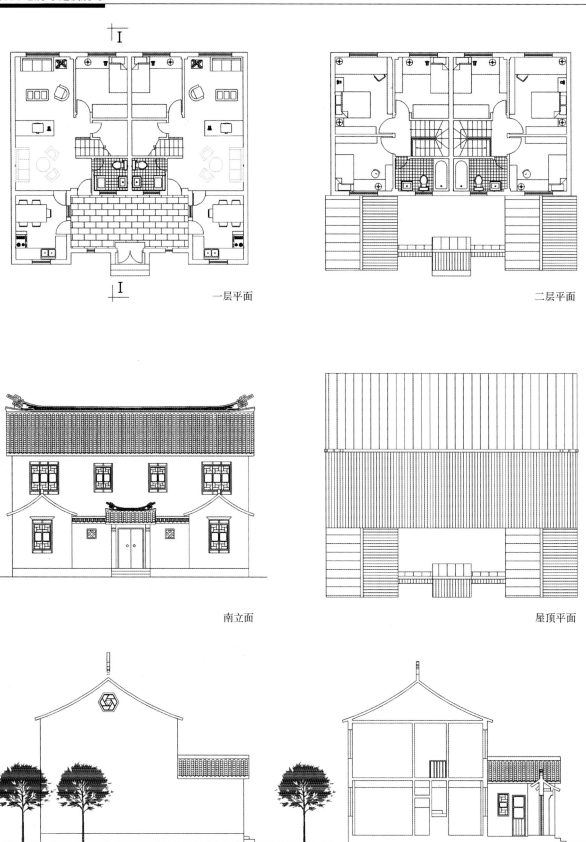

图 9.6.3-7 住宅更新设计一

9 小城镇详细规划(建设规划)

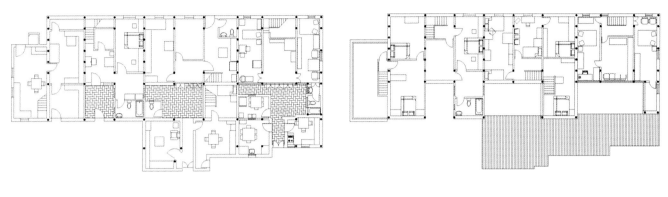

一层平面   二层平面

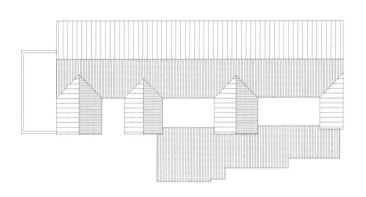
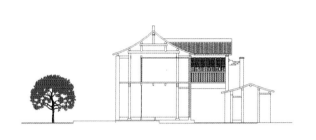

屋顶平面   纵剖面

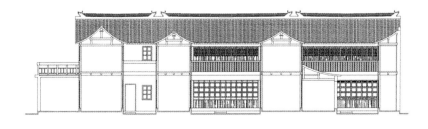

横剖面

图 9.6.3-8 住宅更新设计二

一层平面

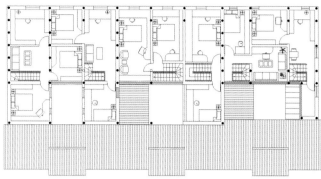
二层平面

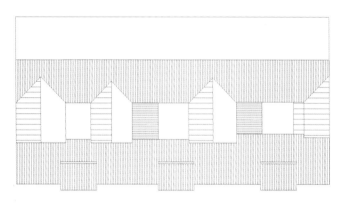
屋顶平面

剖面

西立面

图 9.6.3-9　住宅更新设计三

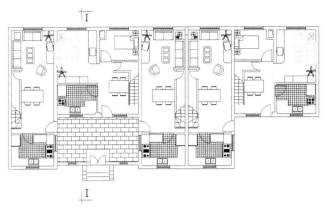
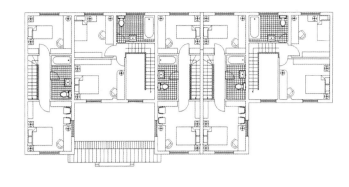

一层平面　　　　　　　　　　　　　　　二层平面

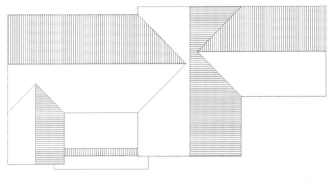

屋顶平面　　　　　　　　　　　　　　　I-I 剖面

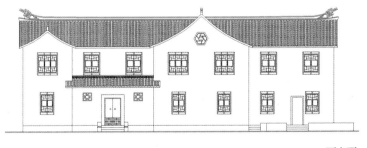

西立面

图 9.6.3-10　住宅更新设计四

图 9.6.3-11　整体空间效果图

因此自古以来即是商贾云集之地。明朝时集镇已基本成形，至清代更是繁华无比。据《宿州志》记载："清雍正八年，濉溪前大街商业中兴，东至老濉河大桥，西至牌坊街，有店铺及作坊200余家，店铺林立、商贩蜂拥、白昼兴隆、夜无禁令"。民国十六年（1927年），前大街商户集资重铺石板街面。它东起文昌阁，西至武胜街，全长650余米，虽经战火侵袭、人为破坏，但以保存了故有的风貌和格局。

濉溪老街保护与整治规划是建立在历史文化值价认识和现状情况分析的基础上，同时对老街中的重要节点"西大门"、"东大门"、"南大门"及"城隍庙"地区进行了详细规划。

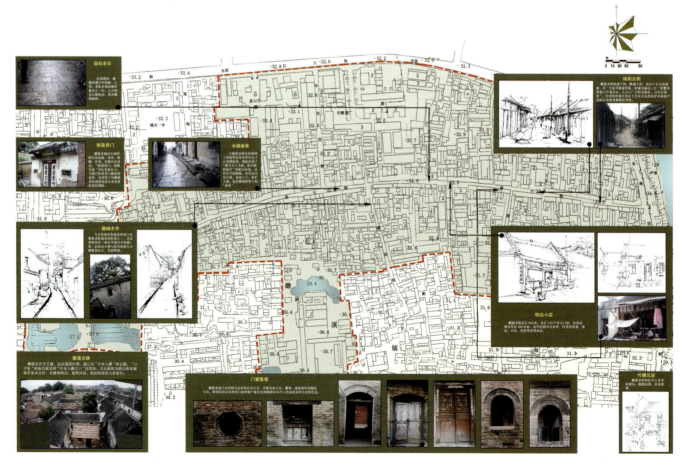

图 9.6.3-12　现状景观分析图

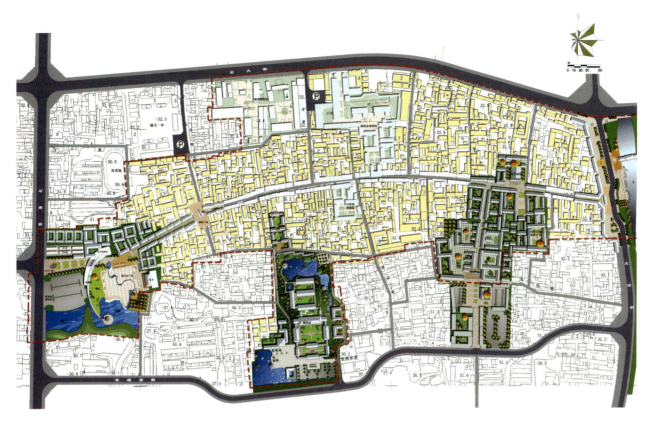

图 9.6.3-13　保护与整治规划总平面图

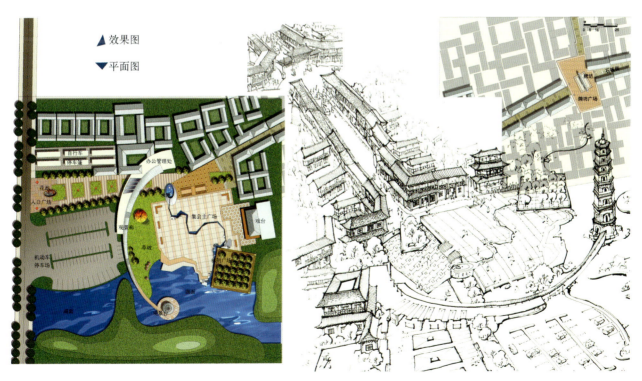

图 9.6.3-14　西大门地区详细规划

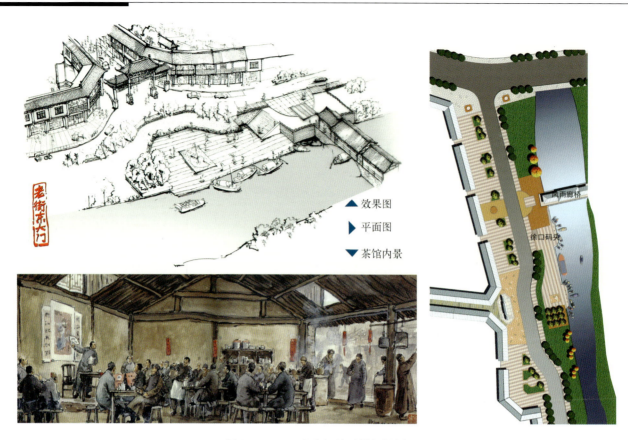

图 9.6.3-15 东大门地区详细规划

图 9.6.3-16 南大门地区详细规划

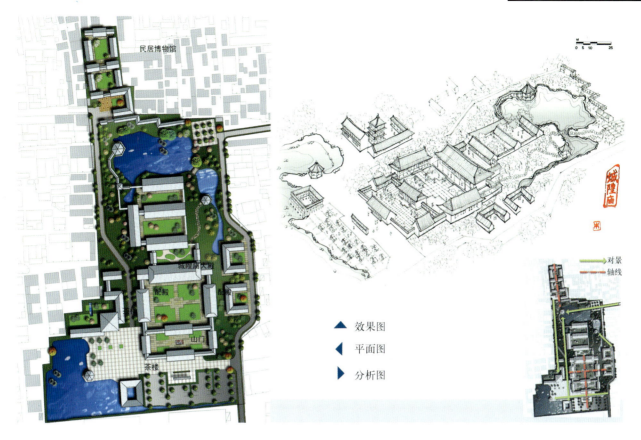

图 9.6.3-17　城隍庙地区详细规划

9.7 小城镇旧镇区改造规划

9.7.1 旧镇区改造

9.7.1.1 旧镇区成因

长期处于某一历史时期空间形态的老镇区，其成因主要有：

(1) 经济发展落后

处于相对不利的区位，其周边缺乏足够的经济"强场"辐射，又不具备一定的交通条件，加上自身的产业发展缺少内动力，镇区的生产力发展水平在较长的时期内停滞不前，导致城镇的物质空间建设失去经济支柱。居民生活也凝固在一个节拍上，成了"永恒的休止符"。

(2) 历史文化名镇保护压力

集镇在某个时期处于相当发达的状态，积聚了大量历史文化遗产，在历史文化保护法律法规的压力下，旧镇区同样存在多方面制约要素，如地方对古镇保护的政策不落实，研究部门对古镇保护的方式方法尚未定论或存在争议；地方没有经济实力保证历史文化名镇举措的实施，以至于在较长时间内，古镇区成了被遗忘的角落。

(3) 新老镇区居住人口年龄构成非均布

城镇经济体制转变后，劳动分配及居民可支配收入的运转日趋市场化，由于社会的传统因素造成了，高收入居民层集中在年轻一代，加上农村住房商品化，大部分具有一定的经济条件的居民流向新镇区，老镇区成了"老年人居住的镇区"，这种不平衡造成的局部老龄化，同样削弱了老镇区自身发展的动力。

(4) 新镇区跳空发展，造成对老城建设的忽视

镇区经过长期的缓慢发展，在某一轮产业发展浪潮的冲击下，城镇自身缺少足够的资本积累，主要依靠外来资金的涌入，这种模式下的开发，在城镇发展的初级阶段，必然跳开老城，选择能够得到较低开发成本的空地建设，在较长的一段时间内，城镇建设的重点都不会转到老镇区，老镇区渐渐成为真正意义上的旧镇区。

9.7.1.2 旧镇区改造动力

依据旧镇区成因不同，改造动力也不尽相同：

(1) 大城市新区的推进，老镇区已

成为城市新区中的一部分

大城市新区有其较大规模结构体系的总体规划，旧镇区的用地功能、土地使用强度必须服从和满足城市的总体规划的要求。

(2)县城所在地的城镇，旧镇区已成为县城的中心

随着周边地块的大量开发与建成，突出的中心区位优势，对位于中心的旧镇区在服务功能和开发强度上提出了新的要求。

(3)重大市政设施对旧镇区的冲击

区域重大交通设施、市政设施的建设对旧镇区造成土地功能重置和周边产业效应。

(4)区域中心职能的改变

区域中心职能的确定所带来的政策优势，及与此项对应的服务功能体系的规模效益，给旧镇区发展带来契机。区域强制性的人文、环境发展要求，旧镇区被认定为特定性质的发展模式，给旧镇区改造带来更好的投资环境。

9.7.1.3　旧镇区改造目标

根据旧镇区自身发展的综合需要，主要目标为合理使用土地、优化功能配置，具体体现在以下几个方面。

(1)改变老镇区的用地功能

城镇的形成，使社会分工在一定区域内相对集聚。处在一定历史时期下的集镇，其社会分工集聚的广度、深度必然有所差别，同样分布在镇区内为各项分工服务的用地类别也不尽相同；随着社会分工的不断细化、完善，处于某个时期的集镇相对于下一个时期必然表现出不适应。当前旧镇区正由以居住为主体的相对单一结构，向多元化、高效益的城镇功能结构转变。

(2)改变土地使用强度

旧镇区改造的大部分因素决定于旧镇区人口膨胀。由于城镇社会化功能的高度集中，镇区可居住性进一步加强，同时伴随社会化程度的不断提高，大量外来人口涌入，加上镇区原有人口自身的增长，镇区已有的居住空间已不能容纳如此的急剧增长，迫切需要改造和拆除低效使用的建筑，建设高效合理的大容量居住空间成了旧镇区改造的主要内容，同时新材料、新技术的产生和应用以及高速增长的经济条件使改造成为可能。

(3)调整服务设施结构

随着科技生产力的不断发展，新一轮商业文化及生活保障设施在镇区中形成和发展，镇区早期小作坊式的商业模式已不能满足居民的需要。必须对镇区的公共服务设施进一步加强和完善，形成新的商业文化圈。

(4)重塑空间环境景观

旧镇区单一的功能结构，衰败的居住建筑的外壳下包含着相对原始的生活、生产功能；镇区内部结构不断完善，居民对优质生活内容、空间需求的意识增强，促使人们对旧镇区的街道空间、建筑风格、体量、色彩以及外部活动场地、空间、绿化体系进行整治和改造，塑造一个具有良好生态环境的城镇空间景观。

(5)更新社会网络

社会物质环境条件的改变，冲击了传统社会生活网络，如交通工具的改变，文化生活设施的家庭化，信息时代人与人交流的隐秘性等。旧镇区在对物质空间进行改造的同时，如何更新社会网络，利用信息时代的高效率，使得城镇在不失去昔日良好的邻里交往模式的前提下，创造新的社会交流网络，成为旧镇区改造另一关键环节。

(6)提高基础设施水平

旧镇区由于人口的增加，生活方式的改变，原有的道路、市政设施等远远不能满足居民交通、通讯、市政、环卫、消防等需求，有步骤地改造基础设施，提高居住生活水平，是旧镇区改造的重要举措之一。

9.7.2　旧镇区改造规划

9.7.2.1　旧镇区改造规划的方法

由于旧镇区的成因和改造动力要求不同，针对不同类型的旧镇区，应采用不同的改造方法。旧镇区改造规划一般可分为控制性详细规划和修建性详细规划两种方法。

9.7.2.2　旧镇区改造规划的调查分析

(1)调查方法

根据规划方法不同，不同的旧镇区应选用恰当的调查方法。调查方法一般有：

改造目标分类表　　　　表9.7.1

成因＼外动力	1 大城市新区的推进	2 旧镇区成为县城的中心	3 重大市政设施的冲击	4 区域中心职能的改变
1　经济发展落后	①④⑤⑥	①②③④⑤⑥	①②③⑤⑥	①②③④⑤⑥
2　历史文化名镇	③⑤⑥	③⑤⑥	③⑤⑥	②③④⑤⑥
3　新老镇区居住人口年龄构成非均布	①②③④⑤	①②③④⑤	①②③④⑤	①②③④⑤
4　新镇区跳空发展，造成对老城建设的忽视	①②③④⑤	①②③④⑤	①②③④⑤	①②③④⑤

注：①改变老镇区的用地功能；②改变土地使用强度；③调整服务设施结构；④重塑空间环境景观；
　　⑤更新社会网络；⑥提高基础设施水平

①问卷调查法：明确调查的目标，把与目标相关的内容采用表格的方式列出，调查对象可采用选择、打分等方式反馈普遍性的居民意向。

②资料考证法：对于旧镇区中蕴含有历史文化内涵的景观、建筑和构筑物进行多方面、多角度挖掘、考证。

③现场踏勘法：对旧镇区现状的用地功能、建筑物、构筑物、地物地貌进行现场踏勘、评价分析。

④现场测绘法：对重点地段、建筑进行测绘。

⑤座谈讨论法：采用召开座谈会方法，获得有代表性的主流意向。

(2)调查内容

根据不同类型镇区、不同规划方法可能涉及的要素，有目的地确定调查内容，主要可分为以下几大类：

①建筑风貌；②建筑质量；③用地结构或功能结构；④人口构成；⑤居民意愿；⑥文物古迹；⑦重点地段景观要素；⑧交通网络体系；⑨空间结构模式；⑩基础设施状况。

9.7.2.3 旧镇区改造的方式

(1)局部改造

对旧镇区的局部地段进行全面拆除改造，提高土地使用强度，完善功能和设施，适用于一般旧城镇改造，缓解镇区环境容量的压力，同时使镇区功能结构趋向合理。

(2)全面改善

对旧镇区的建筑质量风貌作出全面评价，通过对地段内的不同建筑类型提出相应的改造要求：拆除破旧、违章建筑；整饰风貌不协调的建筑；保护和修缮具有历史文化价值的建筑等方法来改造镇区的空间和环境景观，适用于历史文化名镇保护改造规划。

(3)整体更新

对于位于城市新区内部的旧镇区，其用地功能服从于城市总体规划，采用全部拆除重建的方法(特殊建筑除外)，对镇区原有的用地功能结构进行调整。

(4)环境整治

对旧镇区的建筑色彩、场地、绿化及各项室外环境进行改变与更新，适用于各类新旧镇的改造。

(5)引导控制

提出旧镇区土地区划建议、建筑控制和环境容量指标，利用城市设计的理念，对旧镇区提出空间设计概念的引导性要求，使旧镇区在后续的自我成长中得以调整和完善。

9.7.2.4 规划内容

(1)现状分析与评价：

①用地现状分析；②建筑质量分析；③建筑风貌分析；④环境质量评价；⑤居民意愿分析；⑥公共空间分析；⑦景观要素分析；⑧文物古迹分布。

(2)土地利用调整规划

(3)建筑与环境整治规划

①旧镇区总平面设计；②主要街道立面整治设计；③重点街区、节点及公共活动空间设计；④建筑保护与更新控制。

9.7.2.5 规划成果

(1)规划设计说明书

(2)主要规划设计图纸

①区位分析图；②建筑风貌评价图；③建筑质量评价图；④功能及景观分析图；⑤道路交通分析图；⑥总平面规划图；⑦重点保护对象及保护范围控制图；⑧道路交通规划图；⑨绿地及景观规划图；⑩基础设施规划图；⑪地块划分及指标控制图；⑫沿街(河)立面图；⑬主要节点平立面图；⑭重要建筑、居住建筑设计图；⑮效果图。

9.7.3 旧镇区改造规划实例——江苏木渎历史文化名镇保护规划

(1)保护范围规划

木渎古镇保护范围划分为三个层次：核心保护区、风貌控制区及环境影响区。

①核心保护区：该区包括古镇中心区内有代表性的传统民居、体现较完整历史文化风貌的沿街、沿河风光带等。

②风貌控制区：该区包括了为保护核心保护区和文物古迹、保持古镇主要风貌带完好所必须进行建筑风貌控制的地段。

③环境影响区：该区广义地包含了历史环境存在的背景依托以及视觉的背景，如村落、农田、水道、以及与其相关的日常生活，考虑的是由主要景观的视点向四周眺望时景观的完整性并兼顾行政管辖界限。

改造手段适用分类表　　　　表9.7.2

成因＼外动力	1 大城市新区的推进	2 旧镇区成为县城的中心	3 重大市政设施的冲击	4 区域中心职能的改变
1 经济发展落后	③	②③⑤	①②④⑤	①②④⑤
2 历史文化名镇	①②④⑤	①②④⑤	①②④⑤	①②④⑤
3 新老镇区居住人口年龄构成非均布	③⑤	③④⑤	①②③④⑤	①②④⑤
4 新镇区跳空发展，造成对老城建设的忽视	②③⑤	②③④⑤	①②④⑤	①②④⑤

注：①局部改造；②全面改善；③整体更新；④环境整治；⑤引导控制。

(2)旧镇区改造

保护与更新方式的提出，充分考虑了现状对保护与更新的影响，区别对待，利于实施。

①保护：保存现状，以真实反映历史遗存。对古镇区内文物点、较完整民居院落采取保护的方式，对个别构件加以维修，剔除近年加建部分，恢复原有院落格局。

②改善：原有建筑结构不动，在保护原有院落格局、建筑风貌和治理外部环境的同时，重点对建筑内部加以调整改造，完善设施，提高居民生活质量。

③保留：对80年代以后的砖混结构建筑，如果质量较好，与环境冲突不大，采取保留的方式，维持现状；同时保留部分农田耕地，保持田园风光特色。

④整治：对于质量较好，风貌较差的建筑，对其内部及外部立面进行保护与整治，体现传统风貌特色。同时对古镇传统风貌环境进行保护与整治，健全配套基础服务设施。

⑤改造：对传统风貌影响较大的建筑，采取拆除重建的措施，对地块进行整体更新建设，以与传统风貌相协调。

(3)木渎镇山塘街中心段保护规划

规划内容主要包括：

①合理配置功能：提高地段开发经济效益，形成容纳旅游、商业和居住等综合功能地段。

②提高景观环境品质：营造传统院落景观，突出烘托小桥、流水、人家的古朴历史风貌和有木渎传统商业特色的空间格局。

③明确交通体系：构建车行、人行、水上等多元交通。

④丰富旅游景观：保护与旅游开

图 9.7.3-1　保护范围规划图

图 9.7.3-2　保护更新方式规划图

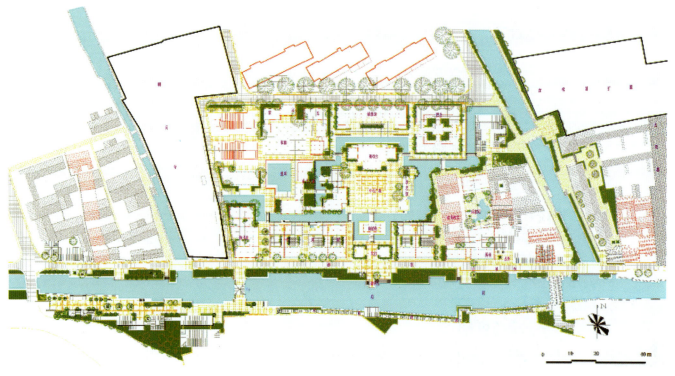

图 9.7.3-3　木渎镇山塘街中心段保护规划平面图

图 9.7.3-4　木渎镇山塘街中心段保护规划鸟瞰图

发结合，通过山塘街历史文化旅游街区建设，促进景观序列、空间组织和游览服务的系统化，完善古镇旅游体系。

保护体现在以下几个层次上：

①保护由山塘街、中市街、西街、严家花园、古松园、明月寺、斜桥等构成的历史文化区域的整体景观。

②保护街区内由山塘街、金灵路等街道和山塘街河、鹭飞浜等河流形成的历史空间架构、脉胳和肌理。

③保护街区内文物建筑、传统的院落、有价值的建筑局部等历史信息载体，如古松园、明月寺、沈寿故居、怡泉亭和御码头等。

④将其他地区一些无恢复与保护可能性的古迹建筑如虹饮山房、舞彩楼等搬迁至此，一并实施保护措施，使之形成相对集中的保护游览区。

9.8 小城镇街景规划

9.8.1 小城镇街景规划的方法

9.8.1.1 调查内容

街景规划首先要对已经形成的街景进行调查，并根据城镇总体布局分析街道性质。

调查的内容一般有：用地性质、建筑质量、建筑平、立面特征、建筑结构、设施布局、城市总体发展的要求、立面的风格要求等等。

9.8.1.2 规划方法

街景规划的思路和工作的程序为：

由平面规划到空间规划；由形态规划到技术经济分析；由地上建(构)筑物规划到地下设施的规划。

(1)平面规划——确定街道(道路)的中心线、红线、转弯半径、坐标和标高，建筑性质、建筑后退红线和高度的要求，道路绿化、道路设施、环境小品及停车场的布置。街道两侧的建筑布置是平面规划的主要内容。

(2)空间规划——全面规划线性空间景观的各类要素。主要有建筑、道路设施(路灯、绿化停车场或站点、铺地等)、建筑前广场、绿化、环境小品及设施等。根据不同的形式要求，街道的高宽比、街道空间的变化和空间界面的转换、建筑立面风格、街景的主色调、天际轮廓线、广告招牌的位置布置和设计的要求、灯光照明及夜景的设计等，从而使街景在三维的空间中得到确定。

(3)地上、地下设施规划——街道除了应该保证总体规划中需要通过的管线设施要求外，还要考虑道路自身的地上、地下设施要求。如人行过街天桥或人行过街地道，雨水集水口的设计，垃圾箱的安排，管线共同沟等。

(4)技术经济分析——主要指标有：总用地面积、各分项用地面积、规划总建筑面积(包括住宅、商店等分项)、建筑密度、建筑平均层数(或建筑高度)、绿地率、停车场面积和停车泊位数(包括机动车和非机动车)、居住人数和户数等。投资、造价和综合效益分析等。

9.8.2 小城镇街景规划的类型

9.8.2.1 按街道(道路)性质分类

(1)以交通性为主的街道(道路)景观规划

特征：交通性道路一般较宽，红线宽度大于或等于30m；以车行为主，且交通量较大，车行速度较高；步行者相对较少，且行人穿越道路不便；街景以体量相对较大的建筑组成，多层或少量高层；比例尺度相对较大，景观效果更注重粗线条、大块面、整体感，如大幅广告、几何造型等，景观具有不连续的特点。

(2)以生活性为主的街道(道路)景观规划

特征：道路红线宽度一般在30m以下，一般机动车相对较少，行人和非机动车较多；两侧的街景一般以多层建筑或少量低层建筑组成，体量相对较小；景观效果多注重细部，注重造型、色彩以及环境小品的处理。

(3)商业步行街

特征：是一种将商业空间和步行街道空间结合的形式，强调步行者对街道景观的感受，是人们休闲娱乐的活动场所之一。一般分为全步行街和半步行街两种形式。街景强调亲切和富有变化的效果，要求空间灵活，环境优美，有较多的休息设施和景观小品，与商业购物活动组成有机整体。

9.8.2.2 按街道(道路)两侧用地功能分类

(1)以公共建筑为主的街景规划

一般分为完全以公共建筑为主和底层公共建筑、上部其他建筑两种类型，所处的位置一般是城镇的中心位置，是城镇的形象体现。

(2)以住宅为主的街景规划

多与居住建筑有关，一般分为以建筑山墙为形象的南北向街景和以正立面为形象的东西向街景。住宅立面效果是影响街景的重要因素。

(3)以工厂、企业为主的街景规划

一般与工厂性质有关，其街景的关键在于工厂大门、厂前区和厂房建筑的设计。

(4)以绿化、河道景观为主的街景规划

以绿化为主的街道景观一般取决于绿化的尺度，植物的种类和种植的方式。河道景观取决于河道的宽度及河道与街道之间的关系。江南水乡城镇特有的水巷空间和街、河关系是河道景观的上乘实例。

9.8.3 小城镇街景规划的模式

9.8.3.1 立面模式：

(1)南北向道路：以山墙为特征，山墙处不加建筑，或加一层、二层或三层建筑。

(2)东西向道路：建筑以正立面为特征，或南立面，或北立面。

9.8.3.2 平面模式

(1)山墙沿街道布置或沿山墙加连接体，多为南北向道路布置方式。

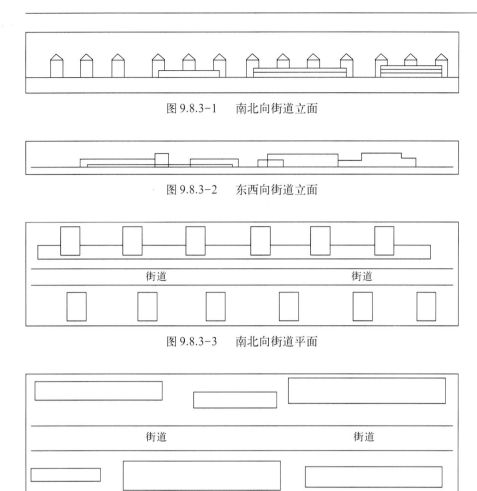

图 9.8.3-1 南北向街道立面

图 9.8.3-2 东西向街道立面

图 9.8.3-3 南北向街道平面

图 9.8.3-4 东西向街道平面

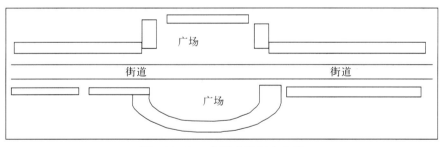

图 9.8.3-5 街道广场组合布置

(2)建筑平行街道布置,适当退后道路红线,形成错落,街景连续。

(3)建筑沿街道布置,局部开辟建筑广场,丰富街道空间。东西、南北向街道均可。

9.8.4 小城镇街景规划实例

9.8.4.1 山西省洪洞县城光华路、车站街规划设计

洪洞县是一座历史悠久的城市,历史文化沉积深厚,在国内具有很高的知名度。洪洞旧城作为洪洞县历史文化的载体,其开发尚缺乏统一的改造规划,处于一种混乱无序的状态,旧城的历史文化特色已相当弱化,历史文化建筑及原有的历史人文风貌已所存不多。随着土地有偿使用制度、住房制度改革以及外部资金的相继引进,洪洞旧城改造获得了新的动力和契机,房地产的综合开发已成为旧城改造的主要形式。在新的形式下,需对旧城改造重新认识,进行有效调控,塑造旧城文化特色,从而促进旧城的可持续发展。华光路和车站街为旧城中的二条商业轴线,规划保留了原有的街坊,用传统符号,适宜的空间尺度塑造出历史风貌与现代功能相结合的城镇景观。

9.8.4.2 安徽省叶集镇综合改革发展试验区观山中路详细规划

建筑风格以现代与传统的结合为特点,绿化和建筑穿插布置,有较多山墙与正立面的组合,层数多层以下,适合一般小城镇的街道。

9.8.4.3 浙江省三门县建民路、南山路街景规划

以住宅建筑立面为主的街景,既有点式布置,又有条式布置,建筑立面以暖色调为主,统一中有变化。

9.8.4.4 浙江省石浦镇幸福路立面规划

幸福路为历史街区的过度地段,规划将其建设为集旅游服务和居民休闲为一体的综合服务区,建筑为低层的传统风格。

9.8.4.5 苏州娄葑镇中心规划设计

作为镇中心广场的弧形立面构成较特殊的街景景观,创造了一个良好的向心空间。

9.8.5 指标

9.8.5.1 技术控制指标

(1)最大建筑高度(或层数):高度指标对街道景观影响较大,影响空间的比例和尺度。

(2)平均建筑层数:平均层数为总建筑面积与建筑基地面积之比;影

9 小城镇详细规划(建设规划)

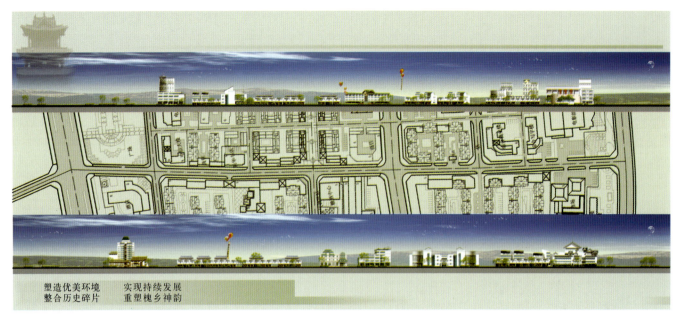

图 9.8.4-1　山西省洪洞县光华路平立面图

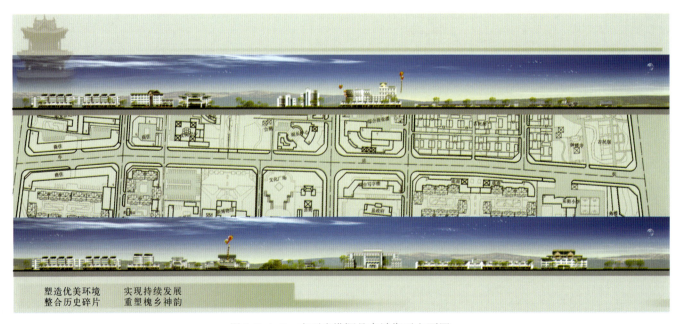

图 9.8.4-2　山西省洪洞县车站街平立面图

图 9.8.4-3　安徽省叶集镇观山中路立面图

9 小城镇详细规划(建设规划)

图 9.8.4-4　浙江省三门县建民路平面图

东侧立面

西侧立面

图 9.8.4-5　南山路立面图

图 9.8.4-6　浙江省石浦镇幸福路立面图

响建筑物的整体体量,从而影响街道景观。

(3)道路红线宽度:道路红线是区分道路用地与其他用地的界限,宽度的大小主要由交通的要求决定,但影响街道的景观和空间。

(4)建筑后退红线距离:建筑后退红线的要求主要是由道路交通要求和建筑物本身的功能要求决定的,但后退距离的大小影响行人对街景的观赏和街道空间的比例尺度。

(5)街道高宽比:建筑高度与道路宽度的比例直接反映街道的空间比例关系。

(6)绿化带宽度:一般分为两种,一种是道路内的绿化隔离带或行道树,另一种是道路红线以外的绿化带。

9.8.5.2 技术经济指标

(1)总用地面积:指街道的长度与规划用地进深所包含的用地面积,一般不包含道路的面积。

(2)总建筑面积:指用地上所规划的建筑面积之合(可分类统计)。

(3)建筑密度:建筑基地面积与总用地面积之比。

(4)容积率:总建筑面积与总用地面积之比。

(5)造价:指工程总造价。包括建筑造价、环境景观造价、市政设施造价等。

(6)绿地率:绿化用地占总规划用地的比例。

10 小城镇建设与管理

10.1 小城镇建设现状

由于长期延续的城乡分割体制的影响和自发形成的历史，目前小城镇建设与管理存在若干问题。

(1)规划滞后，建设带有较大盲目性。虽然大多数小城镇都已进行了规划，但是整体规划水平不高，整体协调性较差，起点较低，使小城镇建设带有较大的盲目性。

(2)小城镇建设缺乏特色，千城一面，或一味攀比模仿，过于超前。

(3)基础设施发展滞后。许多地方道路"晴天扬灰，雨天水泥"，电力不足、排水不畅、交通拥挤、通讯闭塞。

(4)环境建设落后。有一些小城镇，由于工业项目选址不当，导致水源和大气污染；环境污染日趋严重；有的由于开发过度，水土流失，耕地减少，生态恶化。

(5)镇区跨越过境公路建设问题突出。不少小城镇以新修公路为依托，建商业街，搞住宅区开发，搞一层皮一条线建设，既影响了公路交通，又危害居民安全，导致基础设施战线长，投资大，效益低。

(6)规划管理执法不严。小城镇规划执行缺乏的权威性、连续性，一些地方不按规划办事，行政干扰现象时有发生，不少城镇越权办理规划审批手续，片面追求短期效益，任意改变建设用地使用性质，严重影响了小城镇规划的顺利实施。

10.2 小城镇规划建设管理的综合机制

10.2.1 动力机制

(1)发挥规划龙头作用，高起点绘就城镇发展蓝图。

(2)发挥基础设施对城镇建设的带动作用。强化市政管网建设，保证路、水、电、热的正常供应，为经济社会发展和城镇建设打下坚实的基础。

(3)多元化融资激活城镇建设。利用市场机制，广泛吸纳社会投资，为社会资金投入和商业经营性开发创造了条件。政府应将有限的财政资金集中投入在公益设施和基础设施建设上。

10.2.2 政策引导机制

小城镇建设在实施操作中要注重改变传统的集中计划机制，导入市场机制促进小城镇建设。

(1)加强乡镇企业的集中集聚；
(2)加快住宅商品化进程；
(3)建立多元化投资渠道；
(4)使城镇基础设施部门和服务部门企业化；
(5)进行小城镇地产管理制度改革；
(6)改革城镇居民社会福利和保障制度。

10.2.3 管理机构

小城镇规划管理机构见下图。

10.3 小城镇规划建设相关管理法规与条例

(1)《村庄和集镇规划建设管理条例》
(2)《建制镇规划建设管理办法》
(3)《村镇规划标准》
(4)《村镇规划编制办法》
(5)《村镇建筑防火规范》
(6)《村镇卫生标准规范》
(7)《村镇规划制图标准与规范》

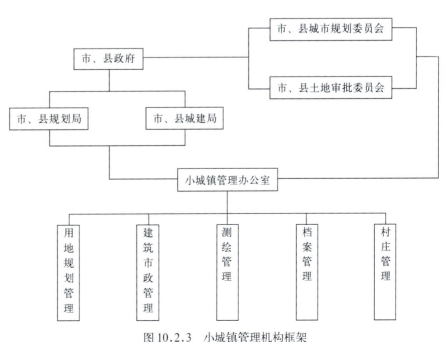

图 10.2.3 小城镇管理机构框架

附录一：《村庄和集镇规划建设管理条例》

村庄和集镇规划建设管理条例

(1993年6月29日国务院会第116号发布)

第一章 总 则

第一条 为加强村庄、集镇的规划建设管理，改善村庄、集镇的生产、生活环境促进农村经济和社会发展，制定本条例。

第二条 制定和实施村庄、集镇规划，在村庄、集镇规划区内进行居民住宅、乡(镇)村企业、乡(镇)村公共设施和公益事业等的建设，必须遵守本条例。但是，国家征用集体所有的土地进行的建设除外。

第三条 本条例所称村庄，是指农村村民居住和从事各种生产的聚居点。

本条例所称集镇，是指乡、民族乡人民政府所在地和经县级人民政府确定由集市发展而成的作为农村一定区域经济、文化和生活服务中心的非建制镇。

本条例所称村庄、集镇规划区，是指村庄、集镇建成区和因村庄、集镇建设及发展需要实行规划控制的区域。村庄、集镇规划区的具体范围，在村庄、集镇总体规划中划定。

第四条 村庄、集镇规划建设管理，应当坚持合理布局、节约用地的原则，全面规划，正确引导，依靠群众，自力更生，因地制宜，量力而行，逐步建设，实现经济效益、社会效益和环境效益的统一。

第五条 地处洪涝、地震、台风、滑坡等自然灾害易发地区的村庄和集镇，应当按照国家和地方的有关规定，在村庄、集镇总体规划中制定防灾措施。

第六条 国务院建设行政主管全国的村庄、集镇规划建设管理工作。

县级以上地方人民政府建设行政主管部门主管本行政区区域的村庄、集镇规划建设管理工作。

乡级人民政府负责本行政区域的村庄、集镇规划建设管理工作。

第七条 国家鼓励村庄、集镇规划建设管理的科学研究，推广先进技术，提倡在村庄和集镇建设中，结合当地特点，采用新工艺、新材料、新结构。

第二章 村庄和集镇规划的制定

第八条 村庄、集镇规划由乡级人民政府负责组织编制，并监督实施。

第九条 村庄、集镇规划的编制，应当遵循下列原则：

(一)根据国民经济和社会发展计划，结合当地经济发展的现状和要求，以及自然环境、资源条件和历史情况等，统筹兼顾，综合部署村庄和集镇的各项建设；

(二)处理好近期建设与远景发展、改造与新建的关系，使村庄、集镇的性质和建设的规划、速度和标准，同经济发展和农民生活水平相适应；

(三)合理用地，节约用地，各项建设应当相对集中，充分利用原有的建设用地，新建、扩建工程及住宅应当尽量不占用耕地和林地；

(四)有利生产，方便生活，合理安排住宅、乡(镇)村公共设施和公益事业等的建设布局，促进农村各项事业协调发展，并适当留有发展余地；

(五)保护和改善生态环境，防治污染和其他公害，加强绿化和村容镇貌、环境卫生建设。

第十条 村庄、集镇规划的编制，应当以县域规划、农业区划、土地利用总体规划为依据，并同有关部门专业规划相协调。

县级人民政府组织编制的县域规划，应当包括村庄、集镇建设体系规划。

第十一条 编制村庄、集镇规划，一般分为村庄、集镇总体规划和村庄、集镇建设规划两个阶段进行。

第十二条 村庄、集镇总体规划，是乡级行政区域内村庄和集镇布点规划及相应的各项建设的整体部署。

村庄、集镇总体规划的主要内容包括：乡级行政区域的村庄、集镇布点，村庄和集镇的位置、性质、规模和发展方向，村庄和集镇的交通、供水、供电、邮电、商业、绿化等生产和生活服务设施的配置。

第十三条 村庄、集镇建设规划，应当在村庄、集镇总体规划指导下，具体安排村庄、集镇的各项建设。

集镇建设规划的主要内容包括：住宅、乡(镇)村企业、乡(镇)村公共设施、公益事业等各项建设的用地布局、用地规模、有关的技术经济指标，近期建设工程以及重点地段建设具体安排。

村庄建设规划的主要内容，可以

根据本地区经济发展水平，参照集镇建设规划的编制内容，主要对住宅和供水、供电、道路、绿化环境卫生以及生产配套设施作出具体安排。

第十四条 村庄、集镇总体规划和集镇建设规划，须经乡级人民代表大会审查同意，由乡级人民政府报县级人民政府批准。

村庄建设规划，须经村民会议讨论同意，由乡级人民政府报县级人民政府批准。

第十五条 根据社会经济发展需要，依照本条例第十四条的规定，经乡级人民代表大会或者村民会议同意，乡级人民政府可以对村庄、集镇规划进行局部调整，并报县级人民政府备案。涉及村庄、集镇的性质、规模、发展方向和总体布局重大变更的，依照本条例第十四条规定的程序办理。

第十六条 村庄、集镇规划期限，由省、自治区、直辖市人民政府根据本地区实际情况规定。

第十七条 村庄、集镇规划经批准后，由乡级人民政府公布。

第三章 村庄和集镇规划的实施

第十八条 农村村民在村庄、集镇规划区内建住宅的，应当先向村集体经济组织或者村民委员会提出建房申请，经村民会议讨论通过后，按照下列审批程序办理：

（一）需要使用耕地的，经乡级人民政府审核、县级人民政府建设行政主管部门审查同意并出具选址意见书后，方可依照《土地管理法》向县级人民政府土地管理部门申请用地，经县级人民政府批准后，由县级人民政府土地管理部门划拨土地。

（二）使用原有宅基地、村内空闲地和其他土地的，由乡级人民政府根据村庄、集镇规划和土地利用规划批准。

城镇非农业户口居民在村庄、集镇规划区内需要使用集体所有的土地建住宅的，应当经其所在单位或者居民委员会同意后，依照前款第（一）项规定的审批程序办理。

回原籍村庄、集镇落户的职工、退伍军人和离退休、退休干部以及回乡定居的华侨、港澳台同胞，在村庄、集镇规划区内需要使用集体所有的土地建住宅的，依照本条第一款第（一）项规定的审批程序办理。

第十九条 兴建乡（镇）村企业，必须持县级以上地方人民政府批准的设计任务书或者其他批准文件，向县级人民政府建设行政主管部门申请选址定点，县级人民政府建设行政主管部门审查同意并出具选址意见书后，建设单位方可依法向县级人民政府土地管理部门申请用地，经县级以上人民政府批准后，由土地管理部门划拨土地。

第二十条 乡（镇）村公共设施、公益事业建设，须经乡级人民政府审核、县级人民政府建设行政主管部门审查同意并出具选址意见书后，建设单位方可依法向县级人民政府土地管理部门申请用地，经县级以上人民政府批准后，由土地管理部门划拨土地。

第四章 村庄和集镇建设的设计、施工管理

第二十一条 在村庄、集镇规划区内，凡建筑跨度、跨径或者高度超出规定范围的乡（镇）村企业、乡（镇）村公共设施和公益事业的建筑工程，以及二层（含二层）以上的住宅，必须由取得相应的设计资质证书的单位进行设计，或者选用通用设计、标准设计。

跨度、跨径和高度的限定，由省、自治区、直辖市人民政府或者其授权的部门规定。

第二十二条 建筑设计应当贯彻适用、经济、安全和美观的原则，符合国家和地方有关节约资源、抗御灾害的规定，保持地方特色和民族风格，并注意与周围环境相协调。

农村居民住宅设计应当符合紧凑、合理、卫生和安全的要求。

第二十三条 承担村庄、集镇规划区内建筑工程施工任务的单位，必须具有相应的施工资质等级证书或者资质审查证书，并按照规定的经营范围承担施工任务。

在村庄、集镇规划区内从事建筑施工的个体工匠，除承担房屋修缮外，须按有关规定办理施工资质审批手续。

第二十四条 施工单位应当按照设计图纸施工。任何单位和个人不得擅自修改设计图纸；确需修改的，须经原设计单位同意，并出具变更设计通知单或者图纸。

第二十五条 施工单位应当确保施工质量，按照有关的技术规定施工，不得使用不符合工程质量要求的建筑材料和建筑构件。

第二十六条 乡（镇）村企业、乡（镇）村公共设施、公益事业等建设，在开工前，建设单位和个人应当向县级以上人民政府建设行政主管部门提出开工申请，经县级以上人民政府建设行政主管部门对设计、施工条件予以审查批准后，方可开工。

农村居民住宅建设开工的审批程序，由省、自治区、直辖市人民政府规定。

第二十七条 县级人民政府建设行政主管部门，应当对村庄、集镇建设的施工质量进行监督检查。村庄、集镇的建设工程竣工后，应当按照国家的有关规定，经有关部门竣工验收合格后，方可交付使用。

第五章 房屋、公共设施、村容镇貌和环境卫生管理

第二十八条 县级以上人民政府建设行政主管部门，应当加强对村庄、集镇房屋的产权、产籍的管理，依法保护房屋所有人对房屋的所有权。具体办法由国务院建设行政主管部门制定。

第二十九条 任何单位和个人都应当遵守国家和地方有关村庄、集镇的房屋、公共设施的管理规定，保证房屋的使用安全和公共设施的正常使用，不得破坏或者损毁村庄、集镇的道路、桥梁、供水、排水、供电、邮电、绿化等设施。

第三十条 从集镇收取的城市维护建设税，应当用于集镇公共设施的维护和建设，不得挪作他用。

第三十一条 乡级人民政府应当采取措施，保护村庄、集镇饮用水源；有条件的地方，可以集中供水，使水质逐步达到国家规定的生活饮用水卫生标准。

第三十二条 未经乡级人民政府批准，任何单位和个人不得擅自在村庄、集镇规划区内的街道、广场、市场和车站等场所修建临时建筑物、构筑物和其他设施。

第三十三条 任何单位和个人都应当维护村容镇貌和环境卫生，妥善处理粪堆、垃圾堆、柴草堆，养护树木花草，美化环境。

第三十四条 任何单位和个人都有义务保护村庄、集镇内的文物古迹、古树名木和风景名胜、军事设施、防汛设施以及国家邮电、通信、输变电、输油管道等设施，不得损坏。

第三十五条 乡级人民政府应当按照国家有关规定，对村庄、集镇建设中形成的具有保存价值的文件、图纸、资料等及时整理归档。

第六章 罚 则

第三十六条 在村庄、集镇规划区内，未按规划审批程序批准而取得建设用地批准文件、占用土地的，批准文件无效，占用的土地由乡级以上人民政府责令退回。

第三十七条 在村庄、集镇规划区内，未按规划审批程序批准或者违反规划的规定进行建设，严重影响村庄、集镇规划的，由县级人民政府建设行政主管部门责令停止建设，限期拆除或者没收违法建筑物、构筑物和其他设施；影响村庄、集镇规划，尚可采取改正措施的，由县级人民政府建设行政主管部门责令限期改正，处以罚款。

农村居民未经批准或者违反规划的规定建住宅的，乡级人民政府可以依照前款规定处罚。

第三十八条 有下列行为之一的，由县级人民政府建设行政主管部门责令停止设计或者施工、限期改正，并可处以罚款：

（一）未取得设计资质证书，承担建筑跨度、跨径和高度超出规定范围的工程以及二层以上住宅的设计任务或者未按设计资质证书规定的经营范围，承担设计任务的；

（二）未取得施工资质等级证书或者资质审查证书或者未按规定的经营范围，承担施工任务的；

（三）不按有关技术规定施工或者使用不符合工程质量要求的建筑材料和建筑构件的；

（四）未按设计图纸施工或者擅自修改设计图纸的。

取得设计或者施工资质证书的勘察设计、施工单位，为无证单位提供资质证书，超过规定的经营范围，承担设计、施工任务或者设计、施工的质量不符合要求，情节严重的，由原发证机关吊销设计或者施工的资质证书。

第三十九条 有下列行为之一的，由乡级人民政府责令停止侵害，可以处以罚款；造成损失的，并应当赔偿：

（一）损坏村庄和集镇的房屋、公共设施的；

（二）乱堆粪便、垃圾、柴草，破坏村容镇貌和环境卫生的。

第四十条 擅自在村庄、集镇规划区内的街道、广场、市场和车站等场所修建临时建筑物、构筑物和其他设施的，由乡级人民政府责令限期拆除，并可处以罚款。

第四十一条 损坏村庄、集镇内的文物古迹、古树名木和风景名胜、军事设施、防汛设施的，以及国家邮电、通信、输变电、输油管道等设施的，依照有关法律、法规的规定处罚。

第四十二条 违反本条例，构成违反治安管理行为的，依照治安管理处罚条例的规定处罚，构成犯罪的，依法追究刑事责任。

第四十三条 村庄、集镇建设管理人员玩忽职守、滥用职权、徇私舞弊的，由所在单位或者上级主管部门给予行政处分；构成犯罪的将依法追究刑事责任。

第四十四条 当事人对行政处罚决定不服的，可以自接到处罚决定通知之日起十五日内，向作出处罚决定机关的上一级机关申请复议；对复议决定不服的，可以自接到复议决定之日起十五日内，向人民法院提起诉讼。当事人也可以自接到处罚决定通知之日起十五日内，直接向人民法院起诉。当事人逾期不申请复议，也不向人民法院提起诉讼，又不履行处罚决定的，作出处罚决定的机关可以申请人民法院强制执行或者依法强制执行。

第七章 附 则

第四十五条 未设镇建制的国营农场场部、国营林场场部及其基层居民点的规划建设管理，分别由国营农场、国营林场主管部门负责，参照本条例执行。

第四十六条 省、自治区、直辖市人民政府可以根据条例制定实施办法。

第四十七条 本条例由国务院建设行政主管部门负责解释。

第四十八条 本条例自1993年11月1日起施行。

附录二：《村镇用地分类》

（建制镇用地分类标准参阅《城市用地分类与规划建设用地标准》）

村镇用地分类采用大类和小类。村镇用地按土地利用的主要性质划分为：居住建筑用地(R)、公共建筑用地(C)、生产建筑用地(M)、仓储用地(W)、对外交通用地(T)、道路广场用地(S)、公用工程设施用地(U)、绿化用地(G)、水域和其他用地(E)9大类、28小类。

村镇用地的类别采应用字母与数字结合的代号，适用于规划文件的编制和村镇用地的统计工作。村镇用地的分类和代号应符合下表的规定。

小城镇用地的分类和代号表

类别代号		类别名称	范围
大类	小类		
R		居住建筑用地	各类居住建筑及其间距和内部小路、场地、绿化等用地；不包括路面宽度等于和大于3.5m的道路用地
	R1	村民住宅用地	村民户独家使用的住房和附属设施及其间间距用地、进户小路用地；不包括自留地及其他生产性用地
	R2	居民住宅用地	居民户的住宅、庭院及其间距用地
	R3	其他居住用地	属于R_1、R_2以外的居住用地，如单身宿舍、敬老院等用地
C		公共建筑用地	各类公共建筑物及其附属设施、内部道路、场地绿化等用地
	C1	行政管理用地	政府、团体、经济贸易管理机构等用地
	C2	教育机构用地	幼儿园、托儿所、小学、中学及各类高、中级专业学校、成人学校等用地
	C3	文体科技用地	文化图书、科技、展览、娱乐、体育、文物、宗教等用地
	C4	医疗保健用地	医疗、防疫、保健、休养和疗养等机构用地
	C5	商业金融用地	各类商业服务业的店铺、银行、信用、保险等机构，及其附属设施用地
	C6	集贸设施用地	集市贸易的专用建筑和场地；不包括临时占用街道、广场等设摊用地
M		生产建筑用地	独立设置的各种所有制的生产性建筑及其设施和内部道路、场地、绿化等用地
	M1	一类工业用地	对居住和公共环境基本无干扰和无污染的工业，如缝纫、电子、工艺品等工业用地
	M2	二类工业用地	对居住和公共环境有一定干扰和污染的工业，如纺织、食品、小型机械等工业用地
	M3	三类工业用地	对居住和公共环境有严重干扰和污染的工业，如采矿、冶金、化学、造纸、制革、建材、大中型机械制造等工业用地
	M4	农业生产设施用地	各类农业建筑，如打谷场、饲养场、农机站、育秧房、兽医站等及其阶属设施用地；不包括农林种植地、牧草地、养殖水域
W		仓储用地	物资的中转仓库、专业收购和储存建筑及其附属道路、场地、绿化等用地
	W1	普通仓储用地	存放一般物品的仓储用地
	W2	危险品仓储用地	存放易燃、易爆、剧毒等危险品的仓储用地
T		对外交通用地	村镇对外交通的各种设施用地
	T1	公路交通用地	公路站场及规划范围内的路段、附属设施等用地
	T2	其他交通用地	铁路、水运及其他对外交通的路段和设施等用地
S		道路广场用地	规划范围内的道路、广场、停车场等设施用地
	S1	道路用地	规划范围内宽度等于和大于3.5m以上的各种道路及交叉口等用地
	S2	广场用地	公共活动广场、停车场用地；不包括各类用地内部的场地
U		公用工程用地	各类公用地工程和环卫设施用地；包括其建筑物、构筑物及管理、维修设施等用地
	U1	公用工程用地	给水、排水、供电、邮电、供气、供热、殡葬、防灾和能源等工程设施用地
	U2	环卫设施用地	公厕、垃圾站、粪便和垃圾处理设施等用地
G		绿化用地	各类公共绿地、生产防护绿地；不包括各害用地内部的绿地
	G1	公共绿地	面向公众，有一定游憩设施的绿地，如公园、街巷中的绿地，路旁或临水宽度等于和大于5m的绿地
	G2	生产防护绿地	提供苗木、草皮、花卉的圃地，以及用于安全、卫生、防风等的防护林带和绿地
E		水域和其他用地	规划范围内的水域、农林种植地、牧草地、闲置地和特殊用地
	E1	水域	江河、湖泊、水库、河渠、池塘、滩涂等水域；不包括公园绿地中的水面
	E2	农村种植地	以生产为目的的农林种植地，如农田、菜地、园地、林地等
	E3	牧草地	生长各种牧草的土地
	E4	闲置地	尚未使用的土地
	E5	特殊用地	军事、外事、保安等设施用地；不包括部队家属生活区、公安消防机构等用地

参 考 文 献

1. 王志军，李振宇．百年轮回——评柏林新建小城镇的三种模式．时代建筑，2002(4)
2. 孙成仁．英国韦林花园城：现实中的理想城市．国外城市规划，2001(1)
3. 刘健，马恩拉瓦莱．从新城到欧洲中心——巴黎地区新城建设回顾．国外城市规划，2002(1)
4. 张敏．美国新城市的规划建设及其类型与特点．国外城市规划，1998(4)
5. 崔功豪主编．中国城镇发展研究．中国建筑工业出版社，1992
6. 许学强，朱剑如．现代城市地理学．中国建筑工业出版社，1988
7. 周一星等编著．市域城镇体系规划研究——以洛阳市为例．中国环境科学出版社，1997
8. 郑毅主编．城市规划设计手册．中国建筑工业出版社，2000
9. 余兆森，张晖编．村镇规划．东南大学出版社，1999
10. 浙江省建设厅编．村镇建设法律法规文件选编(一)，1997
11. 杨斌辉，沈冬岐．中国村镇建设理论与实践．天津科学技术出版社，1992
12. 贾有源主编．村镇规划(教材)．中国建筑工业出版社，1992
13. 中国城市规划设计研究院主编．市域规划编制方法与理论．中国建筑工业出版社，1992
14. 袁中金，王勇编著．小城镇发展规划．东南大学出版社，2001
15. 胡开林等著．城镇基础设施工程规划．重庆大学出版社，2001
16. 任世英，邵爱云．试谈中国小城镇建设发展中的特色．城市规划，1999(2)
17. 《县级土地利用总体规划编制规程》(试行)，国家土地管理局
18. 《城市绿化条例》(1992年6月22日国务院令第100号发布)
19. 中华人民共和国国家标准《城市用地分类与规划建设用地标准》GBJ137—90
20. 《内河通航标准》(GBJ139—90)，建设部
21. 《公路工程技术标准》(JTJ001—97)，交通部
22. 《城市给水排水工程规范》(GB50282—98)，建设部
23. 《城市电力规划规范》(GB50293—1999)，建设部
24. 《城市居住区规划设计规范》(GB50180—93)，建设部
25. 2000年小康型城乡住宅科技产业工程村镇示范小区规划设计导则
26. 金兆森，张晖编．村镇规划．东南大学出版社，1999
27. 朱建达编著．小城镇住宅区规划与居住环境设计．东南大学出版社，2001
28. 夏健、龚恺编著．小城市中心城市设计．东南大学出版社，2001
29. 王莲清编著．道路广场园林绿地设计．中国林业出版社，2001
30. 王宁等．城镇规划与管理．中国物价出版社，2002
31. 熊炜等．庐山．中国建筑工业出版社，1998
32. 王雨村等．小城镇总体规划．东南大学出版社，2002
33. 中华人民共和国建设部主编．中华人民共和国国家标准．《村镇规划标准》GB50188—93
34. 中国城市规划院等编著．小城镇规划标准研究．中国建筑工业出版社，2002.6
35. 中华人民共和国国家标准，《村镇建筑设计防火规范》(GBJ39—907)

36．中华人民共和国建设部部标准．《城市生活垃圾卫生填埋技术标准》(CJJ17—88)
37．中华人民共和国建设部部标准．《城市环境卫生设施设置标准》(CJJ27—89)
38．中华人民共和国行业标准．《公园设计规范》(CJJ48—92)
39．中华人民共和国国家标准．《城市规划基本术语标准》(GB/T50280—98)
40．中国大百科全书．地理学．中国大百科全书出版社，1990
41．张文奎．人文地理学概论．东北师范大学出版社，1989
42．崔公豪主编．中国城镇发展的理论研究．中国建筑工业出版社，1992
43．王如松．高效、和谐——城市生态调控原则与方法．湖南教育出版社，1988
44．宗跃光．城市景观规划的理论与方法．中国科学技术出版社，1993
45．彭震伟主编．区域研究与区域规划．同济大学出版社，1998
46．湖序威．区域与城市研究．科学出版社，1998
47．顾朝林．中国城镇体系．商务印书馆，1992
48．周一星．城市地理学．商务印书馆，1995
49．中华人民共和国国务院．中国21世纪议程——中国21世纪人口、环境与发展白皮书．中国环境科学出版社，1994
50．吴家正、尤建新主编．可持续发展导论．同济大学出版社，1998
51．董建泓编．中国城市建设史．中国建筑工业出版社，1989
52．沈玉麟编．外国城市建设史．中国建筑工业出版社，1989
53．戴慎志主编．城市工程系统规划．同济大学出版社，1999
54．杨赉丽主编．城市园林绿地规划．中国林业出版社，1995
55．刘君德主编．中国行政区划的理论与实践．华东师范大学出版社，1996
56．让-保罗．拉卡兹．城市规划方法．商务印书馆，1996
57．孙宁华主编．权力与制约——行政法研究．科学技术文献出版社，1996
58．傅伯杰等编著．景观生态学原理及应用．科学出版社，2003
59．周淑贞等．城市气候学．气象出版社，1994
60．周淑贞等．城市气候与区域气候．华东师范大学出版社，1989
61．叶锦昭．环境水文学．广东高等教育出版社，1993
62．蒋维等．中国城市综合减灾对策．中国建筑工业出版社，1992
63．张兵．城市规划实效论．中国人民大学出版社，1998
64．吴良镛．城市研究论文集．中国建筑工业出版社，1996
65．吴良镛．城市规划设计论文集．燕山出版社，1988
66．吴良镛．人居环境科学导论．中国建筑工业出版社，2001
67．吴良镛．发达地区城市化进程中建筑环境的保护与发展．中国建筑工业出版社，1999
68．毕宝德．土地经济学．中国人民大学出版社，1990
69．董雅文．城市景观生态．商务印书馆，1993
70．左玉辉．环境系统工程导论．南京大学出版社，1985
71．张宇星．城镇生态空间理论．中国建筑工业出版社，1998
72．秦润新．农村城市化的理论与实践．中国经济出版社，2000
73．中国城市规划学会编．小城镇规划．中国建筑工业出版社，2003

后 记

随着我国城镇化进程的日益加快，我国小城镇的规划与建设呈现前所未有的新局面。《城市规划资料集》第三分册《小城镇规划》对小城镇规划设计具有重要的指导意义，该书的出版是我国城市规划界的一件大事，同时也是我国城市规划界大协作的丰硕成果。

本分册先由主编单位提出编写大纲，经集体讨论修改后，由主编单位与参编单位分章编写初稿，再由主编单位安排专人对各章节的初稿进行了协调、润饰、改写和补充，最后由本册主编组织专门班子统稿。

本分册共分10章，其编写既有别于一般性的图册，亦有别于原理性的教科书，这或许是本分册的主要特点。本分册的案例资料大多数是参编单位提供的，有一部分案例资料是从不同文献中收录的，大部分是规划设计方案，也有小部分是已经或部分实施的实例，这些实例资料具有一定的代表性。

我国小城镇数量之巨、类型之多、情况之复杂世所罕见，我国小城镇规划设计理念更新之快亦为世上少见，而我国的小城镇规划设计原本基础薄弱，这就使得我们的资料收集和数据统计困难重重，再加上编者的水平、精力和经验均十分有限，因而本分册的不足或疏漏之处在所难免，敬请各位同行多提宝贵意见。

本分册的编写得到了建设部领导和总编委以及中国建筑工业出版社的关心、支持与指导，也得到了许多设计单位和同行的热情帮助，中国城市规划设计研究院张文奇教授对本书提出了很多宝贵意见，在此向他们表示衷心的感谢！此外，也要衷心感谢曾经关心过本分册编写工作的所有人士。

《城市规划资料集》第三分册编辑委员会
2003年8月